高等学校机械类专业系列教材

液压控制技术

主　编　张　奕

副主编　曹学鹏

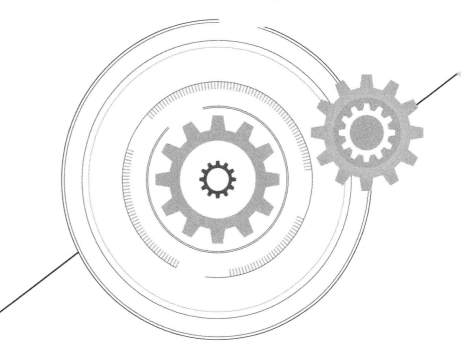

西安电子科技大学出版社

内 容 简 介

本书阐述了液压控制技术、数字液压技术的基本概念，介绍了液压控制系统、电液伺服阀、电液比例阀的组成、结构、工作原理、性能特点；运用液压流体力学和控制理论的方法与观点，建立了液压控制元件和其系统的数学模型，并对其性能进行分析；最后给出了液压控制系统的分析与设计方法。

本书共分 7 章，包括绪论、液压放大元件、液压动力机构、电液伺服阀、电液比例阀、液压控制系统、数字液压技术等。

本书可作为高等工科院校机械工程类专业本科生、研究生的专业课教材，也可供相关专业领域工程技术人员参考。

图书在版编目（CIP）数据

液压控制技术 / 张奕主编. -- 西安：西安电子科技大学出版社，2025. 1. -- ISBN 978-7-5606-7498-8

Ⅰ. TH137

中国国家版本馆 CIP 数据核字第 2024523EL6 号

策　　划　刘玉芳
责任编辑　于文平
出版发行　西安电子科技大学出版社（西安市太白南路 2 号）
电　　话　(029) 88202421　88201467　　邮　　编　710071
网　　址　www. xduph. com　　　　　电子邮箱　xdupfxb001@163. com
经　　销　新华书店
印刷单位　陕西天意印务有限责任公司
版　　次　2025 年 1 月第 1 版　　　　2025 年 1 月第 1 次印刷
开　　本　787 毫米×1092 毫米　1/16　印张 13
字　　数　304 千字
定　　价　37. 00 元

ISBN 978-7-5606-7498-8

XDUP 7799001-1

＊＊＊如有印装问题可调换＊＊＊

前　言

　　"液压控制技术"是融液压流体力学、控制理论、电子技术、机械技术等为一体的交叉学科，理论与实际并重，控制理论的方法与观点贯穿始终，集机械、电气、液压于一体是该学科的显著特点。

　　作者在编写本书的过程中，力求体现液压控制技术的科学性和系统性，在内容的筛选、概念的解释，以及相关知识的综合归纳、分析论证和结论总结等方面，力求做到全面、系统、准确，并追踪液压控制及其相关技术发展的最新动态。同时，本书面向工程应用研究，理论联系实际，通过将工程实例引入书中，激发读者的学习热情，突出理论与实践并重的理念。书中的部分内容来源于作者实际工作的总结和提炼。作者期望本书能够帮助读者掌握液压控制技术的基本概念与基本理论，了解液压控制元件和液压系统的工作原理，掌握液压控制系统的性能分析、设计以及计算方法等。

　　本书由长安大学工程机械学院的张奕编写第1章、第5章、第6章；曹学鹏编写第4章、第7章；李嘉编写第2章；朱文锋编写第3章；全书由张奕统稿。

　　本书既是"长安大学研究生高水平课程建设项目"的成果之一，同时也得到了"长安大学研究生教育教学改革项目"的资助。我们在编写和出版本书的过程中得到了西安电子科技大学出版社、长安大学的大力支持，书中的图、表由牛飞宙和霍帅两位研究生绘制，此外，我们还参考了国内外相关的技术文献素材，作者在此一并表示感谢！

　　由于作者水平有限，书中难免有不妥之处，敬请读者批评指正。

作　者

2024 年 6 月

目　录

第1章 绪 论

1.1 液压控制技术概述

1.1.1 液压控制技术的基本概念

液压控制技术是以机电液一体化为特征,液压传动技术与控制理论、电子技术、计算机技术、传感器技术、仿真技术、机械技术等多项技术相融合的结果,是不同领域的设计理论与技术在液压控制技术中汇集、衔接、交融、综合而成的新兴的科学技术。

液压控制技术是在液压传动技术的基础上发展起来的,两者各自的研究对象(即液压控制系统与液压传动系统)有许多相同之处。例如,系统中所使用的工作介质相同,系统中的大部分液压元件相同,系统工作时所遵循的流体力学的基本规律也相同。但是,液压控制系统与液压传动系统也有明显的区别,具体包括以下几个方面。

首先,两种系统的功能不同。液压传动系统以传递动力为主,而液压控制系统在传递动力的基础上还能够对输出的物理量(如速度、位移、力或力矩等)进行精确的控制。

其次,两种系统中各种物理量和信息的传递路径有着根本性的不同。液压传动系统一般是开环系统,而液压控制系统一般为含有负反馈的闭环系统。

再次,两种系统的设计理念不同。液压传动系统以静态参数设计为主,而液压控制系统遵循"静态、动态相结合,动态性能为主"的设计理念。

最后,液压传动系统中的有些缺点在液压控制系统中被进一步放大,例如,液压控制系统对油液清洁度的要求比液压传动系统更高;而液压传动系统中的有些缺点在液压控制系统中消失了,例如,由于液压控制系统中负反馈闭环控制的作用,液压传动系统"传动比不能严格保证"的缺点不复存在。

液压控制技术的研究对象(即液压控制系统的构成形态)一般是含有负反馈的闭环控制系统。液压控制系统采用的控制方式有"阀控"和"泵控"两种:"阀控"一般以圆柱滑阀作为控制单元,对液压执行元件及负载进行控制;"泵控"则以变量泵作为控制单元,对液压执行元件及负载进行控制。

一般液压控制系统中采用的核心控制元件是"电液伺服阀"或"高性能的电液比例方向阀",对应的系统称为"液压伺服控制系统"或"液压比例控制系统"。

1.1.2 液压控制系统的构成及工作原理

液压控制系统是由液压控制元件、液压执行元件以及负载作为动力机构组成的闭环控制系统。

典型的液压控制系统有以下几种。

1. 阀控式机液位置控制系统

1) 系统构成

图 1-1 所示是一种构成最为简单的液压控制系统——阀控式机液位置控制系统原理图。图中液压泵 4 是系统的能源，它以恒定的压力向系统供油，供油压力由溢流阀 3 调定。液压动力机构由四边四通圆柱滑阀 1、液压缸 2，以及负载组成。四边四通圆柱滑阀 1 是液压控制元件（也称转换放大元件），它将输入的机械信号（阀芯位移）转换成液压信号（压力、流量）输出，并加以功率放大。液压缸 2 是执行元件，直接驱动负载移动。四边四通圆柱滑阀遵循节流原理控制流入液压缸液体的流量、压力和方向，该系统又称作阀控式液压控制系统。四边四通圆柱滑阀阀体与液压缸缸体刚性连接，构成反馈回路，因此此系统是一个闭环控制系统。

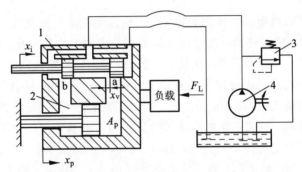

1—四边四通圆柱滑阀；2—液压缸；3—溢流阀；4—液压泵。

图 1-1　阀控式机液位置控制系统原理图

2) 工作原理

图 1-1 中，假定四边四通圆柱滑阀处在中位（零位），滑阀的四个窗口均关闭（阀芯凸肩宽度与阀套窗口宽度相等），滑阀没有流量输出，液压缸不动。如果给阀芯一个输入位移，例如使阀芯向右移动 x_i，则窗口 a、b 同时形成两个对应的开口量 $x_v = x_i$。压力油经窗口 a 进入液压缸右腔，推动缸体右移，此时液压缸左腔油液经窗口 b 排出。缸体右移的同时带动阀体也右移，使滑阀的开口量减小，即 $x_v = x_i - x_p$；当液压缸输出位移 x_p 等于阀芯输入位移 x_i 时，滑阀开口量 $x_v = 0$，滑阀的输出流量为零，液压缸停止运动（忽略泄漏），到达一个新的平衡位置，从而完成了液压缸输出位移 x_p 对阀芯输入位移 x_i 的跟随运动。如果阀芯反向运动，则液压缸也反向跟随运动。

在此系统中，输出位移之所以能自动地、快速地、准确地复现输入位移的变化，是因为阀体与液压缸缸体刚性连接在一起，构成了单位负反馈闭环控制系统。在控制过程中，液压缸的输出位移能够连续不断地反馈到阀体上。将此输出位移与滑阀阀芯的输入位移相比较，得出两者之间的位移偏差，这个位移偏差就是滑阀当前的开口量。滑阀有开口量就有压力油输出到液压缸，驱动液压缸运动，使滑阀的开口量（位移偏差）减小，直到输出位移与输入位移相等为止。可以看出，这种系统是靠偏差工作的，以负反馈来消除偏差，即运用了反馈控制的原理。上述液压控制系统的工作原理可以用图 1-2 所示的方框图表示。

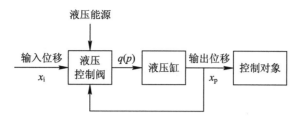

图 1-2 阀控式机液位置控制系统工作原理方框图

在该系统中，移动滑阀阀芯所需要的输入信号的功率很小，而系统的输出信号的功率却可以很大，因此这种系统是功率放大装置。功率放大所需的能量是由液压能源供给的，供给能量的控制是根据液压控制系统偏差信号的大小自动进行的。

图 1-1 所示系统的输出量是位移，故称为液压位置控制系统。在该系统中，输入信号和反馈信号均由机械构件实现，所以也称为机液位置控制系统。液压控制元件为滑阀，靠节流原理工作，也可称为节流式或阀控式液压控制系统。

2. 阀控式电液位置控制系统

1）系统构成

图 1-3 所示是阀控式电液位置控制系统原理图。该系统能够准确地控制工作台（负载）的位置，使之按照指令电位器给定的规律变化。阀控式电液位置控制系统由指令电位器、反馈电位器、伺服放大器、电液伺服阀、液压缸和工作台组成。

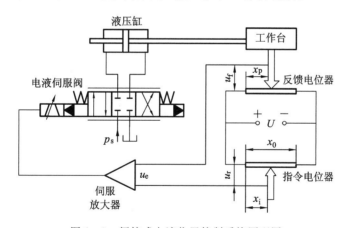

图 1-3 阀控式电液位置控制系统原理图

2）工作原理

图 1-3 中，指令电位器将滑臂的指令位置 x_i 转换成指令电压 u_r，被控制的工作台位置 x_p 由反馈电位器检测转换为反馈电压 u_f。两个线性电位器（指令电位器、反馈电位器）接成桥式电路，从而得到偏差电压 $u_e = u_r - u_f = K(x_i - x_p)$，式中：$K = U/x_0$ 为电位器增益。当工作台位置 x_p 与指令位置 x_i 一致时，电桥输出偏差电压 $u_e = 0$ V，此时伺服放大器输出电流为零，电液伺服阀处于零位（中位），没有流量输出，工作台不动；当指令电位器的滑臂位置发生变化时，如向右移动一个位移 Δx_i，在工作台位置发生变化之前，电桥输出的偏差电压 $u_e = K\Delta x_i$，该偏差电压经伺服放大器放大后变为电流信号，控制电液伺服阀输出级圆柱滑阀的阀芯向右移动并打开阀口，电液伺服阀输出压力油到液压缸左腔，推动工作

台右移。随着工作台的移动，电桥输出偏差电压逐渐减小，当工作台位移 Δx_p 等于指令电位器位移 Δx_i 时，电桥输出偏差电压为零，电液伺服阀输出级圆柱滑阀的阀芯回到零位，关闭阀口，停止向液压缸输出压力油，工作台停止运动。如果指令电位器的滑臂反向运动，工作台也反向跟随运动。图 1-3 所示的系统中使用了电液伺服阀作为控制元件，因此该系统也可称为电液位置伺服控制系统。如果将电液伺服阀换成具有类似功能的高性能电液比例方向阀，则该系统可称为电液位置比例控制系统。图 1-4 所示为阀控式电液位置控制系统工作原理方框图。

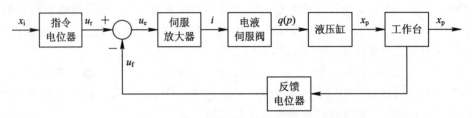

图 1-4 阀控式电液位置控制系统工作原理方框图

3. 泵控式电液速度控制系统

1）系统构成

图 1-5 所示为泵控式电液速度控制系统原理图。该系统的液压动力机构由变量泵和液压马达组成，变量泵既是液压能源又是液压控制元件。在变量机构中，由于需要的操纵力较大，同时又需要有很好的控制性能，因此通常采用一个小功率的液压位置控制系统作为变量控制机构，图 1-5 中虚线内表示的即为一个小型的电液位置控制系统（与图 1-3 所示系统类似）。在此系统中，只要严格控制变量液压缸（变量活塞）的位置，就可以准确地控制变量泵斜盘的倾角，进而准确地控制变量泵的排量。需要注意的是：在变量机构中，虽然使用了一个电液伺服阀，但该系统依然属于泵控系统。此处的电液伺服阀控制的仅仅是变量机构中变量液压缸的位移，且通过该阀的流量与系统的全流量相比，只占很小的一部分。而图 1-3 所示的阀控系统中所使用的电液伺服阀，则必须能通过系统的全流量。

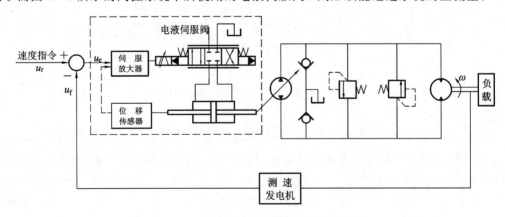

图 1-5 泵控式电液速度控制系统原理图

2）工作原理

图 1-5 中，液压马达的输出速度由测速发电机检测，并转换为反馈电压信号 u_f，与输入指令电压信号 u_r 相比较，得出偏差电压信号 $u_e = u_r - u_f$，作为变量控制机构的输入信号。

当速度指令为 u_{r0} 时，马达驱动负载以某个给定的转速 ω_0 工作，测速发电机输出反馈电压 u_{f0}，则偏差电压 $u_{e0}=u_{r0}-u_{f0}$。这个偏差电压 u_{e0} 对应于变量机构中变量液压缸特定的位置，从而对应于变量泵特定的排量，此时变量泵的输出流量为保持负载转速 ω_0 所需的流量。由此可见，偏差电压 u_{e0} 是保持工作转速 ω_0 所需的，因此这种泵控式电液速度控制系统是有差控制系统。需要注意的是：该系统包含了两个反馈环，外环是由转速传感器构成的速度控制环，内环是在变量机构内部，由变量液压缸位移传感器构成的位置控制环，在位置控制环中要求位置偏差信号为零。如果负载变化或其他原因引起马达转速发生变化，则 $u_f\neq u_{f0}$；假如 $\omega>\omega_0$，则 $u_f>u_{f0}$。此时，$u_e=u_{r0}-u_f<u_{e0}$，变量机构中变量液压缸的输出位移减小，于是变量泵的排量减小，输出流量也随之减小，液压马达转速便自动下调至设定值 ω_0；反之，如果马达转速下降，则 $u_f<u_{f0}$，因而 $u_e>u_{e0}$，变量机构中变量液压缸的输出位移增大，于是变量泵的排量增大，输出流量增大，液压马达转速便自动回升至设定值 ω_0。由此可见，当速度指令一定时，液压马达的转速可保持恒定，不受负载等变化的影响。如果速度指令变化，液压马达转速也会相应地变化。上述系统的工作原理方框图如图 1-6 所示。

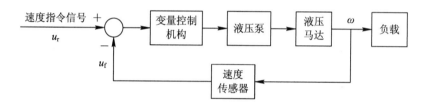

图 1-6 泵控式电液速度控制系统工作原理方框图

在泵控式电液速度控制系统中，内环控制回路(图 1-5 中的虚线)可以是闭合的，也可以是不闭合的。当内环控制回路闭合时，由于消除了液压泵变量机构中变量液压缸的积分作用，前置级不再带有积分环节，整个系统成为 0 型系统。当内环控制回路不闭合时，整个系统是 I 型系统。

图 1-6 所示的系统中，在内环控制回路闭合的情况下，如将速度指令变为位置指令，速度传感器改为位置传感器，上述系统就变为泵控式电液位置控制系统。

4. 液压控制系统构成的一般性描述

通过对上述三种不同构成形式的液压控制系统的分析，我们可以总结归纳出一般性的结论：一个完整的液压控制系统由输入元件、反馈测量元件、比较元件、放大转换元件、执行元件、被控对象以及其他装置七个部分组成。

(1) 输入元件(也称指令元件)：将输入信号(指令信号)加于系统的输入端。该元件可以是机械的、电气的、气动的等，如靠模、指令电位器、计算机、控制器等。

(2) 反馈测量元件：测量系统的输出物理量并将其转换为反馈信号。根据被测物理量的不同，选用不同类型的传感器作为反馈测量元件。

(3) 比较元件：将反馈信号与输入信号进行比较，给出偏差信号。

(4) 放大转换元件：将偏差信号放大并转换成液压信号(流量或压力)，如伺服放大器＋电液伺服阀，比例放大器＋电液比例方向阀等。

(5) 执行元件：驱动被控对象运动，实现对被控对象输出物理量的精确控制，如液压

缸或液压马达。

（6）被控对象：被控制的机器设备或物体，包括负载。

（7）其他装置：包括可能需要的各种校正装置以及液压油源装置等。

1.2　液压控制系统的分类

液压控制系统可以按不同的方法进行分类，每一种分类方法都代表了液压系统在某一方面的特点。

1.2.1　按系统输入信号的变化规律分类

按输入信号变化规律的不同，液压控制系统可分为定值控制系统、程序控制系统和伺服（随动）控制系统。

当系统输入信号为定值时，此系统称为定值控制系统。它的基本任务是提高系统的抗干扰性，将系统的实际输出量保持在期望值。

当系统的输入信号按预先给定的规律变化时，称为程序控制系统。

伺服系统也称为随动系统，其输入信号是时间的函数，输出量能够准确、快速地反映输入量的变化规律。对伺服系统来说，获得快速响应往往是它的主要目标。

1.2.2　按被控物理量分类

按被控物理量的不同，液压控制系统可分为位置控制系统、速度控制系统、力（力矩）控制系统，以及其他物理量的控制系统。

当液压控制系统最终控制的目标为液压执行元件的行程时，称为位置控制系统。

当液压执行元件的运动速度为控制对象时，称为速度控制系统。无论是位置控制系统，还是速度控制系统，液压控制系统中的核心控制元件可以是圆柱滑阀，也可以是变量泵。两个系统需要控制的是进入液压执行元件的液体流量。

在力（力矩）控制系统中，核心控制元件需要控制的是液压执行元件两腔的压力差。其目的是控制液压执行元件的输出力（或力矩），因此一般均采用圆柱滑阀作为系统的核心控制元件。

1.2.3　按液压控制元件分类

按选用的液压控制元件的不同，液压控制系统可分为阀控式（也称为节流式）控制系统和泵控式（也称为容积式）控制系统两类。

阀控式控制系统的优点是响应速度快、控制精度高、结构简单，缺点是效率低。由于阀控式控制系统的性能优越，因此在快速、高精度的中、小功率液压控制系统中得到了广泛应用。阀控式控制系统根据液压油源的形式不同又可分为恒压源系统和恒流源系统。在恒压源系统中，液压油源以恒定的压力向系统供油；在恒流源系统中，液压油源以恒定的流量向系统供油。恒流源系统结构简单、价格便宜、效率相对较高，但阀的线性度差。一般情况下，恒流源系统的性能不如恒压源系统好，因此恒压源系统在工程实际中应用较多，而恒流源系统一般只用于系统性能要求不高的场合。

泵控式控制系统的优点是效率高，缺点是响应速度较慢、结构复杂，操纵变量机构所需的力较大。通常情况下，需要采用一套小型的位置控制系统（见图1-5）作为系统专门的变量控制机构，其功率一般为主系统功率的2%～10%。有时，系统还需要单独的油源，因此系统较为复杂。泵控式控制系统适用于大功率而对响应速度要求不高的液压控制系统。

1.2.4 按信号传递介质的形式分类

按系统中信号传递介质的形式或信号能量形式的不同，液压控制系统可分为机液控制系统、电液控制系统和气液控制系统。

在机液控制系统中，输入信号的给定、反馈测量和比较均采用机械构件实现。其优点是结构简单、工作可靠、维护简便，缺点是系统的校正及系统增益的调整比较困难。此外，反馈机构中的摩擦和间隙等都会给系统的性能带来不利的影响。机液控制系统一般用在响应速度和控制精度要求不是很高的场合，绝大多数属于位置控制系统。

在电液控制系统中，偏差信号的检测、校正和初始放大等均采用电气、电子元件来实现，这就使得液压控制系统的构建具有了更大的灵活性，对信号的测量、校正、放大、控制等都更加方便。而液压动力机构的响应速度快、抗负载刚性大，两者相结合，使电液控制系统具有很大的灵活性和广泛的适应性。电液控制系统与计算机相结合，可以充分地运用计算机的信息处理能力，使系统具备更复杂的功能和更广泛的适应性。

在气液控制系统中，偏差信号的检测和初始放大均采用气动元件来完成。气动元件测量灵敏度高、工作可靠，可在恶劣的环境（高温、振动、易爆等）中工作，并且结构简单，但需要有气源等附属设备支撑。

1.3 液压控制系统的优缺点

液压控制系统具有很多优点，在多个领域中都得到了广泛的应用。但它也存在一些缺点，限制了它在某些领域中的应用。

1.3.1 液压控制系统的优点

（1）液压元件的功率-重量比和力矩-惯量比（或力-质量比）很大，可以组成结构紧凑、体积小、重量轻、加速性能好的控制系统。对于大、中功率的控制系统而言，这一优点尤为突出。

将液压元件与电气元件相比较可知，电气元件的最小尺寸取决于最大有效磁通密度和功率损耗所产生的发热量（与电流密度有关）。最大有效磁通密度受磁性材料的磁饱和限制，而发热量的散发又比较困难，因此电气元件的结构尺寸比较大，功率-重量比和力矩-惯量比偏小。液压元件功率损耗所产生的热量可通过油液带至散热器进行散热，它的尺寸主要取决于最高的工作压力。由于可以在很高的工作压力（如32 MPa）下工作，因此液压元件的体积小、重量轻，却可以输出很大的力或力矩，使得功率-重量比和力矩-惯量比很大。一般液压泵的重量只是同功率电动机重量的10%～20%，尺寸约为同功率电动机的12%～13%。液压马达的功率-重量比一般为相当容量电动机的10倍，而力矩-惯量比为相当容量电动机的10～20倍。

（2）液压动力机构快速性好，系统响应快。由于液压动力机构的力矩-惯量比大，所以其加速能力强，能够快速启动、制动与反向运动。例如，加速中等功率的电动机需几秒，而加速同功率的液压马达的时间只需电动机的1/10左右。

由于液压系统中油液的体积弹性模量很大，因油液的可压缩性所形成的液压弹簧刚度就很大；而液压动力机构的惯量又比较小，所以由液压弹簧刚度和负载惯量耦合而成的液压固有频率很高，这使得液压控制系统就具有很高的响应速度。与液压系统具有相同压力和负载的气动系统相比较，其响应速度只有液压系统的1/50。

（3）液压控制系统抗负载变化的刚度大（输出位移受负载变化的影响小）、定位准确、控制精度高。由于液压固有频率高，允许液压控制系统特别是电液控制系统有较大的开环放大系数，因此它可以获得较高的控制精度和响应速度。另外，由于液压系统中油液的可压缩性很小，同时泄漏也很小，因此液压动力机构的速度刚度也较大，组成闭环系统时具有较大的位置刚度。

通常，电动机的开环速度刚度约为液压马达的1/5，电动机的位置刚度接近于零。因此，电动机只能用来组成闭环位置控制系统，而液压马达（或液压缸）却可以用来进行开环位置控制。当然，闭环液压位置控制系统的刚度比开环系统要高得多。由于气动系统受气体可压缩性的影响，其刚度只有液压系统的1/400。

综上所述，液压控制系统具有体积小、质量轻、控制精度高、响应速度快等优点，对控制系统来说这些都是极其重要的。除此以外，液压控制系统还具有液压元件的润滑性好、寿命长，调速范围宽、低速稳定性好，借助油管动力传输比较方便，借助蓄能器能量储存比较方便，液压执行元件有直线位移式和旋转式两种，增加了它的适应性，容易实现过载保护，解决系统温升问题比较方便等优点。

1.3.2　液压控制系统的缺点

（1）精密的液压控制元件（如电液伺服阀）抗污染能力差，对工作油液的清洁度要求高。污染的油液会使阀磨损，降低其性能，甚至被堵塞而不能正常工作，这是液压控制系统故障的主要原因。因此，液压控制系统必须采用精密且耐压性好的过滤器，一般设置在伺服阀进口前的高压油路中，增加系统的压力损失。

（2）油液的体积弹性模量随油温和混入油中的气体含量而变化。油液的黏度也随油温而变化，因此油温的变化对液压控制系统的性能有很大的影响。在液压控制系统的设计中，必须充分考虑对油温的控制。

（3）液压元件的密封在设计、制造和使用维护等环节中处理不当，容易引起油液外泄漏，造成环境污染。目前，液压控制系统仍广泛采用可燃性石油基液压油，但由于油液外漏可能性的存在，使得有些特殊场合无法使用液压控制系统。

（4）液压元件（尤其是液压控制元件）制造精度要求高、成本高。

（5）液压能源的获得和远距离传输都不如电气系统方便。

1.4　液压控制技术的发展概况

目前，无论是在航空航天和国防工业，还是民用工业中，凡是需要大功率输出、快速响应、精确控制的系统，很多都采用了液压控制技术。例如，航空航天和国防工业领域的飞机操纵系统、导弹自动控制系统、火炮操纵系统、坦克火炮稳定装置、雷达跟踪系统、舰艇的操舵装置等。在一般民用工业领域，液压控制技术广泛应用于机床、冶炼、轧钢、铸锻、动力、工程机械、矿山机械、建筑机械、船舶等行业中。

液压控制技术不但是液压技术的一个重要分支，而且也是控制领域的一个重要组成部分。液压控制技术在其发展历程中体现了多学科、多领域、多技术相互交叉和融合的过程。随着现代电子技术、计算机技术、总线技术、传感器技术等相关技术的快速发展，以及新的控制策略的出现，液压控制技术无论是在元件和系统方面，还是在理论与应用方面都日趋完善和成熟，并形成了新的科学技术。

随着新型液压控制元件的出现，液压控制技术也在不断地进行变革，从一开始的液压控制技术就等同于液压伺服控制技术，逐步发展到目前液压控制技术已经包括了液压伺服控制技术和液压比例控制技术两个方面。

1.4.1 液压伺服控制技术的发展概况

早在第一次世界大战前，液压伺服控制技术已经开始应用于海军舰艇的操舵装置。第二次世界大战期间，由于军事战争的迫切需求，各国都加大了在液压控制技术领域的投入，研制出许多控制精度好、响应速度快、输出功率大的液压伺服控制系统来促进武器装备和飞行器的升级换代，使液压伺服控制技术得到了前所未有的发展。二战后，液压伺服控制技术由军事工业、航空工业逐步转移至民用工业。

按信号传递介质形式的不同，液压伺服控制系统可分为机液伺服控制系统、电液伺服控制系统等。机液伺服控制系统最早出现在飞机的操舵系统中，作为液压控制及助力装置来操纵飞机舵面。20 世纪 40 年代，飞机上首先应用了电液伺服系统，该系统中的滑阀是由作为电-机转换元件的伺服电动机驱动的。由于伺服电动机时间常数较大，因此限制了电液伺服系统的响应速度。随着超音速飞机的发展，要求液压伺服系统的响应速度越来越快，这就促进了高响应性能的电液伺服控制系统的产生和发展。20 世纪 50 年代初，出现了快速响应的永磁式力矩马达。力矩马达与滑阀结合，形成了电液伺服阀。20 世纪 50 年代末，又出现了以双喷嘴挡板阀作为先导级的两级电液伺服阀，进一步提高了电液伺服阀的快速性。20 世纪 60 年代，各种结构的电液伺服阀相继出现，其性能也日趋完善。由于电液伺服阀及其相关技术的发展，使液压伺服控制技术得到了迅速的发展。直到 20 世纪80～90 年代，液压控制技术就等同于液压伺服控制技术，仍是当时业内的共识。

1.4.2 液压比例控制技术的发展概况

20 世纪 60 年代末，液压伺服控制技术已经发展得比较成熟，在控制系统的应用中占据了主导地位。高精度的控制、快速的响应速度等鲜明的技术优点使得液压伺服控制技术在军事、航天、航空、航海等高科技产业中迅速发展起来，并且逐渐代替了传统的机电控制方式。但由于其核心元件——电液伺服阀存在价格高、维护成本昂贵、维护条件苛刻等缺点，亦使液压伺服控制系统难以被大多数民用工业所接受，无法得到更广泛的应用。除了一些特殊的领域，绝大多数民用工业场合并不需要特别高的响应速度和控制精度，而更多需要的是一种既能够弥补电液伺服阀的缺点，又能够适用于大功率控制，还具有一定控制精度和响应速度的控制系统，这种需求促使了液压比例控制技术的诞生。

20世纪60年代末至70年代初，以瑞士布林格尔公司生产的KL电液比例复合阀、日本油研公司申请的两项关于压力与流量比例阀方面的专利为标志性事件，液压比例控制技术正式产生。其核心控制元件——电液比例阀是一种性能介于普通液压控制阀和电液伺服阀之间的新阀种，既可以根据输入的电信号，连续、成比例地对液压系统的压力、流量以及油液的流动方向进行控制，又在制造成本、抗污染等方面优于电液伺服阀。而这一时期的电液比例阀仅仅是将普通液压控制阀的手动操纵机构或普通电磁铁改换为比例电磁铁，其阀体部分仍与普通液压阀相同。这就使得早期电液比例阀的控制性能以及动态特性远低于电液伺服阀，因此其只能适用于液压开环控制系统。

20世纪70年代中后期至80年代，随着各种包含内反馈原理的比例元件、耐高压比例电磁铁和比例放大器的问世，电液比例阀的动态性能得到了显著的提高，其应用范围也开始扩展到液压闭环控制系统。比例变量泵和变量马达的出现为大功率液压控制系统的节能奠定了技术基础，液压比例控制技术进入了第二个发展阶段。

20世纪80至90年代，由于采用了压力、流量、位移反馈、动压反馈和电校正等手段，电液比例阀的控制精度、动态响应和稳定性得到进一步的提高，其动态性能基本与工业级电液伺服阀相当。从这一时期开始，出现了与电液伺服阀功能相同、性能指标相近的高性能的电液比例方向阀，它同样可以作为核心控制元件应用于液压控制系统中，对应的系统被称为液压比例控制系统，它与液压伺服控制系统统称为液压控制系统。而在此之前，液压控制系统一般特指液压伺服控制系统。

从20世纪90年代至今，液压比例控制技术走向成熟阶段。这一时期形成的伺服比例阀等高性能的电液比例阀和数字式比例元件，逐步发展成为系列化产品，其可靠性、经济性、控制精度以及响应特性均能满足民用工业中液压闭环控制系统的需要。

1.5　本章小结

本章给出了液压控制技术的基本概念；通过对几种典型液压控制系统的构成及工作原理的分析，总结并归纳出组成一个完整的液压控制系统必不可少的七个部分；介绍了液压控制系统的优缺点以及液压控制技术的简要发展历程。

本章重点及难点是液压控制技术的概念，液压控制技术与液压传动技术的关系，液压控制系统的组成及工作原理，液压控制系统的分类及其特点，液压伺服控制技术与液压比例控制技术的关系。

本章思考题

1. 液压控制系统和液压传动系统的不同之处有哪些？
2. 液压控制系统包含哪些组成部分？各个部分的作用分别是什么？
3. 液压控制系统的控制方式有哪些？它们之间的主要区别是什么？
4. 液压控制系统有哪些优缺点？

第2章　液压放大元件

　　液压放大元件也称作液压放大器，是一种以机械运动来控制流体动力的元件。在液压控制系统中，它将输入的机械信号（位移或转角）转换为液压信号（流量、压力）输出，并进行功率放大。因此，液压放大元件既是一种能量转换元件，又是一种功率放大元件。

　　液压放大元件是液压控制系统中的主要控制元件之一，它的静态、动态特性对液压控制系统的性能有很大的影响。液压放大元件具有结构简单、单位体积输出功率大、工作可靠和动态性能好等优点，所以在液压控制系统中得到广泛应用。

　　液压放大元件包括圆柱滑阀、喷嘴挡板阀和射流管阀等。本章主要介绍它们的结构形式、工作原理和性能特点等。

2.1　圆柱滑阀

　　圆柱滑阀是靠节流原理工作的，借助阀芯与阀套之间的相对运动，改变节流口面积的大小，实现对液体流量或压力的控制。滑阀结构形式多样，控制性能好，在液压控制系统中应用最为广泛。

2.1.1　结构分类及其特点

　　圆柱滑阀的结构形式可以按进、出滑阀的通道数，滑阀的工作边数，滑阀的预开口形式，阀套窗口的形状，阀芯凸肩数目等进行分类。

1. 按进、出滑阀的通道数分类

　　圆柱滑阀按进、出滑阀的通道数进行分类，可分为四通阀（见图 2-1(a)～(d)）、三通阀（见图 2-1(e)）和二通阀（见图 2-1(f)）等。

　　四通阀有两个控制口，可用来控制双作用液压缸或液压马达；三通阀只有一个控制口，只能用来控制差动液压缸，为实现液压缸反向运动，须在液压缸有活塞杆侧设置可由供油压力、弹簧、重物等产生的固定偏压；二通阀（单边阀）只有一个可变节流口，必须和一个固定节流孔配合使用，才能控制液压缸一个腔的压力，用来控制差动液压缸。

2. 按工作边数分类

　　圆柱滑阀按工作边数进行分类，可分为四边滑阀（见图 2-1(a)～(c)）、双边滑阀（见图2-1(d)、(e)）和单边滑阀（见图2-1(f)）等。

　　四边滑阀有四个可控的节流口，控制性能好；双边滑阀有两个可控的节流口，控制性能居中；单边滑阀只有一个可控的节流口，控制性能差。为了保证工作边开口的准确性，

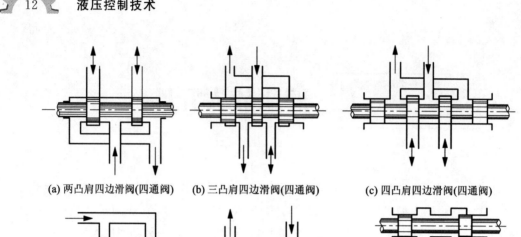

(a) 两凸肩四边滑阀(四通阀)　　(b) 三凸肩四边滑阀(四通阀)　　(c) 四凸肩四边滑阀(四通阀)

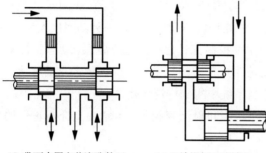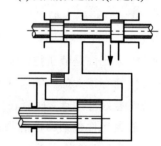

(d) 带两个固定节流孔的正
开口双边滑阀(四通阀)　　(e) 双边滑阀(三通阀)　　(f) 带固定节流孔的单边滑阀

图 2-1　滑阀的结构形式

四边滑阀需保证三个轴向配合尺寸；双边滑阀需保证一个轴向配合尺寸；单边滑阀没有轴向配合尺寸要求。四边滑阀的结构工艺复杂、成本高，单边滑阀比较容易加工、成本低。

3. 按预开口形式分类

　　圆柱滑阀按预开口的形式分类，可分正开口(负重叠)、零开口(零重叠)和负开口(正重叠)三种。对于径向间隙为零、节流工作边锐利的理想滑阀，可根据阀芯凸肩与阀套槽宽的几何尺寸关系确定预开口形式，如图 2-2 所示。但实际上，滑阀径向间隙和工作边圆角的影响总是存在的。因此，根据滑阀的流量增益曲线来确定阀的预开口形式更为合理(见图 2-3)。

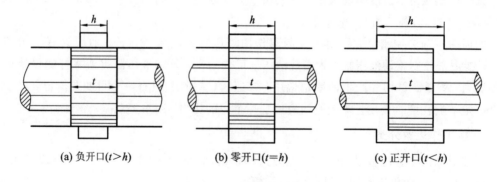

(a) 负开口($t>h$)　　　(b) 零开口($t=h$)　　　(c) 正开口($t<h$)

图 2-2　滑阀的预开口形式

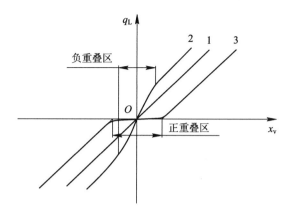

图 2 - 3　不同开口型式滑阀的流量曲线

滑阀的预开口形式对其性能,特别是零位附近的零区特性有很大的影响。零开口滑阀具有线性流量增益,性能比较好,应用最广泛,但加工困难。负开口滑阀由于流量增益具有死区,会引起稳态误差,因此很少采用;正开口滑阀在开口区内的流量增益变化大,压力灵敏度低,零位泄漏量大,一般适用于要求有一个连续的液流以使油液维持合适温度的场合,某些正开口滑阀也可用于恒流系统。

4. 按阀套窗口的形状分类

圆柱滑阀按阀套窗口的形状分类,可分为矩形、圆形、三角形等。矩形窗口又可分为全周开口和非全周开口两种。矩形开口的滑阀,其开口面积与阀芯位移成比例,可以获得线性的流量增益(零开口滑阀),其应用的场合最多。圆形窗口工艺性好,但流量增益是非线性的,其只用于要求不高的场合。

5. 按阀芯凸肩数目分类

圆柱滑阀按阀芯凸肩的数目分类,可分为二凸肩、三凸肩和四凸肩的滑阀(见图 2 - 1)。

二通阀一般采用二凸肩,三通阀和四通阀可由两个或两个以上的凸肩组成。二凸肩四通阀见图 2 - 1(a),其结构简单,阀芯长度短,但阀芯轴向移动时导向性差,阀芯上的凸肩容易被阀套槽卡住,更不能做成全周开口的阀。由于阀芯两端回油流道中流动阻力的不同,阀芯两端面所受液压力不等,使阀芯处于静不平衡状态,则移动阀芯所需的操纵力较大。三凸肩和四凸肩的四通阀见图 2 - 1(b)、(c),其导向性和密封性好,是常用的结构形式。

2.1.2　静态特性分析

圆柱滑阀的静态特性(也称压力-流量特性)是指在稳态情况下,阀的负载流量 q_L、负载压力 p_L 和滑阀位移 x_v 三者之间的关系,即 $q_L = f(p_L, x_v)$。它表示滑阀的工作能力和性能,并且对液压控制系统的静态、动态特性具有重要意义。圆柱滑阀的静态特性可用方程、曲线或特性参数(阀系数)表示。静态特性曲线和阀系数可通过实验的方式获得,也可以用解析法推导出压力-流量方程。

1. 圆柱滑阀的压力-流量方程

四边滑阀及其等效的液压桥路如图 2-4 所示。阀的四个可变节流口以四个可变的液阻表示，组成一个四臂可变的全桥。图 2-4 中，通过每一桥臂的流量为 $q_i(i=1,2,3,4)$，通过每一桥臂的压降为 $p_i(i=1,2,3,4)$，q_L 表示负载流量，p_L 表示负载压降，p_s 为供油压力，q_s 为供油流量，p_0 为回油压力。

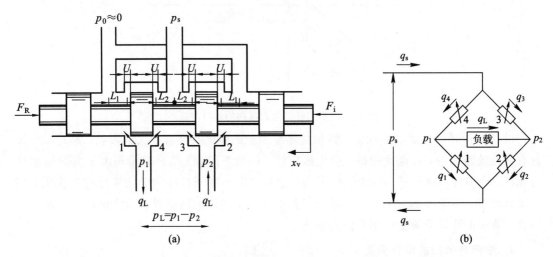

图 2-4　四边滑阀及其等效的液压桥路

在推导压力-流量方程时，作以下假设：

（1）液压油源是理想的恒压源，供油压力 p_s 为常数。另外，假设回油压力 p_0 为零，如果不为零，可把 p_s 看成供油压力 p_s 与回油压力 p_0 之差。

（2）忽略管道和阀腔内的压力损失。因为与阀口处的节流损失相比，管道和阀腔内的压力损失很小，所以可以忽略不计。

（3）假定液体是不可压缩的。因为考虑的是稳态情况，液体密度变化量很小，所以可以忽略不计。

（4）假定阀各节流口流量系数相等，即 $C_{d1}=C_{d2}=C_{d3}=C_{d4}=C_{d5}$。

根据桥路的压力平衡，可得

$$p_1 + p_4 = p_s \qquad (2-1)$$

$$p_2 + p_3 = p_s \qquad (2-2)$$

$$p_1 - p_2 = p_L \qquad (2-3)$$

$$p_3 - p_4 = p_L \qquad (2-4)$$

根据桥路的流量平衡，可得

$$q_1 + q_2 = q_s \qquad (2-5)$$

$$q_3 + q_4 = q_s \qquad (2-6)$$

$$q_4 - q_1 = q_L \qquad (2-7)$$

$$q_2 - q_3 = q_L \qquad (2-8)$$

各桥臂的流量方程为

$$q_1 = g_1 \sqrt{p_1} \qquad (2-9)$$

$$q_2 = g_2 \sqrt{p_2} \tag{2-10}$$

$$q_3 = g_3 \sqrt{p_3} \tag{2-11}$$

$$q_4 = g_4 \sqrt{p_4} \tag{2-12}$$

$$g_i = C_d A_i \sqrt{\frac{2}{\rho}} \tag{2-13}$$

式中：g_i 称为节流口的液导，在流量系数 C_d 和液体密度 ρ 一定时，它随节流口开口面积 A_i 变化，即 g_i 是阀芯位移的函数，其变化规律取决于节流口的几何形状。

对于一个具体的四边滑阀和已确定的使用条件，参数 g_i 和 p_s（或 q_s）是已知的。对于恒压源的情况，在推导压力-流量方程时，可略去式(2-5)和式(2-6)，消掉中间变量 p_i 和 q_i，可得负载流量 q_L、负载压力 p_L 和阀芯位移 x_v 之间的关系为

$$q_L = f(x_v, p_L) \tag{2-14}$$

由于各桥臂的流量方程是非线性的，因此这些方程联立求解比较麻烦，而且使一般公式无法简化。我们可以利用一些特殊的条件使问题简化。在大多数情况下，阀的窗口都是匹配且对称的，即

$$g_1(x_v) = g_3(x_v) \tag{2-15}$$

$$g_2(x_v) = g_4(x_v) \tag{2-16}$$

$$g_3(x_v) = g_1(-x_v) \tag{2-17}$$

$$g_4(x_v) = g_3(-x_v) \tag{2-18}$$

式(2-15)和式(2-16)表示阀是匹配的，式(2-17)和式(2-18)表示阀是对称的。对于匹配且对称的阀，通过桥路斜对角线上的两个桥臂的流量是相等的，即

$$q_1 = q_3 \tag{2-19}$$

$$q_2 = q_4 \tag{2-20}$$

这个结论可证明：如果 $q_2 \neq q_4$，假设 $q_2 < q_4$，则 $q_1 > q_3$，由式(2-15)、(2-16)、式(2-9)~(2-12)和式(2-3)、(2-4)可得 $p_4 > p_2$ 及 $p_4 < p_2$，显然这两个结论是矛盾的，所以 q_4 不能大于 q_2；同样，q_4 也不能小于 q_2，只能是 $q_2 = q_4$。同理可以证明 $q_1 = q_3$。

将式(2-9)和式(2-11)代入式(2-19)中，考虑到式(2-15)，可得 $p_1 = p_3$；同样，$p_2 = p_4$。因此匹配且对称的阀，通过桥路斜对角线上的两个桥臂的压降也是相等的。将 $p_1 = p_3$ 代入式(2-2)中，可得

$$p_s = p_1 + p_2 \tag{2-21}$$

将式(2-21)与式(2-3)联立，解得

$$p_1 = \frac{p_s + p_L}{2} \tag{2-22}$$

$$p_2 = \frac{p_s - p_L}{2} \tag{2-23}$$

这说明对于匹配且对称的阀，在空载（$p_L = 0$）时，与负载相连的两个管道中的压力均为 $\frac{1}{2} p_s$。当加上负载时，一个管道中的压力升高值恰好等于另一个管道中的压力降低值。

在恒压源的情况下，由式(2-7)、(2-9)、(2-10)、(2-20)、(2-22)、(2-23)可得负载流量：

$$q_L = g_2\sqrt{\frac{p_s - p_L}{2}} - g_1\sqrt{\frac{p_s + p_L}{2}} \tag{2-24}$$

或

$$q_L = C_d A_2\sqrt{\frac{1}{\rho}(p_s - p_L)} - C_d A_1\sqrt{\frac{1}{\rho}(p_s + p_L)} \tag{2-25}$$

对式(2-5)或式(2-6)作类似的处理,可得供油流量:

$$q_s = g_2\sqrt{\frac{p_s - p_L}{2}} + g_1\sqrt{\frac{p_s + p_L}{2}} \tag{2-26}$$

或

$$q_s = C_d A_2\sqrt{\frac{1}{\rho}(p_s - p_L)} + C_d A_1\sqrt{\frac{1}{\rho}(p_s + p_L)} \tag{2-27}$$

2. 圆柱滑阀的静态特性曲线

圆柱滑阀的静态特性也可以用静态特性曲线来表示。通常由实验求得,对某些理想滑阀也可以由解析的方法求得。

1) 流量特性曲线

圆柱滑阀的流量特性是指负载压降等于常数时,负载流量与阀芯位移之间的关系,即 $q_L|_{p_L = 常数} = f(x_v)$,其图形所表示即为流量特性曲线。负载压降 $p_L = 0$ 时的流量特性称为空载流量特性。相应的曲线为空载流量特性曲线,如图 2-5 所示。

2) 压力特性曲线

圆柱滑阀的压力特性是指负载流量等于常数时,负载压降与阀芯位移之间的关系,即 $p_L|_{q_L = 常数} = f(x_v)$ 其图形所表示即为压力特性曲线。通常所指的压力特性是指负载流量 $q_L = 0$ 的压力特性。其曲线如图 2-6 所示。

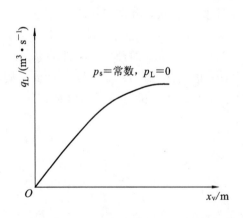

图 2-5   空载流量特性曲线

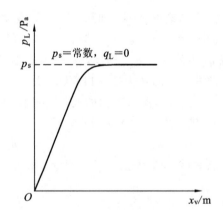

图 2-6   压力特性曲线

3) 压力-流量特性曲线

圆柱滑阀的压力-流量特性曲线是指阀芯位移 x_v 一定时,负载流量 q_L 与负载压降 p_L 之间关系的图形描述。压力-流量特性曲线族(见图 2-7)全面描述了阀的稳态特性。阀在最大位移下的压力-流量特性曲线可以表示阀的工作能力和规格,当负载所需要的压力和流量能够被阀在最大位移时的压力-流量曲线所包围时,阀就能满足负载的要求。由压力-流量特性曲线族可以获得阀的全部性能参数。

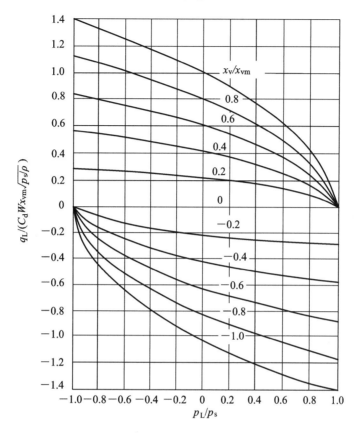

图 2-7　理想零开口四边滑阀压力-流量特性曲线

3. 圆柱滑阀的线性化分析和阀的系数

圆柱滑阀的压力-流量特性是非线性的，利用线性化理论对系统进行动态分析时，必须将此线性方程线性化。式(2-14)是负载流量的一般表达式，可以把它在某特定工作点 $q_{LA} = f(x_{VA}, p_{LA})$ 附近展开成泰勒级数。

$$q_L = q_{LA} + \frac{\partial q_L}{\partial x_v}\Big|_A \Delta x_v + \frac{\partial q_L}{\partial p_L}\Big|_A \Delta p_L + \cdots$$

如果把工作范围限制在工作点 A 附近，则高阶无穷小可以忽略，上式可写为

$$q_L - q_{LA} = \Delta q_L = \frac{\partial q_L}{\partial x_v}\Big|_A \Delta x_v + \frac{\partial q_L}{\partial p_L}\Big|_A \Delta p_L \tag{2-28}$$

这就是压力-流量方程以增量形式表示的线性化表达式。

下面我们定义阀的三个系数。

（1）流量增益定义为

$$K_q = \frac{\partial q_L}{\partial x_v} \tag{2-29}$$

它是流量特性曲线在某一点的切线斜率。流量增益表示负载压降一定时，单位阀芯输入位移所引起的负载流量变化的大小。其值越大，滑阀对负载流量的控制就越灵敏。

（2）流量-压力系数定义为

$$K_c = -\frac{\partial q_L}{\partial p_L} \tag{2-30}$$

它是压力-流量曲线在某一点的切线斜率冠以负号。对任何结构形式的阀来说，$\partial q_L / \partial p_L$ 都是负的，冠以负号使流量-压力系数总为正值。流量-压力系数表示阀口开度一定时，负载压降变化所引起的负载流量变化大小。K_c 值小，滑阀抵抗负载变化的能力大，即滑阀的刚度大。从动态的观点看，K_c 是系统中的一种阻尼，因为系统振动加剧时，负载压力的增大使滑阀输给系统的流量减小，这有助于系统振动的衰减。

（3）压力增益定义为

$$K_p = \frac{\partial p_L}{\partial x_v} \tag{2-31}$$

它是压力特性曲线在某一点的切线斜率。通常，压力增益是指 $q_L = 0$ 时，单位阀芯输入位移所引起的负载压力变化的大小。K_p 值大，滑阀对负载压力的控制灵敏度高。

因为 $\dfrac{\partial p_L}{\partial x_v} = -\dfrac{\partial q_L / \partial x_v}{\partial q_L / \partial p_L}$，所以阀的三个系数之间有以下关系：

$$K_p = \frac{K_q}{K_c} \tag{2-32}$$

定义了阀的系数之后，压力-流量特性方程的线性化表达式(2-28)可写为

$$\Delta q_L = K_q \Delta x_v - K_c \Delta p_L \tag{2-33}$$

滑阀的三个系数是表示滑阀静态特性的三个性能参数。这些系数对于确定液压控制系统的稳定性、响应特性和稳态误差是非常重要的。流量增益直接影响系统的开环增益，因而对系统的稳定性、响应特性、稳态误差都有直接的影响。流量-压力系数直接影响阀控执行元件(液压动力机构)的阻尼比和速度刚度。压力增益则表示阀控执行元件(液压动力机构)起动大惯量或大摩擦力负载的能力。

滑阀的三个系数并非常数，它们的数值随阀芯所处的位置(滑阀当前的工作点)而变。滑阀最重要的工作点是压力-流量曲线的原点(即 $q_L = p_L = x_v = 0$)，因为反馈控制系统经常在该点附近工作。此处滑阀的流量增益最大(矩形阀口)，因而液压控制系统的开环增益也最高；但此处滑阀的流量-压力系数最小，所以液压控制系统的阻尼比也最低。因此，滑阀的压力-流量特性曲线的原点对于液压控制系统的稳定性而言是最关键的一点。如果液压控制系统在该点能稳定工作，则在滑阀的其他工作点也能稳定工作。因此，在对液压控制系统进行性能分析时，通常是以原点处的静态放大系数作为阀的性能参数。在原点处的阀系数称为零位阀系数，分别以 K_{q0}、K_{c0}、K_{p0} 表示。

4. 零开口四边滑阀的静态特性

参照前述方法，可以推导出具有匹配且对称的节流阀口的理想零开口四边滑阀的压力-流量特性方程为

$$q_L = C_d |A_2| \frac{x_v}{|x_v|} \sqrt{\frac{1}{\rho}\left(p_s - \frac{x_v}{|x_v|} p_L\right)} \tag{2-34}$$

若节流口为矩形，其面积梯度为 W，则 $A_2 = Wx_v$。代入(2-34)，可得

$$q_L = C_d Wx_v \sqrt{\frac{1}{\rho}\left(p_s - \frac{x_v}{|x_v|} p_L\right)} \tag{2-35}$$

由式(2-35)可以求得理想零开口四边滑阀的阀系数。

流量增益：

$$K_q = \frac{\partial q_L}{\partial x_v} = C_d W \sqrt{\frac{1}{\rho}(p_s - p_L)} \tag{2-36}$$

流量-压力系数：

$$K_c = -\frac{\partial q_L}{\partial p_L} = \frac{C_d W x_v \sqrt{\frac{1}{\rho}(p_s - p_L)}}{2(p_s - p_L)} \tag{2-37}$$

压力增益：

$$K_p = \frac{\partial p_L}{\partial x_v} = \frac{2(p_s - p_L)}{x_v} \tag{2-38}$$

将 $q_L = p_L = x_v = 0$ 分别代入式(2-36)~式(2-38)，可得理想零开口四边滑阀的零位阀系数为

$$K_{q0} = C_d W \sqrt{\frac{p_s}{\rho}} \tag{2-39}$$

$$K_{c0} = 0 \tag{2-40}$$

$$K_{p0} = \infty \tag{2-41}$$

由式(2-39)可以看出，理想零开口四边滑阀的零位流量增益取决于供油压力 p_s 和面积梯度 W。当 p_s 一定时，理想零开口四边滑阀由面积梯度 W 决定，因此 W 是这种阀的最重要参数。由于 p_s 和 W 是很容易控制的量，因而零位流量增益也比较容易计算和控制。零位流量增益直接影响系统的稳定性，由于 K_{q0} 值容易计算和控制，因此可使液压控制系统具有可靠的稳定性。按式(2-39)计算出的 K_{q0} 值与实际零开口四边滑阀的零位流量增益值比较一致。但由式(2-40)和式(2-41)计算出的 K_{c0} 和 K_{p0} 值与实际零开口阀的试验值相差很大。其主要原因是没有考虑阀芯与阀套之间的径向间隙的影响，而实际零开口阀存在泄漏流量的缺点。

实际零开口滑阀因存在径向间隙，往往还有很小的正的或负的重叠量，同时阀口工作边也不可避免地存在小圆角。因此，在零位附近某个微小位移范围内(如$|x_v| < 0.025$ mm)，阀的泄漏不可忽略，泄漏特性决定了阀的性能。而在此范围以外，由于径向间隙等影响可以忽略，理想零开口滑阀和实际零开口滑阀的特性才相吻合。

实际零开口滑阀零位附近的特性称为零区特性，该特性可以通过实验获得。假设阀的节流窗口是匹配和对称的，将其负载通道关闭($q_L = 0$)，在负载通道和供油口分别接上压力表，在回油口接流量计或量杯。通过实验可得三条特性曲线。

1) 压力特性曲线

在供油压力 p_s 一定时，改变滑阀的位移 x_v，测出相应的负载压力 p_L，根据测得的结果可作出压力特性曲线(如图2-8所示)，该曲线在原点处的切线斜率就是滑阀的零位压力增益。由图2-8看出，阀芯只需要一个很小的位移 x_v，负载压力 p_L 很快就增加到供油压力 p_s，说明这种阀的零位压力增益是很高的。

2) 泄漏流量曲线

在供油压力 p_s 一定时，改变阀芯位移 x_v，测出泄漏流量 q_1，可得泄漏流量曲线，如图

2-9 所示。由该曲线可以看出，阀芯在零位时的泄漏流量 q_c 最大，因为此时滑阀的密封长度最短。随着阀芯的位移，回油密封长度增大，泄漏流量急剧减小。泄漏流量曲线可用来度量阀芯在零位时的液压功率损失大小。

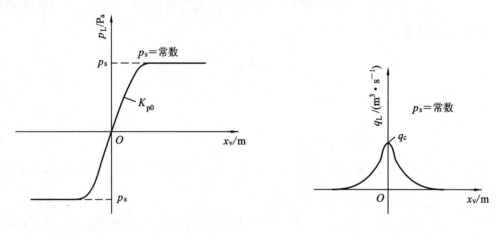

图 2-8　切断负载流量时的压力特性曲线　　　　图 2-9　泄漏流量曲线

3）零位（中位）泄漏流量曲线

如果使阀芯处于阀套的中间位置不动，改变供油压力 p_s，测量出相应的泄漏流量 q_c，可得零位（中位）泄漏流量曲线，如图 2-10 所示。

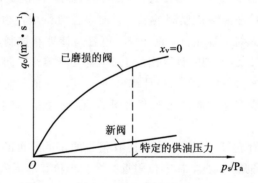

图 2-10　零位（中位）泄漏流量曲线

零位（中位）泄漏流量曲线除可用来判断滑阀的加工配合质量外，还可用来确定阀的零位流量-压力系数。由式（2-25）和式（2-27）可得

$$\frac{\partial q_s}{\partial p_s} = -\frac{\partial q_L}{\partial p_L} = K_c \tag{2-42}$$

这个结果对任何一个匹配和对称的阀都是适用的。在切断负载时，泄漏流量 q_1 就是供油流量 q_s，因为零位（中位）泄漏流量曲线是在 $q_L = p_L = x_v = 0$ 的情况下测得的，由式（2-42）可知，在特定供油压力下的零位（中位）泄漏流量曲线的切线斜率就是滑阀在该供油压力下的零位流量-压力系数。

上面介绍了用实验方法来测定滑阀的零位压力增益和零位流量-压力系数。下面利用式（2-42）的关系给出实际零开口四边滑阀 K_{c0} 和 K_{p0} 的近似计算公式。

由图 2-10 所示可以看出，新阀的零位（中位）泄漏流量小，且流动为层流型的。由于阀口的节流边被液流冲蚀，使得已磨损的旧阀零位泄漏流量增大，且流动为紊流型的。阀磨损后在特定供油压力下的零位泄漏流量虽然急剧增加，但其曲线斜率增加却不大，即流量-压力系数变化不大（约为 2～3 倍）。因此可按新阀的状态来计算滑阀的零位流量-压力系数。层流状态下液体通过锐边小缝隙的流量公式可写为

$$q = \frac{\pi r_c^2 W}{32\mu} \Delta p$$

式中：r_c——阀芯与阀套间的径向间隙；

$\qquad$ W——阀的面积梯度；

$\qquad$ μ——油液的动力粘度；

$\qquad$ Δp——节流口两端的压力差。

滑阀的零位泄漏流量为两个窗口（p_s 向 p_1、p_2 泄漏的两个途径）泄漏流量之和。零位时每个窗口的压降为 $p_s/2$，泄漏流量为 $q_c/2$。在层流状态下，零位泄漏流量为

$$q_c = q_s = \frac{\pi r_c^2 W}{32\mu} p_s \qquad (2-43)$$

由式（2-42）、式（2-43）可求得实际零开口四边滑阀的零位流量-压力系数为

$$K_{c0} = \frac{q_c}{p_s} = \frac{\pi r_c^2 W}{32\mu} \qquad (2-44)$$

实际零开口四边滑阀的零位压力增益可由式（2-39）和（2-44）求得

$$K_{p0} = \frac{K_{q0}}{K_{c0}} = \frac{32\mu C_d \sqrt{p_s/\rho}}{\pi r_c^2} \qquad (2-45)$$

式（2-45）表明，实际零开口四边滑阀的零位压力增益主要取决于阀的径向间隙值，而与阀的面积梯度无关。实际零开口四边滑阀的零位压力增益可以达到很大的数值。式（2-44）和式（2-45）只是近似的计算公式，但试验研究证明，由此得到的计算值与试验值是比较吻合的。

5. 正开口四边滑阀的静态特性

图 2-4 所示，当阀芯在阀套的中间位置时，四个节流窗口有相同的正开口量 U，并规定阀是在正开口的范围内工作，即 $|x_v| \leqslant U$。假设阀是匹配且对称的，当阀芯按图示方向位移 x_v 时，则有

$$A_1 = A_3 = W(U - x_v)$$
$$A_2 = A_4 = W(U + x_v)$$

将上面两式代入式（2-25）中，可得正开口四边滑阀的压力-流量特性方程为

$$q_L = C_d W(U + x_v)\sqrt{\frac{1}{\rho}(p_s - p_L)} - C_d W(U - x_v)\sqrt{\frac{1}{\rho}(p_s + p_L)} \qquad (2-46)$$

正开口四边滑阀的零位阀系数可通过式（2-46）求得

$$K_{q0} = 2C_d W \sqrt{\frac{p_s}{\rho}}$$

$$K_{c0} = \frac{C_d W U \sqrt{\frac{p_s}{\rho}}}{p_s}$$

$$K_{p0} = \frac{2p_s}{U}$$

从上面三式可以看出，正开口四边滑阀的 K_{q0} 值是理想零开口四边滑阀的两倍。这是因为负载流量同时受两个节流窗口的控制，而且它们是差动变化的。在图 2-4 中，当阀芯正向移动一个距离 x_v 时，节流窗口 4 的面积增大了 Wx_v，同时窗口 1 的面积减小了同一数值，故节流面积的总变化量为 $2Wx_v$，窗口 2、3 的变化与此相同。所以正开口四边滑阀可以提高零位流量增益，并改善压力-流量曲线的线性度。K_{c0} 取决于面积梯度，而 K_{p0} 与面积梯度无关，这也说明式（2-44）和式（2-45）的结论是正确的。在零位附近，实际零开口阀类似于正开口阀。

正开口四边滑阀的零位（中位）泄漏流量应是窗口 3、4（见图 2-4）泄漏流量之和，即

$$q_c = 2C_d WU \sqrt{\frac{p_s}{\rho}}$$

这种正开口四边滑阀由于零位泄漏流量比较大，所以不适合大功率控制的场合。

正开口四边滑阀的 K_{q0} 和 K_{c0} 也可以用零位泄漏流量来表示，即

$$K_{q0} = \frac{q_c}{U}$$

$$K_{c0} = \frac{q_c}{2p_s}$$

2.1.3　阀芯的受力分析

圆柱滑阀阀芯运动需要克服各种阻力，其中包括阀芯质量的惯性力，阀芯与阀套间的摩擦力，阀芯所受的液动力、弹性力和任意外负载力等。阀芯运动阻力的大小是设计滑阀操纵元件的主要依据，因此需要对滑阀的受力进行分析和计算。这里主要分析圆柱滑阀阀芯所受的液动力。

1. 作用在圆柱滑阀阀芯上的液动力

液体流经滑阀时，液体速度的大小和方向发生变化，其动量的变化量对阀芯产生一个反作用力，这就是作用在阀芯上的液动力。液动力可分为稳态液动力和瞬态液动力两种。稳态液动力与滑阀开口量成正比，瞬态液动力与滑阀开口量的变化率成正比。

稳态液动力不仅会使阀芯运动的操纵力增加，还会引起非线性问题，瞬态液动力在一定条件下会引起滑阀不稳定。所以在滑阀设计中应考虑液动力问题。

1）稳态液动力

（1）稳态液动力计算公式。稳态液动力是在阀口开度一定的稳定流动情况下，液体对阀芯的反作用力。根据动量定理可求得稳态轴向液动力的大小为（见图 2-11）：

$$F_s = F_1 = \rho q v \cos\theta \tag{2-47}$$

由柏努利方程可求得阀口射流最小断面处的流速为

$$v = C_V \sqrt{\frac{2}{\rho}\Delta p}$$

式中：C_V——速度系数，一般取 $C_V = 0.95 \sim 0.98$；

Δp——阀口压差，$\Delta p = p_1 - p_2$。

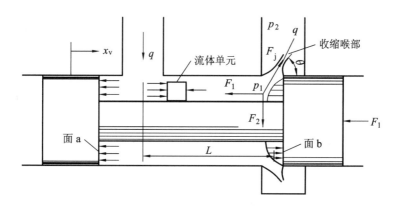

图 2 - 11　滑阀的液动力

通过理想矩形阀口的流量为

$$q = C_\mathrm{d} W x_\mathrm{v} \sqrt{\frac{2}{\rho} \Delta p}$$

将上面两式代入式(2-47)中,可得稳态液动力为

$$F_\mathrm{s} = 2 C_\mathrm{v} C_\mathrm{d} W x_\mathrm{v} \Delta p \cos\theta = K_\mathrm{f} x_\mathrm{v} \qquad (2-48)$$

式中:K_f 为稳态液动力刚度,$K_\mathrm{f} = 2 C_\mathrm{v} C_\mathrm{d} W \Delta p \cos\theta$。

对理想滑阀,射流角 $\theta = 69°$。取 $C_\mathrm{v} = 0.98$, $C_\mathrm{d} = 0.61$, $\cos 69° = 0.358$,可得

$$F_\mathrm{s} = 0.43 W \Delta p x_\mathrm{v} = K_\mathrm{f} x_\mathrm{v} \qquad (2-49)$$

式(2-49)就是常用的稳态液动力计算公式。

对于所讨论的滑阀来说,由于射流角 θ 总是小于 $90°$,因此稳态液动力的方向总是指向使阀口关闭的方向。当阀口压差 Δp 一定时,稳态液动力的大小与阀的开口量成正比。因此稳态液动力的作用与阀芯对中弹簧的作用相似,是由液体流动所引起的一种弹性力。

实际滑阀的稳态液动力受径向间隙和工作边圆角的影响。径向间隙和工作边圆角使阀口过流面积增大,射流角减小,从而使稳态液动力增大。特别是在小开口时更为显著,使稳态液动力与阀的开口量之间呈现非线性。

(2) 零开口四边滑阀的稳态液动力。由于零开口四边滑阀在工作时,有两个串联的阀口同时起作用,每个阀口的压降为 $\Delta p = \dfrac{p_\mathrm{s} - p_\mathrm{L}}{2}$,因此总的稳态液动力为

$$F_\mathrm{s} = 0.43 W (p_\mathrm{s} - p_\mathrm{L}) x_\mathrm{v} = K_\mathrm{f} x_\mathrm{v} \qquad (2-50)$$

式中:K_f 为滑阀的液动力刚度,$K_\mathrm{f} = 0.43 W (p_\mathrm{s} - p_\mathrm{L})$。

应该注意,稳态液动力是随着负载压力 p_L 变化而变化的,在空载($p_\mathrm{L} = 0$)时达到最大值,其值为

$$F_\mathrm{s0} = 0.43 W p_\mathrm{s} x_\mathrm{v} = K_\mathrm{f0} x_\mathrm{v} \qquad (2-51)$$

式中:K_f0 为空载液动力刚度,$K_\mathrm{f0} = 0.43 W p_\mathrm{s}$。

由式(2-50)可知,只有当负载压力 p_L 为常数时,稳态液动力才会与阀的开口量 x_v 成比例关系;当负载压力 p_L 变化时,稳态液动力将呈现出非线性。

稳态液动力一般都很大,它是阀芯运动阻力中的主要部分。例如,一个全周开口、直径为 1.2×10^{-2} m 的阀芯,在供油压力为 14 MPa 时,空载液动力刚度 $K_\mathrm{f0} = 2.27 \times 10^{5}$ N/m,

如果阀芯最大位移为 5×10^{-4} m 时，空载稳态液动力为 $K_{s0} = 114$ N，其值是相当大的。

虽然有一些补偿或消除稳态液动力的方法，但由于制造成本高，而且不能在所有流量和压降下完全补偿，又容易使液动力出现非线性，因此在工程实际中使用较少。在电液伺服阀中，由于受力矩马达输出力矩的限制，稳态液动力限制了单级伺服阀的输出功率。解决这一问题的实用办法是使用两级伺服阀，利用先导级阀提供一个足够大的液压力去驱动输出级（功率级）的滑阀。

(3) 正开口四边滑阀的稳态液动力。正开口四边滑阀有四个节流窗口同时工作（见图 2-4），总液动力等于四个节流窗口所产生的液动力之和。在图 2-4 中，我们规定阀芯向左移动为正，并规定与此方向相反的液动力为正，反之为负。则总的稳态液动力为

$$F_s = 0.43[A_4(p_s - p_1) + A_2 p_2 - A_1 p_1 - A_3(p_s - p_2)]$$

假定阀是匹配且对称的，则有

$$A_1 = A_3 = W(U - x_v)$$
$$A_2 = A_4 = W(U + x_v)$$

由此可得：

$$F_s = 0.86\, W(p_s x_v - p_L U) \tag{2-52}$$

空载（$p_L = 0$）时的稳态液动力为

$$F_{s0} = 0.86 W p_s x_v \tag{2-53}$$

从式（2-53）可以看出，正开口四边滑阀的空载稳态液动力是零开口四边滑阀的两倍。

2) 瞬态液动力

在图 2-11 中，阀芯在移动过程中，阀开口量变化，使得通过阀口的流量发生变化，引起阀腔内液流速度随时间变化，其动量的变化量对阀芯产生的反作用力就是瞬态液动力，其大小为

$$F_t = \frac{\mathrm{d}(mv)}{\mathrm{d}t}$$

式中：m——阀腔中的液体质量；

v——阀腔中的液体流速。

假定液体是不可压缩的，则阀腔中的液体质量 m 是常数，所以

$$F_t = m\frac{\mathrm{d}v}{\mathrm{d}t} = \rho L A_v \frac{\mathrm{d}v}{\mathrm{d}t} = \rho L \frac{\mathrm{d}q}{\mathrm{d}t}$$

式中：A_v——阀腔过流断面面积；

L——液流在阀腔内的实际流程长度。

对阀口流量公式求导并代入上式，忽略压力变化率的微小影响，可得瞬态液动力为

$$F_t = C_d W L \sqrt{2\rho\Delta p}\, \frac{\mathrm{d}x_v}{\mathrm{d}t} = B_f \frac{\mathrm{d}x_v}{\mathrm{d}t} \tag{2-54}$$

式中：B_f 为阻尼系数，$B_f = C_d W L \sqrt{2\rho\Delta p}$。

式（2-54）表明，瞬态液动力与阀芯的移动速度成正比，起黏性阻尼力的作用。阻尼系数 B_f 与长度 L 有关，L 称为阻尼长度。瞬态液动力的方向始终与阀腔内液体的加速度方向相反，据此可以判断瞬态液动力的方向。如果瞬态液动力的方向与阀芯移动方向相反，则瞬态液动力起正阻尼力的作用，阻尼系数 $B_f > 0$，阻尼长度 L 为正，如图 2-12(a) 所示；如

果瞬态液动力方向与阀芯运动方向相同，则瞬态液动力起负阻尼力的作用，阻尼系数 $B_f<0$，阻尼长度 L 为负，如图 2-12(b)所示。

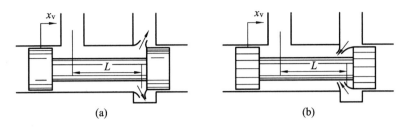

(a)　　　　　　　　　　　　(b)

图 2-12　滑阀的阻尼长度

利用式(2-54)可求得零开口四边滑阀的总瞬态液动力为

$$F_t = (L_2 - L_1)C_d W \sqrt{\rho(p_s - p_L)}\, \frac{\mathrm{d}x_v}{\mathrm{d}t} = B_f \frac{\mathrm{d}x_v}{\mathrm{d}t} \qquad (2-55)$$

式中：B_f——阻尼系数，$B_f = (L_2 - L_1)C_d W \sqrt{\rho(p_s - p_L)}$。

　　　　L_1——负阻尼长度；

　　　　L_2——正阻尼长度；

　　　　Δp——阀口压差，$\Delta p = \dfrac{p_s - p_L}{2}$。

当 $L_2 > L_1$ 时，$B_f>0$，是正阻尼；当 $L_2 < L_1$ 时，$B_f<0$，是负阻尼。负阻尼对滑阀工作的稳定性不利，为保证阀的稳定性，应保证 $L_2 \geqslant L_1$，这实际上是一个通路位置的布置问题。瞬态液动力的数值一般很小，因此不可能用它来作为阻尼源。

利用式(2-54)也可求出正开口四边滑阀的总瞬态液动力为

$$F_t = (L_2 - L_1)C_d W \sqrt{\rho}\left[\sqrt{p_s - p_L} + \sqrt{p_s + p_L}\right]\frac{\mathrm{d}x_v}{\mathrm{d}t} = B_f \frac{\mathrm{d}x_v}{\mathrm{d}t}$$

空载时，F_t 是零开口四边滑阀的两倍。

2. 滑阀阀芯的驱动力

根据阀芯运动时的力平衡方程式，可得滑阀阀芯运动时的总驱动力为

$$F_i = m_v \frac{\mathrm{d}^2 x_v}{\mathrm{d}t^2} + (B_v + B_f)\frac{\mathrm{d}x_v}{\mathrm{d}t} + K_f x_v + F_L \qquad (2-56)$$

式中：F_i——总驱动力；

　　　　m_v——阀芯及阀腔油液质量；

　　　　B_v——阀芯与阀套间的黏性摩擦系数；

　　　　B_f——瞬态液动力阻尼系数；

　　　　K_f——稳态液动力刚度；

　　　　F_L——任意负载力。

在实际计算中，还必须考虑阀的驱动装置(如力矩马达)运动部分的质量、阻尼和弹簧刚度等的影响，并对质量、阻尼和弹簧刚度作相应的折算。在许多情况下，阀芯驱动装置的上述系数可能比阀本身的系数大。此外，驱动装置还必须有足够大的驱动力储备，这样才有能力去除滞留在节流窗口处的杂质颗粒。

▦ 2.1.4 ▦ 输出功率及效率分析

圆柱滑阀在液压控制系统中经常作为功率放大元件使用，从经济指标出发应该研究其输出功率和效率。由于在液压控制系统中，效率是随负载变化而变化的，而负载并非恒定，因此系统效率不可能经常保持在最高值。另外，液压控制系统的稳定性、响应速度和精度等动态性能指标往往比效率更重要。为了保证这些指标，经常不得不牺牲一部分效率指标。因此在液压控制系统中，特别是在中、小功率的液压控制系统中，效率问题相对来说是次要的。

下面研究零开口四边滑阀的输出功率和效率问题。设液压泵的供油压力为 p_s，供油流量为 q_s，阀的负载压力为 p_L，负载流量为 q_L，则阀的输出功率（负载功率）为

$$N_L = p_L q_L = p_L C_d W x_v \sqrt{\frac{1}{\rho}(p_s - p_L)} \tag{2-57}$$

或

$$\frac{N_L}{C_d W x_v p_s \sqrt{p_s/\rho}} = \frac{p_L}{p_s} \sqrt{1 - \frac{p_L}{p_s}} \tag{2-58}$$

其无因次曲线如图 2-13 所示。

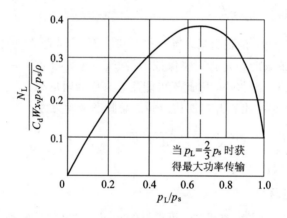

图 2-13　负载功率随负载压力变化曲线

由式（2-58）和图 2-13 可得，当 $p_L = 0$ 时，$N_L = 0$；当 $p_L = p_s$ 时，$N_L = 0$。通过 $\dfrac{dN_L}{dp_L} = 0$ 可求得，输出功率为最大值时的 p_L 值为

$$p_L = \frac{2}{3} p_s \tag{2-59}$$

滑阀在最大开度 x_{vm} 和负载压力 $p_L = \dfrac{2}{3} p_s$ 时，最大输出功率为

$$N_{Lm} = \frac{2}{3\sqrt{3}} C_d W x_{vm} \sqrt{\frac{1}{\rho} p_s^3} \tag{2-60}$$

液压控制系统的效率和液压油源的形式及管路损失有关。下面分析时忽略管路的压力损失，因此液压泵的供油压力 p_s 也就是阀的供油压力。

如果采用变量泵供油时，由于变量泵可自动调节其供油流量 q_s，来满足负载流量 q_L 的

要求，因此 $q_s = q_L$。阀在最大输出功率时获得的最高效率为

$$\eta = \frac{(p_L q_L)_{max}}{p_s q_s} = \frac{\frac{2}{3} p_s q_s}{p_s q_s} = \frac{2}{3} = 0.667$$

采用变量泵供油时，由于没有供油流量的损失，因此这个效率也是滑阀本身所能达到的最高效率。

当采用定量泵和溢流阀(起定压阀的作用)作液压油源时，定量泵的供油流量应等于或大于滑阀的最大负载流量 q_{Lmax}（阀的最大空载流量 q_{om}）。滑阀在最大输出功率时的系统最高效率为

$$\eta = \frac{(p_L q_L)_{max}}{p_s q_s} = \frac{\frac{2}{3} p_s C_d W x_{vm} \sqrt{\frac{1}{\rho}(p_s - \frac{2}{3} p_s)}}{p_s C_d W x_{vm} \sqrt{p_s/\rho}} = 0.385$$

在这个效率中，除了滑阀本身的节流损失外，还包括溢流阀的溢流损失(供油流量损失)，因此这是整个液压控制系统的效率。这种系统的效率是很低的，但由于其结构简单、成本低、维护方便，特别是在中、小功率的液压控制系统中，仍然得到广泛的应用。

上述分析结果表明，在 $p_L = \frac{2}{3} p_s$ 时，整个液压控制系统的效率最高，同时滑阀的输出功率也最大，故通常取 $p_L = \frac{2}{3} p_s$ 作为滑阀的设计负载压力。限制 p_L 值的另一个原因是当 $p_L \leqslant \frac{2}{3} p_s$ 时，滑阀的流量增益和流量-压力系数的变化也不大。流量增益降低、流量-压力系数增大会影响液压控制系统的性能，所以一般都取 $p_L \leqslant \frac{2}{3} p_s$。

2.2 双喷嘴挡板阀

与滑阀相比，双喷嘴挡板阀具有结构简单、加工容易、运动部件质量小等优点。但双喷嘴挡板阀的负载流量很小，零位泄漏流量较大，所以其输出功率较小。在电液伺服阀的两级液压放大器中，一般采用双喷嘴挡板阀作为先导级。

2.2.1 结构及工作原理

双喷嘴挡板阀是由两个结构相同的固定节流孔，两个结构相同的喷嘴与居中的挡板组成，(见图 2-14)。挡板可以绕支承中心转动一个很小范围的偏转角度 θ，由于挡板的位移较小，挡板的转角也非常小，因此可以近似地按照平移的方法处理挡板与喷嘴之间的距离。喷嘴与挡板间的环形面积构成了可变节流口，用于控制固定节流孔与可变节流口之间的压力 $p_i (i = 1, 2)$。图 2-14 所示，当挡板向上移动 x_f 时，与上方喷嘴端面之间的间隙减小，由于可变液阻增大，使通过固定节流孔的流量 q_1 减小，在固定节流孔处的压降也减小，因此控制压力 p_1 升高。与此同时，挡板与下方喷嘴端面之间的间隙增大，由于可变液阻减小，使通过固定节流孔的流量 q_3 增大，在固定节流孔处的压降也增大，因此控制压力 p_2 减小，两个控制压力之差即负载压力 $p_L = p_1 - p_2$，推动负载运动。为了减小油温变化的影响，固定节流孔通常是短管形的，喷嘴端部也是近于锐角形的。双喷嘴挡板阀是四通阀，

因此可用来控制双作用液压缸。在实际工程中，由于双喷嘴挡板阀的液压输出功率较小，因此一般用于在电液伺服阀中驱动功率级（输出级）的圆柱滑阀。

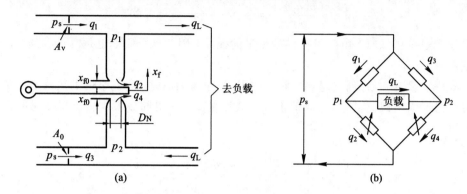

图 2-14　双喷嘴挡板阀原理图及等效桥路图

■■ 2.2.2 ■■ 性能及特点

1. 压力-流量特性

根据流量连续性有

$$q_{\text{L}} = q_1 - q_2 = C_{\text{d0}} A_0 \sqrt{\frac{2}{\rho}(p_{\text{s}} - p_1)} - C_{\text{df}} \pi D_{\text{N}} (x_{\text{f0}} - x_{\text{f}}) \sqrt{\frac{2}{\rho} p_1} \qquad (2-61)$$

$$q_{\text{L}} = q_4 - q_3 = C_{\text{df}} \pi D_{\text{N}} (x_{\text{f0}} + x_{\text{f}}) \sqrt{\frac{2}{\rho} p_2} - C_{\text{d0}} A_0 \sqrt{\frac{2}{\rho}(p_{\text{s}} - p_2)} \qquad (2-62)$$

式中：C_{d0}——固定节流孔流量系数；

　　　A_0——固定节流孔的通流面积；

　　　C_{df}——可变节流口的流量系数；

　　　D_{N}——喷嘴孔直径；

　　　x_{f0}——挡板与喷嘴之间的零位间隙；

　　　x_{f}——挡板偏离零位的位移。

利用 $a = \dfrac{C_{\text{df}} A_{\text{f0}}}{C_{\text{d0}} A_0} = \dfrac{C_{\text{df}} \pi D_{\text{N}} x_{\text{f0}}}{C_{\text{d0}} A_0} = 1$，将式（2-61）、式（2-62）简化为

$$\frac{q_{\text{L}}}{C_{\text{d0}} A_0 \sqrt{\dfrac{p_{\text{s}}}{\rho}}} = \sqrt{2\left(1 - \frac{p_1}{p_{\text{s}}}\right)} - \left(1 - \frac{x_{\text{f}}}{x_{\text{f0}}}\right)\sqrt{\frac{2 p_1}{p_{\text{s}}}} \qquad (2-63)$$

$$\frac{q_{\text{L}}}{C_{\text{d0}} A_0 \sqrt{\dfrac{p_{\text{s}}}{\rho}}} = \left(1 + \frac{x_{\text{f}}}{x_{\text{f0}}}\right)\sqrt{\frac{2 p_2}{p_{\text{s}}}} - \sqrt{2\left(1 - \frac{p_2}{p_{\text{s}}}\right)} \qquad (2-64)$$

将式（2-63）、式（2-64）与下式：

$$p_{\text{L}} = p_1 - p_2 \qquad (2-65)$$

结合起来就完全确定了双喷嘴挡板阀的压力-流量曲线，但是这些方程不能用简单的方法合成一个关系式。可用下述方法作出压力-流量曲线，选定一个 x_{f}，给出一系列 q_{L} 值，然

后利用式(2-63)和式(2-64)分别求出对应的 p_1 值和 p_2 值,再利用式(2-65)的关系,就可以画出图 2-15 所示的压力-流量曲线。双喷嘴挡板阀的压力-流量曲线的线性度好,线性范围较大,特性曲线对称性好。

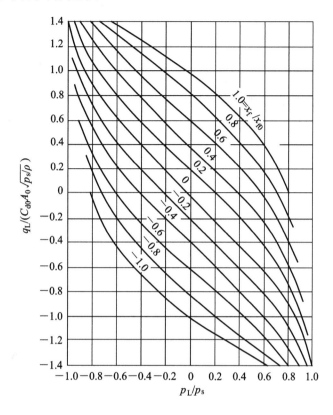

图 2-15　双喷嘴挡板阀的压力-流量曲线

2. 压力特性

双喷嘴挡板阀在挡板偏离零位时,一个喷嘴腔的压力升高,另一个喷嘴腔的压力降低。在切断负载($q_L=0$)时,每个喷嘴腔的控制压力 p_1 和 p_2 分别为

$$\frac{p_1}{p_s} = \frac{1}{1+\left(1-\dfrac{x_f}{x_{f0}}\right)^2} \qquad (2-66)$$

$$\frac{p_2}{p_s} = \frac{1}{1+\left(1+\dfrac{x_f}{x_{f0}}\right)^2} \qquad (2-67)$$

将式(2-66)和式(2-67)相减,可得压力特性方程为

$$\frac{p_L}{p_s} = \frac{p_1 - p_2}{p_s}$$

$$= \frac{1}{1+\left(1-\dfrac{x_f}{x_{f0}}\right)^2} - \frac{1}{1+\left(1+\dfrac{x_f}{x_{f0}}\right)^2} \qquad (2-68)$$

其压力特性曲线如图 2-16 所示。

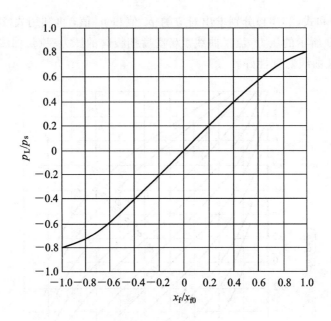

图 2-16   双喷嘴挡板阀的压力特性曲线

3. 零位系数

为了求得双喷嘴挡板阀的零位系数，可将式(2-61)和式(2-62)在零位($x_f = q_L = p_L = 0$和 $p_1 = p_2 = p_s/2$)附近线性化，即

$$\Delta q_L = C_{df} \pi D_N \sqrt{\frac{p_s}{\rho}} \Delta x_f - \frac{2C_{df} \pi D_N x_{f0}}{\sqrt{\rho p_s}} \Delta p_1 \qquad (2-69)$$

$$\Delta q_L = C_{df} \pi D_N \sqrt{\frac{p_s}{\rho}} \Delta x_f + \frac{2C_{df} \pi D_N x_{f0}}{\sqrt{\rho p_s}} \Delta p_2 \qquad (2-70)$$

将式(2-69)和式(2-70)相加除以 2，并与 $\Delta p_L = \Delta p_1 - \Delta p_2$ 合并，可得

$$\Delta q_L = C_{df} \pi D_N \sqrt{\frac{p_s}{\rho}} \Delta x_f - \frac{C_{df} \pi D_N x_{f0}}{\sqrt{\rho p_s}} \Delta p_L \qquad (2-71)$$

这就是双喷嘴挡板阀在零位附近工作时的压力-流量方程的线性化表达式。由该方程可直接得到阀的零位系数为

$$K_{q0} = \frac{\Delta q_L}{\Delta x_f}\bigg|_{\Delta p_L = 0} = C_{df} \pi D_N \sqrt{\frac{p_s}{\rho}} \qquad (2-72)$$

$$K_{p0} = \frac{\Delta p_L}{\Delta x_f}\bigg|_{\Delta q_L = 0} = \frac{p_s}{x_{f0}} \qquad (2-73)$$

$$K_{c0} = \frac{\Delta q_L}{\Delta p_L}\bigg|_{\Delta x_f = 0} = \frac{C_{df} \pi D_N x_{f0}}{\sqrt{\rho p_s}} \qquad (2-74)$$

双喷嘴挡板阀的零位泄漏流量(或中位流量)为

$$q_c = 2C_{df} \pi D_N x_{f0} \sqrt{\frac{p_s}{\rho}} \qquad (2-75)$$

4. 双喷嘴挡板阀的特点

双喷嘴挡板阀在结构上最显著的特点：一是对称；二是绝对几何尺寸很小。

　　由于结构的对称性，使得双喷嘴挡板阀因温度和供油压力变化而产生的零漂较小（即零位工作点变动小），挡板在零位时所受的液压力和液动力也是平衡的。当双喷嘴挡板阀的两个喷嘴的磨损程度不一致时，两个可变节流口对称的出流特性被破坏，会使其桥式油路失去平衡无法正常工作而报废。

　　由于双喷嘴挡板阀绝对几何尺寸很小，使得其中的运动部件——挡板的质量很小，从而使阀具有很好的快速性和灵敏度；但同时也使得阀的负载流量很小，零位泄漏流量较大，导致阀的输出功率较小，无法直接驱动液压执行元件，只能用于电液伺服阀的先导级。由于双喷嘴挡板阀中喷嘴与挡板的间距很小，对油液中的杂质非常敏感，一旦杂质卡在喷嘴与挡板的间隙处，则会引起可变节流口的液阻突然改变，使得双喷嘴挡板阀驱动的执行元件产生误动作。因此，双喷嘴挡板阀对油液的清洁度有很高的要求。

2.3　射流管阀

　　射流管阀是一种非节流式的液压放大元件，其工作原理与圆柱滑阀和双喷嘴挡板阀有着本质上的区别。射流管阀主要用于两级电液伺服阀的先导级。

2.3.1　结构及工作原理

　　图 2 - 17 所示为射流管阀结构简图，其主要由射流管 1 和接收器 2 组成。射流管由上一级的电-机转换元件（一般为力矩马达）驱动，可以绕支承中心 3 转动。接收器上有两个圆形的接收孔，两个接收孔分别与液压缸的两腔相连。来自液压油源的恒压力、恒流量的液流通过支承中心引入射流管，经射流管喷嘴向接收器喷射。压力油的液压能通过射流管的喷嘴转换为液流的动能（速度能），液流被接收孔接收后，又将动能转换为压力能。

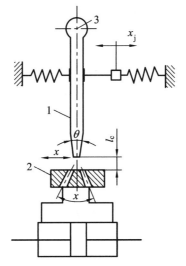

1—射流管；2—接收器；3—支承中心。

图 2 - 17　射流管阀结构简图

当无信号输入时，射流管依靠对中弹簧将其喷射口保持在两个接收孔的中间位置（见

图 2-18），两个接收孔所接收到的射流动能相同，因此两个接收孔的恢复压力也相等，液压缸活塞不会移动；当有输入信号时，射流管偏离中间位置向一侧移动，使得两个接收孔所接收到的射流动能不再相等，其中一个增加而另一个减小，因此两个接收孔的恢复压力不等，其压差即负载压力使液压缸活塞运动；当输入信号反向时，射流管反方向移动，则液压缸活塞反方向运动。

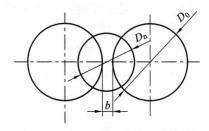

D_n—喷射口直径；D_0—接收孔直径；b—接收孔边缘距离。

图 2-18 射流管喷射口与接收孔相对位置关系

射流管只有一个喷射口，喷射口的磨损并不会影响阀的正常使用。而当双喷嘴挡板阀的两个喷嘴的磨损程度不一致时，会使其桥式油路失去平衡无法正常工作而报废，这也是射流管阀使用寿命长的原因。

从射流管喷出的射流有淹没射流和非淹没射流两种：非淹没射流是射流经空气到达接收器表面，射流在穿过空气时将冲击气体并分裂成含气的雾状射流；淹没射流是射流经同密度的液体到达接收器表面，不会出现雾状分裂现象，也不会有空气进入运动的液体中去，所以淹没射流具有最佳的流动条件。因此，在射流管阀中一般都采用淹没射流。

无论是淹没射流还是非淹没射流，一般都是紊流。射流质点除有轴向运动外还有横向运动。射流与其周围介质的接触表面有能量交换，有些介质分子会吸附进射流而随射流一起运动。这样会使射流质量增加而速度下降，介质分子掺杂进射流的现象是从射流表面开始逐渐向中心渗透的。图 2-19 所示，当射流刚离开喷嘴口时，射流中有一个速度等于喷嘴口速度的等速核心区，等速核心区随喷射距离的增大而减小。根据圆形喷嘴紊流淹没射流理论可以计算出，当射流距离 $l_0 \geqslant 4.19 D_n$ 时，等速核心区消失。为了充分利用射流的动能，一般使喷嘴端面与接收器之间的距离 $l_c \leqslant l_0$。

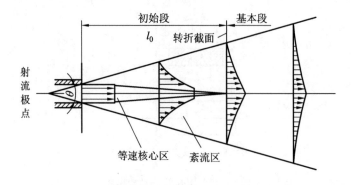

图 2-19 淹没射流的速度变化

2.3.2 性能及特点

射流管阀的流动情况比较复杂，目前还难以准确地进行理论分析和计算，性能也难以预测，其静态特性主要靠实验获得。

1. 压力特性

当切断负载时，即 $q_L = 0$ 时，两个接收孔的恢复压力之差（即负载压力）与射流管端面位移之间的关系称为压力特性。实验曲线如图 2-20 所示（$p_s = 6 \times 10^5$ Pa，$D_n = 1.2$ mm）。压力特性曲线在原点的斜率即为零位压力增益 K_{p0}。

2. 流量特性

在负载压力 $p_L = 0$ 时，接收孔的恢复流量（负载流量）与射流管端面位移的关系称为流量特性。实验曲线如图 2-21 所示（$p_s = 6 \times 10^5$ Pa，$D_n = 1.2$ mm）。流量特性曲线在原点的斜率即为零位流量增益 K_{q0}。

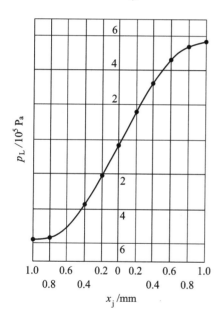

图 2-20　射流管阀的压力特性

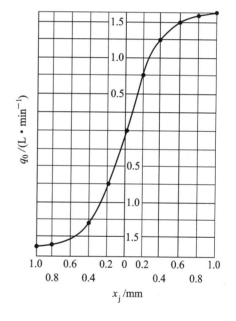

图 2-21　射流管阀的流量特性

3. 压力-流量特性

压力-流量特性是指在不同的射流管端面位移的情况下，负载流量与负载压力在稳态下的关系。实验曲线如图 2-22 所示（$p_s = 5.8 \times 10^5$ Pa，$D_n = 1.2$ mm，$D_0 = 1.5$ mm）。压力-流量曲线在原点的负斜率即为零位流量-压力系数 K_{c0}，$K_{c0} = K_{q0} K_{p0}$。

4. 压力恢复系数

当切断负载（即 $q_L = 0$）时，接收孔恢复的最大负载压力与供油压力之比称为压力恢复系数。即

$$\eta_p = \frac{p_{Lm}}{p_s}$$

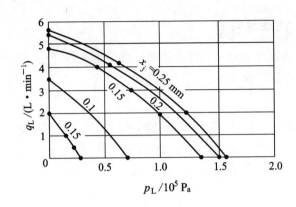

图 2-22　射流管阀的压力-流量特性

5. 流量恢复系数

当负载压力 $p_L = 0$ 时，接收孔恢复的最大负载流量与喷嘴流量（供油流量）之比称为流量恢复系数。即

$$\eta_q = \frac{q_{0m}}{q_n}$$

压力恢复和流量恢复的主要影响因素有两个：一个是接收孔面积与喷嘴口面积之比 A_0/A_n；另一个是喷嘴端面到接收孔之间的距离与喷嘴口直径之比 $\lambda = l_c/D_n$。

实验结果表明，增大比值 A_0/A_n，会使恢复压力降低，但恢复流量会增加。增大比值 λ，会使恢复压力降低；而当 λ 过小或过大时，恢复流量将减小。确定射流管阀中这些尺寸比例关系的准则是使最大恢复压力与最大恢复流量的乘积最大，以保证喷嘴传递到接收孔的能量为最大。根据这一原则，通常取 $A_0/A_n = 2 \sim 3$，$\lambda = l_c/D_n = 1.5 \sim 3$。$\lambda$ 取值过大，将使压力恢复和流量恢复都减小；但 λ 取值过小，又会使喷嘴受到接收孔返回液流的冲击作用，引起射流管振动。

6. 射流管阀的特点

射流管阀的优点如下：

(1) 抗污染能力强，对油液清洁度要求不是很高。一旦被油液中的杂质堵住喷嘴口，此时无论是否有输入指令信号，两个接收孔所接收到的射流动能均为零，射流管阀驱动的执行元件会停止运动或在对中弹簧力的作用下产生"失效对中"的结果，从而提高了射流管阀工作的可靠性和使用寿命。

(2) 压力恢复系数和流量恢复系数高，一般均在 70% 以上，有时可达到 90% 以上。

(3) 射流管所需的驱动力矩较小，射流管阀的功放系数比双喷嘴挡板阀的功放系数大。

(4) 喷射口的磨损并不影响射流管阀的正常使用。

射流管阀主要的缺点如下：

(1) 理论分析比较欠缺，其特性不易预测，主要依靠实验来确定。射流管受到射流力的作用，容易产生高频干扰振动。

(2) 与双喷嘴挡板阀的挡板相比，射流管的运动惯量比较大，因此射流管阀的响应速度不如双喷嘴挡板阀的速度快。

（3）零位泄漏流量较大。

（4）当油液黏度变化时，对射流管阀的特性影响较大，且低温特性较差。

2.4　本章小结

　　本章讲述了液压放大元件的基本概念；对三种典型液压放大元件的结构、工作原理、性能特点等进行了分析；通过建立圆柱滑阀的 P-Q 特性方程，对其静态特性进行了详细的分析，同时引出了阀系数、滑阀的静态特性曲线等概念；介绍了三种液压放大元件的特点和应用场合。

　　本章重点及难点是液压放大元件的概念，液压放大元件的分类及性能特点，圆柱滑阀的 P-Q 特性方程及静态特性分析，滑阀的三个阀系数，滑阀的三条特性曲线，滑阀阀芯的受力分析，滑阀的效率分析。双喷嘴挡板阀的结构、工作原理、性能特点，射流管阀的结构、工作原理、性能特点。三种液压放大元件的适用场合。

本章思考题

　　1. 什么是液压放大元件？如何理解放大的含义？

　　2. 圆柱滑阀 P-Q 特性方程是线性方程，还是非线性方程？它的物理含义是什么？

　　3. 三凸肩四边四通阀具有匹配且对称特性的具体含义是什么？

　　4. 什么是滑阀的棱边？什么是滑阀的控制边？

　　5. 圆柱滑阀的三个阀系数是如何定义的？是否为常数？为什么？它们与圆柱滑阀的特性曲线有何关联？

　　6. 圆柱滑阀的三个阀系数的物理含义是什么？分别表征了滑阀的什么性能？分别对液压控制系统的性能有何影响？

　　7. 滑阀的效率与泵源有什么关系？

　　8. 不同结构的圆柱滑阀有什么控制特性？

　　9. 滑阀的静态特性是指什么？滑阀的静态特性可用什么方式表示？

　　10. 射流管阀有哪些特点？射流管阀的工作原理与滑阀、喷嘴挡板阀是否类似？

　　11. 什么是稳态液动力？什么是瞬态液动力？分别在什么条件下会对圆柱滑阀的阀芯产生影响？

　　12. "失效对中"和"满舵事故"分别指什么？

第3章 液压动力机构

液压动力机构(或称液压动力元件)是由液压控制元件、液压执行元件和负载组成的。液压控制元件可以是圆柱滑阀,也可以是双向变量泵。液压执行元件可以是液压缸或液压马达。由不同的液压控制元件、液压执行元件以及对应的负载,可以组成四种基本的液压动力机构:阀控液压缸、阀控液压马达、泵控液压缸和泵控液压马达。前两种液压动力机构可以构成阀控(节流控制)型液压控制系统,后两种液压动力机构可以构成泵控(容积控制)型液压控制系统。

在大多数液压控制系统中,液压动力机构是一个关键性的组成部分,它的动态特性在很大程度上决定了整个系统的性能。本章建立几种基本的液压动力机构的传递函数,并分析它们的动态特性和主要性能参数。本章也是分析和设计液压控制系统的基础。

3.1 四通阀控液压缸动力机构

四通阀控液压缸动力机构原理图如图 3-1 所示。它由零开口四边滑阀和对称液压缸组成,是液压控制系统中最常见的一种液压动力机构。

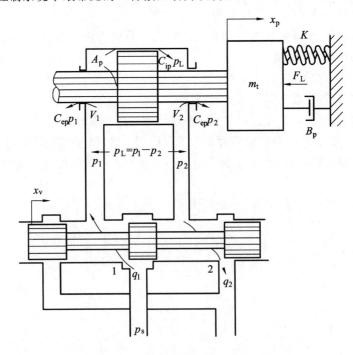

图 3-1 四通阀控液压缸动力机构原理图

▰ **3.1.1** ▰ 动力机构的建模

为了推导四通阀控液压缸液压动力机构的传递函数，首先要写出其基本方程，即圆柱滑阀的压力-流量方程、液压缸的流量连续性方程和液压缸与负载的力平衡方程。

1. 基本方程

1) 圆柱滑阀的压力-流量方程

假定：阀是零开口四边滑阀，四个节流窗口是匹配和对称的，供油压力 p_s 恒定，回油压力 p_0 为零。

阀的线性化压力-流量方程为

$$\Delta q_L = K_q \Delta x_v - K_c \Delta p_L$$

为了简单起见，仍用变量本身表示它们从初始条件下的变化量，则上式可写为

$$q_L = K_q x_v - K_c p_L \tag{3-1}$$

液压位置控制系统的动态性能分析经常在零位工作条件下进行，此时增量和变量是相等的。

在 2.1 节中分析圆柱滑阀的静态特性时，没有考虑泄漏和油液压缩性的影响。因此，对于匹配且对称的零开口四边滑阀来说，两个控制通道的流量 q_1、q_2 均等于负载流量 q_L。在动态分析时，需要考虑油液泄漏和油液可压缩性的影响。由于液压缸的外泄漏和油液的可压缩性的影响，使得流入液压缸的流量 q_1 和流出液压缸的流量 q_2 是不相等的，即 $q_1 \neq q_2$。为了简化分析，定义负载流量为

$$q_L = \frac{q_1 + q_2}{2} \tag{3-2}$$

2) 液压缸的流量连续性方程

假定：阀与液压缸的连接管道对称且短而粗，管道中的压力损失和管道动态可以忽略不计；液压缸每个工作腔内各处压力相等，油温和体积弹性模量为常数；液压缸的内、外泄漏均为层流流动。

流入液压缸进油腔的流量 q_1 为

$$q_1 = A_p \frac{\mathrm{d}x_p}{\mathrm{d}t} + C_{ip}(p_1 - p_2) + C_{ep}p_1 + \frac{V_1}{\beta_e}\frac{\mathrm{d}p_1}{\mathrm{d}t} \tag{3-3}$$

从液压缸回油腔流出的流量 q_2 为

$$q_2 = A_p \frac{\mathrm{d}x_p}{\mathrm{d}t} + C_{ip}(p_1 - p_2) - C_{ep}p_2 - \frac{V_2}{\beta_e}\frac{\mathrm{d}p_2}{\mathrm{d}t} \tag{3-4}$$

式中：A_p——液压缸活塞有效面积；

　　　x_p——活塞位移；

　　　C_{ip}—液压缸内泄漏系数；

　　　C_{ep}—液压缸外泄漏系数；

　　　β_e—有效体积弹性模量(包括油液、连接管道和缸体的机械柔度)；

　　　V_1—液压缸进油腔的容积(包括阀、连接管道和进油腔)；

　　　V_2—液压缸回油腔的容积(包括阀、连接管道和回油腔)。

在式(3-3)和式(3-4)中，等号右边的第一项是推动活塞运动所需的流量，第二项是

经过活塞密封的内泄漏流量，第三项是经过活塞杆密封处的外泄漏流量，第四项是油液压缩和腔体变形所需的流量。

液压缸工作腔的容积可写为

$$V_1 = V_{01} + A_p x_p \tag{3-5}$$

$$V_2 = V_{02} - A_p x_p \tag{3-6}$$

式中：V_{01}——进油腔的初始容积；

V_{02}——回油腔的初始容积。

由式(3-2)~式(3-6)可得流量连续性方程为

$$q_L = \frac{q_1 + q_2}{2} = A_p \frac{dx_p}{dt} + C_{ip}(p_1 - p_2) + \frac{C_{ep}}{2}(p_1 - p_2) +$$

$$\frac{1}{2\beta_e}\left(V_{01}\frac{dp_1}{dt} - V_{02}\frac{dp_2}{dt}\right) + \frac{A_p x_p}{2\beta_e}\left(\frac{dp_1}{dt} + \frac{dp_2}{dt}\right) \tag{3-7}$$

在式(3-3)和式(3-4)中，外泄漏流量 $C_{ep}p_1$ 和 $C_{ep}p_2$ 通常都很小，可以忽略不计。如果压缩流量 $\frac{V_1}{\beta_e}\frac{dp_1}{dt}$ 和 $-\frac{V_2}{\beta_e}\frac{dp_2}{dt}$ 相等，则 $q_1 = q_2$。因为阀是匹配且对称的，所以通过滑阀节流口1、2的流量也相等(通过对角线桥臂的流量相等)。这样，在动态时 $p_s = p_1 + p_2$ 仍近似适用。由于 $p_L = p_1 - p_2$，因此 $p_1 = \frac{p_s + p_L}{2}$，$p_2 = \frac{p_s - p_L}{2}$，从而有 $\frac{dp_1}{dt} = \frac{1}{2}\frac{dp_L}{dt} = -\frac{dp_2}{dt}$。

要使压缩流量相等，就应使液压缸两腔的初始容积 V_{01} 和 V_{02} 相等，即

$$V_{01} = V_{02} = V_0 = \frac{V_t}{2}$$

式中：V_0 为活塞在中间位置时每一个工作腔的容积；V_t 为总压缩容积。活塞在中间位置时，由于液体压缩性影响最大，液压动力机构的固有频率最低，阻尼比也最小，因此系统的稳定性最差。在分析时，取活塞的中间位置作为初始位置。

由于 $A_p x_p \ll V_0$，$\frac{dp_1}{dt} + \frac{dp_2}{dt} \approx 0$，则式(3-7)可简化为

$$q_L = A_p \frac{dx_p}{dt} + C_{tp}p_L + \frac{V_t}{4\beta_e}\frac{dp_L}{dt} \tag{3-8}$$

式中：C_{tp} 为液压缸总泄漏系数，$C_{tp} = C_{ip} + \frac{C_{ep}}{2}$。

式(3-8)是液压动力机构流量连续性方程的常用形式。式中右边的第一项是推动液压缸活塞运动所需的流量，第二项是总泄漏流量，第三项是总压缩流量。

3) 液压缸与负载的力平衡方程

液压动力机构的动态特性受负载特性的影响。负载力一般包括惯性力、黏性阻尼力、弹性力和任意外负载力。

液压缸的输出力与负载力的平衡方程为

$$A_p p_L = m_t \frac{d^2 x_p}{dt^2} + B_p \frac{dx_p}{dt} + K x_p + F_L \tag{3-9}$$

式中：m_t——活塞及负载折算到活塞上的总质量；

B_p——活塞及负载的黏性阻尼系数；

K——负载弹簧刚度；

F_L——作用在活塞上的任意外负载力。

此外，还存在库仑摩擦等非线性负载，但采用线性化的方法分析系统的动态特性时，必须将这些非线性负载忽略。

式(3-1)、式(3-8)和式(3-9)中的变量都是在平衡工作点的增量，为了简单起见，将增量符号去掉。

2. 方框图与传递函数

式(3-1)、式(3-8)和式(3-9)是阀控液压缸动力机构的三个基本方程，它们完全描述了阀控液压缸的动态特性。三个方程的拉氏变换式为

$$Q_L = K_q X_v - K_c P_L \tag{3-10}$$

$$Q_L = A_p s X_p + C_{tp} P_L + \frac{V_t}{4\beta_e} s P_L \tag{3-11}$$

$$A_p P_L = m_t s^2 X_p + B_p s X_p + K X_p + F_L \tag{3-12}$$

由这三个基本方程可以画出阀控液压缸的方框图，如图 3-2 所示。其中，图 3-2(a) 所示是由负载流量获得液压缸位移的方框图，图 3-2(b) 所示是由负载压力获得液压缸位移的方框图，这两个方框图是等效的。在图 3-2(a) 中，可由式(3-10)得相加点 1，由式(3-11)得相加点 2，由式(3-12)得相加点 3。在图 3-2(b) 中，可将式(3-10)和式(3-11)合并得相加点 1，由式(3-12)可得相加点 2。

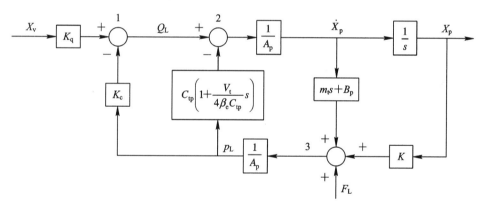

(a) 由负载流量获得液压缸活塞位移的方框图

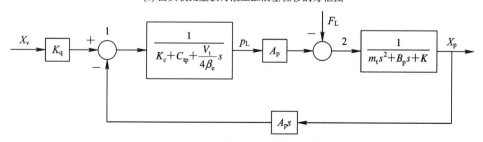

(b) 由负载压力获得液压缸位移的方框图

图 3-2　四通阀控液压缸动力机构方框图

从负载流量获得的方框图适合于负载惯量较小、动态过程较快的场合；而从负载压力

获得的方框图特别适合于负载惯量和泄漏系数都较大、动态过程比较缓慢的场合。

由式（3-10）～式（3-12）联合运算消去中间变量 Q_L 和 P_L，或通过方框图变换，都可以求得阀芯输入位移 X_v 和外负载力 F_L 同时作用时液压缸活塞的总输出位移为

$$X_p = \cfrac{\cfrac{K_q}{A_p}X_v - \cfrac{K_{ce}}{A_p^2}\left(1 + \cfrac{V_t}{4\beta_e K_{ce}}s\right)F_L}{\cfrac{m_t V_t}{4\beta_e A_p^2}s^3 + \left(\cfrac{m_t K_{ce}}{A_p^2} + \cfrac{B_p V_t}{4\beta_e A_p^2}\right)s^2 + \left(1 + \cfrac{B_p K_{ce}}{A_p^2} + \cfrac{K V_t}{4\beta_e A_p^2}\right)s + \cfrac{K K_{ce}}{A_p^2}} \quad (3-13)$$

式中：K_{ce} 为总流量-压力系数，$K_{ce} = K_c + C_{tp}$。

式（3-13）是流量连续性方程的另一种表现形式。其中，分子中的第一项是液压缸活塞的空载速度，第二项是外负载力作用引起的速度降低。将分母的特征多项式与等号左边的 X_p 相乘，其中，第一项 $\dfrac{m_t V_t}{4\beta_e A_p^2}s^3 X_p$ 是惯性力变化引起的压缩流量所产生的活塞速度，第二项 $\dfrac{m_t K_{ce}}{A_p^2}s^2 X_p$ 是惯性力引起的泄漏流量所产生的活塞速度，第三项 $\dfrac{B_p V_t}{4\beta_e A_p^2}s^2 X_p$ 是黏性力变化引起的压缩流量所产生的活塞速度，第四项是活塞的运动速度，第五项 $\dfrac{B_p K_{ce}}{A_p^2}s X_p$ 是黏性力引起的泄漏流量所产生的活塞速度，第六项 $\dfrac{K V_t}{4\beta_e A_p^2}s X_p$ 是弹性力变化引起的压缩流量所产生的活塞速度，第七项 $\dfrac{K K_{ce}}{A_p^2}X_p$ 是弹性力引起的泄漏流量所产生的活塞速度。了解特征方程中各项所代表的物理意义，对以后简化传递函数是有益的。

式（3-13）中的阀芯位移 X_v 是指令信号，外负载力 F_L 是干扰信号。由式（3-13）可以求出液压缸活塞位移对阀芯位移的传递函数 $\dfrac{X_p}{X_v}$ 和对外负载力的传递函数 $\dfrac{X_p}{F_L}$。

3.1.2 数学模型的简化

式（3-13）是综合考虑了惯性负载、黏性摩擦负载、弹性负载以及油液的压缩性和液压缸泄漏等各种影响因素的通式。在工程实际中，液压控制系统的负载往往比较简单，而且根据具体的使用情况，有些影响因素是可以忽略的。依据不同的使用条件，可以对式（3-13）进行简化。从式（3-13）可以看出，无论对指令输入 x_v 的传递函数还是对干扰输入 F_L 的传递函数，其特征方程是同一个三阶方程，传递函数的简化实际上就是特征方程的简化。为了便于分析，将特征方程进行因式分解，化为标准形式。

1. 没有弹性负载（$K=0$）的情况

液压控制系统的负载在很多情况下是以惯性负载为主的，没有弹性负载，或者弹性负载很小可以忽略。在液压马达作为执行元件的液压控制系统中，弹性负载更是少见。没有弹性负载的情况是比较普遍的，也是比较典型。另外，黏性阻尼系数 B_p 一般很小，由黏性摩擦力 $B_p s X_p$ 引起的泄漏流量 $\dfrac{K_{ce} B_p}{A_p} s X_p$ 所产生的活塞速度 $\dfrac{K_{ce} B_p}{A_p^2} s X_p$ 比活塞的运动速度 $s X_p$ 小得多，即 $\dfrac{K_{ce} B_p}{A_p^2} \ll 1$，因此 $\dfrac{K_{ce} B_p}{A_p^2}$ 与 1 相比可以忽略不计。

在 $K=0$，$\dfrac{K_{ce}B_p}{A_p^2} \ll 1$ 时，式$(3-13)$可简化为

$$X_p = \frac{\dfrac{K_q}{A_p}X_v - \dfrac{K_{ce}}{A_p^2}\left(1 + \dfrac{V_t}{4\beta_e K_{ce}}s\right)F_L}{s\left[\dfrac{m_t V_t}{4\beta_e A_p^2}s^2 + \left(\dfrac{m_t K_{ce}}{A_p^2} + \dfrac{B_p V_t}{4\beta_e A_p^2}\right)s + 1\right]} \qquad (3-14)$$

或

$$X_p = \frac{\dfrac{K_q}{A_p}X_v - \dfrac{K_{ce}}{A_p^2}\left(1 + \dfrac{V_t}{4\beta_e K_{ce}}s\right)F_L}{s\left(\dfrac{s^2}{\omega_h^2} + \dfrac{2\zeta_h}{\omega_h}s + 1\right)} \qquad (3-15)$$

式中：ω_h——液压固有频率；ζ_h——液压阻尼比。

$$\omega_h = \sqrt{\frac{4\beta_e A_p^2}{m_t V_t}} \qquad (3-16)$$

$$\zeta_h = \frac{K_{ce}}{A_p}\sqrt{\frac{\beta_e m_t}{V_t}} + \frac{B_p}{4A_p}\sqrt{\frac{V_t}{\beta_e m_t}} \qquad (3-17)$$

当 B_p 较小可以忽略不计时，ζ_h 可近似写为

$$\zeta_h = \frac{K_{ce}}{A_p}\sqrt{\frac{\beta_e m_t}{V_t}} \qquad (3-18)$$

$$\frac{2\zeta_h}{\omega_h} = \frac{K_{ce}m_t}{A_p^2} \qquad (3-19)$$

式$(3-15)$给出了以惯性负载为主时的阀控液压缸的动态特性。其中：分子中的第一项是稳态情况下活塞的空载速度；第二项是因外负载力造成的速度降低。

对指令输入 X_v 的传递函数为

$$\frac{X_p}{X_v} = \frac{\dfrac{K_q}{A_p}}{s\left(\dfrac{s^2}{\omega_h^2} + \dfrac{2\zeta_h}{\omega_h}s + 1\right)} \qquad (3-20)$$

对干扰输入 F_L 的传递函数为

$$\frac{X_p}{F_L} = \frac{-\dfrac{K_{ce}}{A_p^2}\left(1 + \dfrac{V_t}{4\beta_e K_{ce}}s\right)}{s\left(\dfrac{s^2}{\omega_h^2} + \dfrac{2\zeta_h}{\omega_h}s + 1\right)} \qquad (3-21)$$

式$(3-20)$是阀控液压缸传递函数最常见的形式，在液压控制系统的分析和设计中经常用到。

2. 有弹性负载$(K \neq 0)$的情况

在阀控液压缸动力机构中，弹性负载是比较常见的。例如，在材料试验机中，若是液压缸施力于材料而使之变形的，则液压缸的负载就是弹性负载，被试材料就是一个硬弹簧。

通常情况下，负载黏性阻尼系数 B_p 很小，使$\dfrac{K_{ce}B_p}{A_p^2} \ll 1$，其与 1 相比可以忽略不计，则

式(3-13)可简化为

$$X_p = \frac{\dfrac{K_q}{A_p}X_v - \dfrac{K_{ce}}{A_p^2}\left(1 + \dfrac{V_t}{4\beta_e K_{ce}}s\right)F_L}{\dfrac{m_t V_t}{4\beta_e A_p^2}s^3 + \left(\dfrac{m_t K_{ce}}{A_p^2} + \dfrac{B_p V_t}{4\beta_e A_p^2}\right)s^2 + \left(1 + \dfrac{K V_t}{4\beta_e A_p^2}\right)s + \dfrac{K K_{ce}}{A_p^2}} \qquad (3-22)$$

或改写为

$$X_p = \frac{\dfrac{K_q}{A_p}X_v - \dfrac{K_{ce}}{A_p^2}\left(1 + \dfrac{V_t}{4\beta_e K_{ce}}s\right)F_L}{\dfrac{s^3}{\omega_h^2} + \dfrac{2\zeta_h}{\omega_h}s^2 + \left(1 + \dfrac{K}{K_h}\right)s + \dfrac{K K_{ce}}{A_p^2}} \qquad (3-23)$$

式中：ω_h 和 ζ_h 见式(3-16)和(3-17)；$K_h = \dfrac{4\beta_e A_p^2}{V_t}$ 为液压弹簧刚度，它是液压缸两腔完全封闭时，由于液压油的可压缩性所形成的液压弹簧的刚度。

当满足式(3-24)时

$$\left[\frac{K_{ce}\sqrt{Km_t}}{A_p^2\left(1 + \dfrac{K}{K_h}\right)}\right]^2 \ll 1 \qquad (3-24)$$

式(3-23)的三阶特征方程可近似地分解为一阶和二阶两个因子，则式(3-23)变为

$$X_p = \frac{\dfrac{K_q}{A_p}X_v - \dfrac{K_{ce}}{A_p^2}\left(1 + \dfrac{V_t}{4\beta_e K_{ce}}s\right)F_L}{\left[\left(1 + \dfrac{K}{K_h}\right)s + \dfrac{K K_{ce}}{A_p^2}\right]\left(\dfrac{s^2}{\omega_0^2} + \dfrac{2\zeta_0}{\omega_0}s + 1\right)} \qquad (3-25)$$

式中：ω_0——综合固有频率；

ζ_0——综合阻尼比。

$$\omega_0 = \omega_h\sqrt{1 + \frac{K}{K_h}} \qquad (3-26)$$

$$\zeta_0 = \frac{1}{2\omega_0}\left[\frac{4\beta_e K_{ce}}{V_t\left(1 + \dfrac{K}{K_h}\right)} + \frac{B_p}{m_t}\right] \qquad (3-27)$$

将式(3-25)的分母展开，并使其系数与式(3-23)分母的对应项系数相等，可得

$$\frac{1}{\omega_h^2} = \frac{1 + \dfrac{K}{K_h}}{\omega_0^2} \qquad (3-28)$$

$$\frac{2\zeta_h}{\omega_h} = \frac{K K_{ce}}{A_p^2\omega_0^2} + \left(1 + \frac{K}{K_h}\right)\frac{2\zeta_0}{\omega_0} \qquad (3-29)$$

$$1 + \frac{K}{K_h} = 1 + \frac{K}{K_h} + \frac{K K_{ce}}{A_p^2}\frac{2\zeta_0}{\omega_0} \qquad (3-30)$$

由式(3-28)和式(3-29)可得 ω_0 和 ζ_0。由式(3-30)可得

$$1 + \frac{K}{K_h} = \left(1 + \frac{K}{K_h}\right)\left(1 + \frac{K K_{ce}}{A_p^2}\frac{2\zeta_0}{\omega_0}\frac{1}{1 + K/K_h}\right)$$

为使式(3-25)成立，必须有

$$\frac{K K_{ce}}{A_p^2}\frac{2\zeta_0}{\omega_0}\frac{1}{1 + \dfrac{K}{K_h}} \ll 1$$

将式(3-26)和式(3-27)代入上式，经整理可得

$$\left[\frac{K_{ce}^2 K m_t}{A_p^4 \left(1 + \frac{K}{K_h}\right)^2} + \frac{K_{ce} B_p}{A_p^2} \frac{K}{K + K_h} \right] \ll 1 \tag{3-31}$$

由于 $\frac{K_{ce} B_p}{A_p^2} \ll 1$，而 $\frac{K}{K + K_h}$ 总是小于 1，所以 $\frac{K_{ce} B_p}{A_p^2} \frac{K}{K + K_h} \ll 1$ 总是可以满足的。因此，式(3-31)的条件可简化为式(3-24)。这个条件一般总是可以满足的。但对每一种具体的情况，还需要检查是否满足 $\frac{K_{ce} B_p}{A_p^2} \ll 1$ 和式(3-24)。

式(3-25)还可以写成以下标准形式：

$$X_p = \frac{\dfrac{K_{ps} A_p}{K} X_v - \dfrac{1}{K}\left(1 + \dfrac{V_t}{4\beta_e K_{ce}} s\right) F_L}{\left[\dfrac{s}{\omega_r} + 1\right]\left(\dfrac{s^2}{\omega_0^2} + \dfrac{2\zeta_0}{\omega_0} s + 1\right)} \tag{3-32}$$

式中：K_{ps}——总压力增益，$K_{ps} = \dfrac{K_q}{K_{ce}}$；

ω_r——惯性环节的转折频率。

$$\omega_r = \frac{K_{ce} K}{A_p^2 \left(1 + \dfrac{K}{K_h}\right)} = \frac{K_{ce}}{A_p^2 \left(\dfrac{1}{K} + \dfrac{1}{K_h}\right)} \tag{3-33}$$

在式(3-32)中，分子的第一项表示稳态时阀芯输入位移所引起的液压缸活塞的输出位移，第二项表示外负载力作用所引起的活塞输出位移的减小量。

在负载弹簧刚度远小于液压弹簧刚度时，即 $\dfrac{K}{K_h} \ll 1$，则式(3-25)可简化为

$$X_p = \frac{\dfrac{K_q}{A_p} X_v - \dfrac{K_{ce}}{A_p^2}\left(1 + \dfrac{V_t}{4\beta_e K_{ce}} s\right) F_L}{\left[s + \dfrac{K K_{ce}}{A_p^2}\right]\left(\dfrac{s^2}{\omega_h^2} + \dfrac{2\zeta_h}{\omega_h} s + 1\right)} \tag{3-34}$$

将式(3-34)与式(3-15)相比较，可看出弹性负载的主要影响是用一个转折频率为 ω_r 的惯性环节代替无弹性负载时液压缸的积分环节。随着负载弹簧刚度的减小，转折频率将变低，则惯性环节就接近积分环节。

3. 其他条件下的简化

根据实际应用的负载条件和考虑的因素不同，阀控液压缸动力机构的传递函数还有以下几种简化形式。

(1) 仅有惯性负载，液压油不可压缩(负载质量为 m_t，$\beta_e = \infty$，$B_p = 0$，$K = 0$)的情况。此时，对指令输入 X_v 的传递函数可由式(3-13)求得

$$\frac{X_p}{X_v} = \frac{\dfrac{K_q}{A_p}}{s\left(\dfrac{K_{ce} m_t}{A_p^2} s + 1\right)} = \frac{\dfrac{K_q}{A_p}}{s\left(\dfrac{s}{\omega_1} + 1\right)} \tag{3-35}$$

式中：$\omega_1 = \dfrac{A_p^2}{K_{ce} m_t}$。

（2）仅有弹性负载，油液可压缩（负载刚度为 K，油液体积弹性模量为 β_e，$m_t=0$，$B_p=0$）的情况。此时，对指令输入 X_v 的传递函数可由式（3-13）求得：

$$\frac{X_p}{X_v} = \frac{\dfrac{K_q}{A_p}}{\left(1+\dfrac{K}{K_h}\right)s + \dfrac{KK_{ce}}{A_p^2}} = \frac{\dfrac{A_p K_q}{KK_{ce}}}{\dfrac{s}{\omega_r}+1} \tag{3-36}$$

式中：ω_r 为惯性环节的转折频率，$\omega_r = \dfrac{K_{ce}K}{A_p^2\left(1+\dfrac{K}{K_h}\right)}$。

（3）无负载，油液可压缩（$m_t=0$，$K=0$，$B_p=0$）的情况。

$$\frac{X_p}{X_v} = \frac{\dfrac{K_q}{A_p}}{s} \tag{3-37}$$

液压控制系统有时只是整个控制回路中的一个部分，如水轮机调节系统等，此时其传递函数常常可以简化为式（3-35）～式（3-37）三种形式之一。

3.1.3 动力机构动态特性分析

四通阀控液压缸动力机构对指令输入和对干扰输入的动态特性可由相应的传递函数及其性能参数确定。由于负载特性不同，其传递函数的形式也不同。因此，按是否有弹性负载分两种情况进行讨论。

1. 没有弹性负载时的动态特性分析

1）对指令输入 X_v 的动态响应分析

对指令输入 X_v 的动态响应特性由传递函数式（3-20）表示，它由比例、积分和二阶振荡环节组成，主要的性能影响参数为速度放大系数 K_q/A_p、液压固有频率 ω_h 和液压阻尼比 ζ_h。其伯德图如图 3-3 所示。由图中的几何关系可知，穿越频率 $\omega_c = \dfrac{K_q}{A_p}$。

（1）速度放大系数。由于传递函数中包含一个积分环节，因此在稳态时，液压缸活塞的输出速度与阀的输入位移成比例，比例系数 $\dfrac{K_q}{A_p}$ 即为速度放大系数（速度增益），它表示阀对液压缸活塞速度控制的灵敏度。速度放大系数直接影响系统的稳定性、响应速度和控制精度。提高速度放大系数可以提高系统的响应速度和控制精度，但会使系统的稳定性变差。速度放大系数随滑阀的流量增益变化而变化。在零位工作点，滑阀的流量增益 K_{q0} 最大，而流量-压力系数 K_{c0} 最小，因此系统的稳定性最差。在计算液压控制系统的稳定性时，应取零位流量增益 K_{q0}。阀的流量增益 K_q 随负载压力增加而降低，当 $p_L=\dfrac{2}{3}p_s$ 时，K_q 下降到 K_{q0} 的 57.7%，K_q 下降（ω_c 也下降）使系统的响应速度和控制精度也下降。为了保证执行机构的工作速度和良好的控制性能，通常将负载压力限制在 $p_L\leqslant\dfrac{2}{3}p_s$ 的范围内。

在计算液压控制系统的静态精度时，应取最小的流量增益，通常取 $p_L=\dfrac{2}{3}p_s$ 时的流量增益。

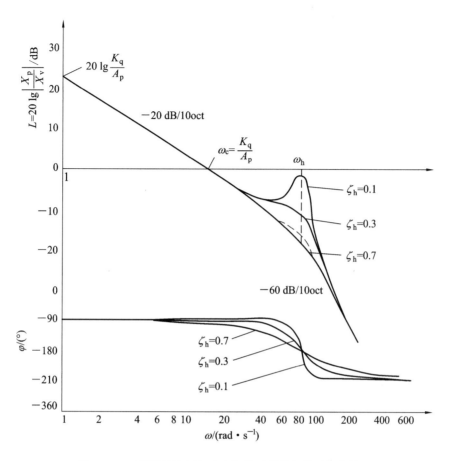

图 3-3　四通阀控液压缸动力机构无弹性负载时的伯德图

（2）液压固有频率。液压固有频率是负载质量与液压缸工作腔中的油液压缩性所形成的液压弹簧相互作用的结果。假设液压缸是无摩擦且无泄漏的，两个工作腔充满高压液体并被完全封闭，如图 3-4 所示。由于液体的压缩性，当活塞受到外力作用时产生了位移 Δx_p，使一腔压力升高 Δp_1，另一腔的压力降低 Δp_2，Δp_1 和 Δp_2 分别为

$$\Delta p_1 = \frac{\beta_e A_p}{V_1} \Delta x_p$$

$$\Delta p_2 = \frac{-\beta_e A_p}{V_2} \Delta x_p$$

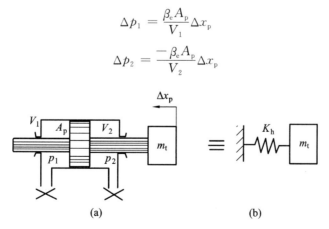

图 3-4　液压弹簧原理图

被压缩液体产生的复位力为

$$A_{\mathrm{p}} \cdot (\Delta p_1 - \Delta p_2) = \beta_{\mathrm{e}} A_{\mathrm{p}}^2 \left(\frac{1}{V_1} + \frac{1}{V_2} \right) \Delta x_{\mathrm{p}} \tag{3-38}$$

式(3-38)表明，被压缩液体产生的复位力与活塞位移成比例，因此被压缩液体的作用相当于一个线性液压弹簧，其刚度称为液压弹簧刚度。由式(3-38)可得总液压弹簧刚度为

$$K_{\mathrm{h}} = \beta_{\mathrm{e}} A_{\mathrm{p}}^2 \left(\frac{1}{V_1} + \frac{1}{V_2} \right) \tag{3-39}$$

它是液压缸两腔被压缩液体形成的两个液压弹簧刚度之和。式(3-39)表明 K_{h} 和活塞在液压缸中的位置有关，当活塞处在中间位置时，即 $V_1 = V_2 = V_0 = V_{\mathrm{t}}/2$ 时，有

$$K_{\mathrm{h}} = \frac{2\beta_{\mathrm{e}} A_{\mathrm{p}}^2}{V_0} = \frac{4\beta_{\mathrm{e}} A_{\mathrm{p}}^2}{V_{\mathrm{t}}} \tag{3-40}$$

此时，液压弹簧刚度最小。当活塞处在液压缸两端时，V_1 或 V_2 接近于零，液压弹簧刚度最大。

液压弹簧刚度是在液压缸两腔完全封闭的情况下推导出来的，实际上由于阀的开度和液压缸存在泄漏的影响，液压缸不可能完全封闭，因此在稳态时，这个弹簧刚度是不存在的；但在动态时，在一定的频率范围内泄漏来不及起作用，也相当于一种封闭状态。因此，液压弹簧应理解为动态弹簧而不是稳态弹簧。

液压弹簧与负载质量相互作用构成了一个液压弹簧-质量系统，该系统的固有频率(活塞在中间位置时)为

$$\omega_{\mathrm{h}} = \sqrt{\frac{K_{\mathrm{h}}}{m_{\mathrm{t}}}} = \sqrt{\frac{2\beta_{\mathrm{e}} A_{\mathrm{p}}^2}{V_0 m_{\mathrm{t}}}} = \sqrt{\frac{4\beta_{\mathrm{e}} A_{\mathrm{p}}^2}{V_{\mathrm{t}} m_{\mathrm{t}}}} \tag{3-41}$$

在计算液压固有频率时，通常取活塞在中间位置时的值，由于此时 ω_{h} 最低，因此系统的稳定性最差。

液压固有频率表示液压动力机构的响应速度。在液压控制系统中，液压固有频率往往是整个系统中最低的频率，它限制了系统的响应速度。为了提高系统的响应速度，应提高液压固有频率。

由式(3-41)可见，提高液压固有频率的方法有以下几种。

① 增大液压缸活塞面积 A_{p}。ω_{h} 与 A_{p} 不成比例关系，因为 A_{p} 增大会导致压缩容积 V_{t} 也随之增加。增大 A_{p} 的缺点是，为满足同样的负载速度，需要的负载流量也增大了，使阀、连接管道和液压油源装置的尺寸和重量也随之增大。活塞面积 A_{p} 主要是由负载决定的，但有时为满足系统响应速度的要求，也会采用增大 A_{p} 的办法来提高 ω_{h}。

② 减小总压缩容积 V_{t}。主要是减小液压缸的无效容积和连接管道的容积，应使阀尽量靠近液压缸，最好将阀和液压缸装在一起。另外，也应考虑液压执行元件形式的选择，长行程、输出力小时可选用液压马达，短行程、输出力大时可选用液压缸。

③ 减小折算到活塞上的总质量 m_{t}。m_{t} 包括活塞质量、负载折算到活塞上的质量、液压缸两腔的油液质量、阀与液压缸连接管道中的油液折算质量。负载质量由负载决定，其改变的余地不大。当连接管道细而长时，管道中的油液质量对 ω_{h} 的影响不容忽视，否则将造成比较大的计算误差。假设管道过流面积为 a，管道中油液的总质量为 m_0，则折算到液压缸活塞上的等效质量为 $m_0 \dfrac{A_{\mathrm{p}}^2}{a^2}$。

④ 提高油液的有效体积弹性模量 β_e。在 ω_h 所包含的物理量中，β_e 是最难确定的。β_e 值受油液的压缩性、管道及液压缸缸体机械柔性，以及油液中所含空气的影响，其中以混入油液中的空气的影响最为严重。为了提高 β_e 值，应当尽量减少空气的混入，并避免使用软管。一般取 $\beta_e = (700 \sim 1400)$ MPa，有条件时取实测值最好。

（3）液压阻尼比。由式（3-17）可见，液压阻尼比 ζ_h 主要由总流量-压力系数 K_{ce} 和负载的黏性阻尼系数 B_p 所决定，式中其他参数是考虑其他因素确定的。在一般的液压控制系统中，B_p 比 K_{ce} 小得多，故 B_p 可以忽略不计。在 K_{ce} 中，液压缸的总泄漏系数 C_{tp} 又比滑阀的流量-压力系数 K_c 小得多，所以 ζ_h 主要由 K_c 值决定。在零位时 K_c 值最小，从而得出最小的阻尼比。在计算液压控制系统的稳定性时，应取零位时的 K_c 值，因为此时系统的稳定性最差。由 K_{c0} 计算出的零位阻尼比一般都很小。由于库仑摩擦等因素的影响，实际的零位阻尼比要比计算值大。一般零位阻尼比的实测值为 $0.1 \sim 0.2$，或更高一些。

K_c 值随工作点的不同会有很大的变化。在阀芯位移 x_v 和负载压力 p_L 较大时，由于 K_c 值增大使液压阻尼比急剧增大，可使 $\zeta_h > 1$，其变化范围可达 $20 \sim 30$ 倍。因此，阀控液压缸动力机构的液压阻尼比是一个难以准确计算的"软量"。

零位阻尼比小和液压阻尼比取值变化范围大，是阀控式液压控制系统的一个特点。在进行系统分析和设计时，特别是在进行系统校正时，应该注意这一点。

液压阻尼比表示系统的相对稳定性。为获得满意的性能，液压阻尼比应具有适当的值。一般的液压控制系统是低阻尼的，因此提高液压阻尼比对改善系统性能是十分重要的，其方法有以下几种。

① 设置旁路泄漏通道。在液压缸两个工作腔之间设置旁路通道增加泄漏系数 C_{tp}。其缺点是增大了功率损失，降低了系统的总压力增益和系统的刚度，增加外负载力引起的误差。另外，系统性能受温度变化的影响较大。

② 采用正开口阀。正开口阀的 K_{c0} 值大，可以增加阻尼，但也会使系统刚度降低，而且零位泄漏量引起的功率损失比第一种办法还要大。另外，正开口阀还会带来非线性流量增益、稳态液动力变化等问题。

③ 增加负载的黏性阻尼。需要另外设置阻尼器，同样地增加了系统结构的复杂性。

2）对干扰输入 F_L 的动态响应分析

负载干扰力 F_L 对液压缸的输出位移 X_p 和输出速度 $\dot{X}_p$ 都有影响，这种影响可以用刚度来表示。下面分别研究阀控液压缸的动态位置刚度和动态速度刚度。

（1）动态位置刚度特性。式（3-21）表示阀控液压缸的动态位置柔度特性，其倒数即为动态位置刚度特性，可写为

$$\frac{F_L}{X_p} = -\frac{\dfrac{A_p^2}{K_{ce}} s \left(\dfrac{s^2}{\omega_h^2} + \dfrac{2\zeta_h}{\omega_h} s + 1 \right)}{\dfrac{V_t}{4\beta_e K_{ce}} s + 1} \tag{3-42}$$

当 $B_p = 0$ 时，$\dfrac{4\beta_e K_{ce}}{V_t} = 2\zeta_h \omega_h$，则式（3-42）可改写为

$$\frac{F_L}{X_p} = -\frac{\dfrac{A_p^2}{K_{ce}} s \left(\dfrac{s^2}{\omega_h^2} + \dfrac{2\zeta_h}{\omega_h} s + 1 \right)}{\dfrac{s}{2\zeta_h \omega_h} + 1} \tag{3-43}$$

　　式(3-43)表示的动态位置刚度特性由惯性环节、比例环节、理想微分环节和二阶微分环节组成。由于 ζ_h 很小，因此转折频率 $2\zeta_h\omega_h < \omega_h$。式(3-43)中的负号表示负载力增加使输出减小，其幅频特性如图 3-5 所示。

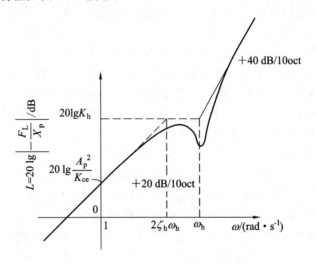

图 3-5　阀控缸动力机构动态位置刚度的幅频特性

　　动态位置刚度与负载干扰力 F_L 的变化频率 ω 有关。在 $\omega < 2\zeta_h\omega_h$ 的低频段上，惯性环节和二阶微分环节不起作用，由式(3-43)可得：

$$\left| -\frac{F_L}{X_p} \right| = \frac{A_p^2}{K_{ce}}\omega \tag{3-44}$$

　　当 $\omega = 0$ 时，得静态位置刚度 $\left| -F_L/X_p \right|_{\omega=0} = 0$。在恒定的外负载力作用下，由于泄漏的影响，活塞将连续移动，没有确定的位置。随着频率的增加，泄漏的影响越来越小，动态位置刚度随频率成比例增大。

　　在 $2\zeta_h\omega_h < \omega < \omega_h$ 的中频率段上，比例环节、惯性环节和理想微分环节同时起作用，动态位置刚度为一常数，其值为

$$\left| -\frac{F_L}{X_p} \right| = \frac{A_p^2}{K_{ce}}s \bigg|_{s=j2\zeta_h\omega_h} = \frac{4\beta_e A_p^2}{V_t} = K_h \tag{3-45}$$

　　在中频段上，由于负载干扰力的变化频率较高，液压缸工作腔的油液来不及泄漏，可以看作完全封闭的，其动态位置刚度就等于液压刚度。

　　在 $\omega > \omega_h$ 的高频段上，二阶微分环节起主要作用，动态位置刚度由负载惯性所决定。动态位置刚度随频率的二次方增加，但一般很少在此频率范围内工作。

　　(2) 动态速度刚度特性。由式(3-43)或式(3-44)可求得低频段 ($\omega < 2\zeta_h\omega_h$) 上的动态速度刚度为

$$\left| -\frac{F_L}{\dot{X}_p} \right| = \frac{A_p^2}{K_{ce}} \tag{3-46}$$

　　此时，液压缸相当于一个阻尼系数为 A_p^2/K_{ce} 的黏性阻尼器。从物理意义上说，在低频时因负载压差产生的泄漏流量被很小的泄漏通道所阻碍，则产生黏性阻尼作用。

　　在 $\omega = 0$ 时，由式(3-43)可求得静态速度刚度为

$$\left| -\frac{F_{\text{L}}}{\dot{X}_{\text{p}}} \right|_{\omega=0} = \frac{A_{\text{p}}^2}{K_{\text{ce}}} \tag{3-47}$$

其倒数静态速度柔度为

$$\left| -\frac{\dot{X}_{\text{p}}}{F_{\text{L}}} \right| = \frac{K_{\text{ce}}}{A_{\text{p}}^2} \tag{3-48}$$

它是速度下降值与所加恒定外负载力之比。

2. 有弹性负载时的动态响应分析

有弹性负载时，活塞位移对阀芯位移的传递函数可由式(3-32)求得：

$$\frac{X_{\text{p}}}{X_{\text{v}}} = \frac{\dfrac{K_{\text{ps}}A_{\text{p}}}{K}}{\left(\dfrac{s}{\omega_{\text{r}}} + 1 \right)\left(\dfrac{s^2}{\omega_0^2} + \dfrac{2\zeta_0}{\omega_0}s + 1 \right)} \tag{3-49}$$

其主要性能影响参数有位置放大系数 $\dfrac{K_{\text{ps}}A_{\text{p}}}{K}$、惯性环节转折频率 ω_{r}、综合固有频率 ω_0，以及综合阻尼比 ζ_0。

在稳态情况下，对于一定的阀芯位移 X_{v}，液压缸活塞有一个确定的输出位移 X_{p}，两者之间的比例系数 $\dfrac{K_{\text{ps}}A_{\text{p}}}{K}$ 即为位置放大系数。位置放大系数中的总压力增益 K_{ps} 包含阀的压力增益 K_{p}，K_{p} 随工作点在很大的范围内变化，因此位置放大系数也随工作点在很大范围内变化，且在零位时其值最大。另外，位置放大系数和负载刚度有关，这点与无弹性负载的情况不同。

综合固有频率 ω_0 见式(3-26)，它是液压弹簧与负载弹簧并联时的刚度与负载质量之比。负载刚度提高了二阶振荡环节的固有频率 ω_0，ω_0 是 ω_{h} 的 $\sqrt{1+\dfrac{K}{K_{\text{h}}}}$ 倍。

综合阻尼比 ζ_0 见式(3-27)。负载刚度降低了二阶振荡环节的阻尼比。在 $B_{\text{p}}=0$ 时，ζ_0 是 ζ_{h} 的 $\dfrac{1}{(1+K/K_{\text{h}})^{\frac{3}{2}}}$。

惯性环节的转折频率 ω_{r} 见式(3-33)。它是液压弹簧与负载弹簧串联时的刚度与阻尼系数之比。ω_{r} 随负载刚度变化，如果负载刚度很小，则 ω_{r} 很低，惯性环节可以近似看作积分环节。这种近似对动态分析不会有什么影响，但对稳态误差分析是有影响的。

根据式(3-49)可以作出四通阀控液压缸动力机构有弹性负载时的伯德图，如图3-6所示。由图中的几何关系可得穿越频率 ω_{c} 为

$$\omega_{\text{c}} = \frac{K_q}{A_{\text{p}}\left(1 + \dfrac{K}{K_{\text{h}}} \right)} \tag{3-50}$$

式(3-50)表明，负载刚度使穿越频率降低了。负载刚度越大，穿越频率越低。当 $\dfrac{K}{K_{\text{h}}} \ll 1$ 时，$\omega_{\text{c}} \approx \dfrac{K_q}{A_{\text{p}}}$。这再次说明，负载刚度比较小时，它对动态特性的影响是可以忽略的。

在有弹性负载时，当总流量-压力系数 K_{ce} 变化时，会使位置放大系数 $\dfrac{K_{\text{ps}}A_{\text{p}}}{K}$ 和惯性环

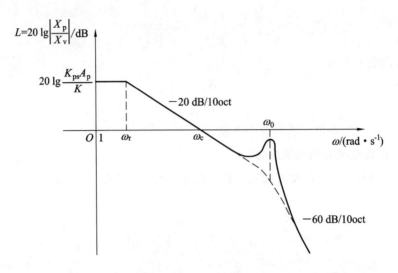

图 3 - 6　四通阀控液压缸动力机构有弹性负载时的伯德图

节的转折频率 ω_r 同时发生变化，但对穿越频率没有影响，所以 K_{ce} 变化时，惯性环节的转折点是沿斜率为 $-20\ \text{dB}/10\ \text{oct}$ 的增益线移动的。另外，K_{ce} 变化也使 ζ_0 改变，从而使高频段谐振峰值和相频特性形状改变，所以，K_{ce} 变化对系统的快速性影响不大，但影响系统的幅值裕量。

▣▣▣ 3.2　四通阀控液压马达动力机构

四通阀控液压马达也是液压控制系统中一种常见的液压动力机构，其分析方法与四通阀控液压缸相同。因为液压马达也属于双向对称的液压执行元件，所以四通阀控马达动力机构的建模过程与四通阀控液压缸动力机构类似。

四通阀控液压马达动力机构原理图如图 3 - 7 所示。用 3.1 节分析四通阀控液压缸的方法，可以得到四通阀控液压马达的三个基本方程的拉氏变换式为

$$Q_L = K_q X_v - K_c P_L \tag{3-51}$$

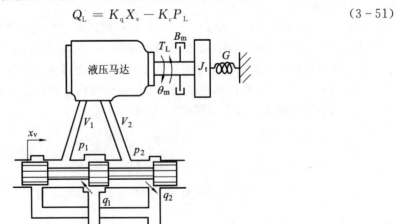

图 3 - 7　四通阀控液压马达动力机构原理图

$$Q_L = D_m s\theta_m + C_{tm}P_L + \frac{V_t}{4\beta_e}sP_L \tag{3-52}$$

$$P_L D_m = J_t s^2\theta_m + B_m s\theta_m + G\theta_m + T_L \tag{3-53}$$

式中：θ_m——液压马达的转角；

　　　　D_m——液压马达的排量；

　　　　C_{tm}——液压马达的总泄漏系数，$C_{tm}=C_{im}+C_{em}/2$，C_{im}、C_{em} 分别为内、外泄漏系数；

　　　　V_t——液压马达两腔及连接管道总容积；

　　　　J_t——液压马达和负载折算到马达轴上的总惯量；

　　　　B_m——液压马达和负载的黏性阻尼系数；

　　　　G——负载的扭转弹簧刚度；

　　　　T_L——作用在马达轴上的任意外负载力矩。

将式(3-51)~式(3-53)与式(3-10)~式(3-12)相比较，可以看出它们的形式相同。只要将四通阀控液压缸动力机构基本方程中液压缸的结构参数和负载参数改成液压马达的相应参数，就可以得到四通阀控液压马达动力机构的基本方程。由于基本方程的形式相同，因此只要将式(3-13)中的液压缸参数改成液压马达参数，即可得四通阀控液压马达动力机构在阀芯位移 X_v 和外负载力矩 T_L 同时输入时的总输出为

$$\theta_m = \frac{\dfrac{K_q}{D_m}X_v - \dfrac{K_{ce}}{D_m^2}\left(1+\dfrac{V_t}{4\beta_e K_{ce}}s\right)T_L}{\dfrac{J_t V_t}{4\beta_e D_m^2}s^3 + \left(\dfrac{J_t K_{ce}}{D_m^2}+\dfrac{B_m V_t}{4\beta_e D_m^2}\right)s^2 + \left(1+\dfrac{B_m K_{ce}}{D_m^2}+\dfrac{G V_t}{4\beta_e D_m^2}\right)s + \dfrac{G K_{ce}}{D_m^2}} \tag{3-54}$$

式中：K_{ce} 为总流量-压力系数，$K_{ce}=K_t+K_{tm}$。

对四通阀控液压马达动力机构而言，弹性负载很少见。当 $G=0$，且 $\dfrac{B_m K_{ce}}{D_m^2}\ll 1$ 时，式(3-54)可简化为

$$\theta_m = \frac{\dfrac{K_q}{D_m}X_v - \dfrac{K_{ce}}{D_m^2}\left(1+\dfrac{V_t}{4\beta_e K_{ce}}s\right)T_L}{s\left(\dfrac{s^2}{\omega_h^2}+\dfrac{2\zeta_h}{\omega_h}s+1\right)} \tag{3-55}$$

式中：

$$\omega_h = \sqrt{\frac{4\beta_e D_m^2}{V_t J}} \tag{3-56}$$

$$\zeta_h = \frac{K_{ce}}{D_m}\sqrt{\frac{\beta_e J_t}{V_t}} + \frac{B_m}{4D_m}\sqrt{\frac{V_t}{\beta_e J_t}} \tag{3-57}$$

通常负载黏性阻尼系数 B_m 很小，ζ_h 可表示为

$$\zeta_h = \frac{K_{ce}}{D_m}\sqrt{\frac{\beta_e J_t}{V_t}} \tag{3-58}$$

液压马达轴的转角对阀芯位移的传递函数为

$$\frac{\theta_m}{X_v} = \frac{\dfrac{K_q}{D_m}}{s\left(\dfrac{s^2}{\omega_h^2}+\dfrac{2\zeta_h}{\omega_h}s+1\right)} \tag{3-59}$$

液压马达轴的转角对外负载力矩的传递函数为

$$\frac{\theta_{\mathrm{m}}}{T_{\mathrm{L}}} = \frac{-\dfrac{K_{\mathrm{ce}}}{D_{\mathrm{m}}^2}\left(1 + \dfrac{V_{\mathrm{t}}}{4\beta_{\mathrm{e}}K_{\mathrm{ce}}}s\right)}{s\left(\dfrac{s^2}{\omega_{\mathrm{h}}^2} + \dfrac{2\zeta_{\mathrm{h}}}{\omega_{\mathrm{h}}}s + 1\right)} \tag{3-60}$$

有关阀控液压马达的方框图、传递函数简化和动态特性分析与阀控液压缸的相似，这里不再重复介绍。

3.3 泵控液压马达动力机构

泵控液压马达动力机构是由双向变量泵和双向定量马达组成的，如图 3-8 所示。双向变量泵 1 以恒定的转速 ω_{p} 旋转，通过改变泵的排量 D_{p} 来控制液压马达 2 的转速和旋转方向。补油系统是一个小流量的恒压源，补油泵 7 的压力由补油溢流阀 5 调定。补油泵通过单向阀 4 向低压管道补油，用以补偿液压泵和液压马达的泄漏，并保证低压管道有一个恒定的压力值，以防止出现气穴现象和空气渗入系统，同时也能帮助系统散热，补油泵通常也可作为液压泵变量机构控制油的油源。

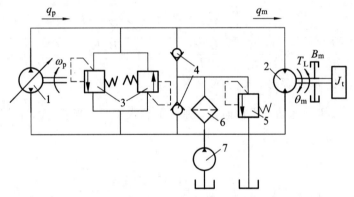

1—双向变量泵；2—液压马达；3—安全阀；4—单向阀；5—溢流阀；6—滤油器；7—补油泵。

图 3-8 泵控液压马达动力机构原理图

泵控液压马达动力机构在正常工作时，低压管路的压力等于补油压力，高压管路的压力由外负载决定；马达反向旋转时两个管路的压力随之转换。为了保证液压元件和回路的安全，在高低压管路之间跨接了两个安全阀 3。安全阀的规格要足够大，响应速度要足够快，以便在过载时能够使液压泵的最大流量从高压管路迅速泄入低压管路。

在泵控液压马达动力机构中，液压泵的输出流量和工作压力与负载相适应，因此工作效率高，最大效率可达 90%，适用于大功率液压控制系统。

3.3.1 动力机构的建模

在推导液压马达转角与液压泵斜盘摆角的传递函数时，假设：

（1）连接管路较短，可以忽略管路中的压力损失和管路动态，并设两根管路完全相同，液压泵和液压马达腔的容积为常数。

（2）液压泵和液压马达的泄漏为层流，壳体内的压强为大气压，忽略低压腔向壳体内的外泄漏。

（3）每个腔室内的压力是均匀相等的，液体重度和密度为常数。

（4）补油系统工作无滞后，补油压力为常数。工作时，低压管路的压力等于补油压力，为恒定值，只有高压管路的压力随负载变化。

（5）输入信号较小，不发生压力饱和现象。

（6）液压泵的转速恒定。

变量泵的排量为

$$D_p = K_p \gamma \tag{3-61}$$

式中：K_p——变量泵的排量梯度；

γ——变量泵斜盘摆角。

变量泵的流量方程为

$$q_p = D_p \omega_p - C_{ip}(p_1 - p_r) - C_{ep} p_1 \tag{3-62}$$

式中：ω_p——变量泵的转速；

C_{ip}——变量泵的内泄漏系数；

C_{ep}——变量泵的外泄漏系数；

p_r——低压管道的补油压力。

将式（3-61）代入式（3-62），其增量方程的拉氏变换式为

$$Q_p = K_{qp} \gamma - C_{tp} P_1 \tag{3-63}$$

式中：K_{qp}——变量泵的流量增益，$K_{qp} = K_p \omega_p$；

C_{tp}——变量泵的总泄漏系数，$C_{tp} = C_{ip} + C_{ep}$。

液压马达高压腔的流量连续性方程为

$$q_p = C_{im}(p_1 - p_r) + C_{em} p_1 + D_m \frac{\mathrm{d}\theta_m}{\mathrm{d}t} + \frac{V_0}{\beta_e} \frac{\mathrm{d}p_1}{\mathrm{d}t}$$

式中：C_{im}——液压马达的内泄漏系数；

C_{em}——液压马达的外泄漏系数；

D_m——液压马达的排量；

θ_m——液压马达的转角；

V_0——一个腔室的总容积（包括液压泵和液压马达的高压腔、高压连接管路，以及与此相连的非工作容积）。

其增量方程的拉氏变换式为

$$Q_p = C_{tm} p_1 + D_m s\theta_m + \frac{V_0}{\beta_e} sP_1 \tag{3-64}$$

式中：C_{tm}——液压马达的总泄漏系数，$C_{tm} = C_{im} + C_{em}$。

液压马达和负载的力矩平衡方程为

$$D_m(p_1 - p_r) = J_t \frac{\mathrm{d}^2 \theta_m}{\mathrm{d}t^2} + B_m \frac{\mathrm{d}\theta_m}{\mathrm{d}t} + G\theta_m + T_L$$

式中：J_t——液压马达和折算到液压马达轴上负载的总惯量；

B_m——黏性阻尼系数；

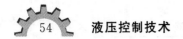
G——负载弹簧刚度；

T_L——作用在液压马达轴上的任意外负载力矩。

其增量方程的拉氏变换式为

$$D_m P_1 = J_t s^2 \theta_m + B_m s \theta_m + G \theta_m + T_L \tag{3-65}$$

由基本方程式(3-63)~(3-65)消去中间变量 Q_p、P_1 可得：

$$\theta_m = \frac{\dfrac{K_{qp}}{D_m}\gamma - \dfrac{C_t}{D_m^2}\left(1 + \dfrac{V_0}{\beta_e C_t}s\right)T_L}{\dfrac{J_t V_0}{\beta_e D_m^2}s^3 + \left(\dfrac{J_t C_t}{D_m^2} + \dfrac{B_m V_0}{\beta_e D_m^2}\right)s^2 + \left(1 + \dfrac{B_m C_t}{D_m^2} + \dfrac{G V_0}{\beta_e D_m^2}\right)s + \dfrac{G C_t}{D_m^2}} \tag{3-66}$$

式中：C_t——总的泄漏系数，$C_t = C_{tp} + C_{tm}$。

当 $\dfrac{C_t B_m}{D_m^2} \ll 1$ 和 $G=0$ 时，式(3-66)可简化为

$$\theta_m = \frac{\dfrac{K_{qp}}{D_m}\gamma - \dfrac{C_t}{D_m^2}\left(1 + \dfrac{V_0}{\beta_e C_t}s\right)T_L}{s\left(\dfrac{s^2}{\omega_h^2} + \dfrac{2\zeta_h}{\omega_h}s + 1\right)} \tag{3-67}$$

式中：ω_h——液压固有频率；ζ_h——液压阻尼比。

$$\omega_h = \sqrt{\frac{\beta_e D_m^2}{V_0 J_t}} \tag{3-68}$$

$$\zeta_h = \frac{C_t}{2D_m}\sqrt{\frac{\beta_e J_t}{V_0}} + \frac{B_m}{2D_m}\sqrt{\frac{V_0}{\beta_e J_t}} \tag{3-69}$$

液压马达轴转角对变量泵斜盘摆角的传递函数为

$$\frac{\theta_m}{\gamma} = \frac{\dfrac{K_{qp}}{D_m}}{s\left(\dfrac{s^2}{\omega_h^2} + \dfrac{2\zeta_h}{\omega_h}s + 1\right)} \tag{3-70}$$

液压马达轴转角对任意外负载力矩的传递函数为

$$\frac{\theta_m}{T_L} = \frac{-\dfrac{C_t}{D_m^2}\left(1 + \dfrac{V_0}{\beta_e C_t}s\right)}{s\left(\dfrac{s^2}{\omega_h^2} + \dfrac{2\zeta_h}{\omega_h}s + 1\right)} \tag{3-71}$$

3.3.2　泵控马达与阀控马达两种动力机构的比较

将式(3-67)与式(3-55)进行比较，可以看出这两种动力机构数学模型的结构形式是一样的，因此这两种动力机构具有相似的动态特性，但数学模型中各个组成环节的相应参数的特征及变化范围却有很大的不同。

(1) 泵控液压马达的液压固有频率较低。因为泵控液压马达动力机构工作时，只有高压管路及高压腔室的压力发生变化，低压管路及腔室的压力等于常数，所以液压弹簧刚度为阀控液压马达的一半，液压固有频率是阀控液压马达的 $1/\sqrt{2}$。另外，与圆柱滑阀相比，液压泵的工作腔容积较大，这使其液压固有频率进一步降低。

(2) 泵控液压马达的阻尼比较小，数值较恒定。泵控液压马达的总泄漏系数 C_t 比阀控

液压马达的总流量-压力系数 K_{ce} 小，因此其阻尼比小于阀控液压马达的阻尼比。泵控液压马达几乎总是欠阻尼的，因此为达到满意的阻尼比，就往往有意地设置旁路泄漏通道或内部压力反馈回路。泵控液压马达的总泄漏系数基本上是恒定的，因此其阻尼比也比较恒定。

（3）泵控液压马达的增益 K_{qp}/D_m 和静态速度刚度 D_m^2/C_t 比较恒定。

（4）由式（3-71）所确定的动态柔度或由其倒数所确定的动态刚度特性，也可用 3.1 节的方法求出，由于泵控液压马达的液压固有频率和阻尼比较低，所以其动态刚度不如阀控液压马达的好。由于 C_t 较小，因此其静态速度刚度是很好的。

总之，泵控液压马达是相当线性的元件，其增益和阻尼比都是比较恒定的，固有频率的变化与阀控液压马达相似，所以泵控液压马达的动态特性比阀控液压马达更加容易预测，计算出的性能和实测的性能比较接近，而且受工作点变化的影响也较小。由于泵控液压马达的固有频率较低，再附加一个变量机构，因此其总的响应特性不如阀控液压马达好。

3.4　液压动力机构与负载的匹配

液压动力机构要驱动负载运动，就存在液压动力机构的输出特性与负载特性的配合问题，即负载的匹配问题。在研究负载匹配之前，首先应该了解一下什么是负载特性。

3.4.1　负载的种类及特性

负载是指液压执行元件运动时所遇到的各种阻力（或阻力矩）。负载的种类有惯性负载、弹性负载、黏性阻尼负载、摩擦负载和重力负载等。

负载力与负载速度之间的关系称为负载特性。以负载力为横坐标，负载速度为纵坐标画出的曲线称为负载轨迹，其方程即为负载轨迹方程。负载特性不但与负载的类型有关，而且也与负载的运动规律有关。采用频率法设计系统时，可以认为输入信号是正弦信号，负载是在作正弦响应。下面介绍几种典型的负载特性。

1. 惯性负载特性

惯性负载力可表示为

$$F_I = m\ddot{x}$$

若设惯性负载的位移 x 为正弦运动，即

$$x = x_0 \sin\omega t$$

式中：x_0——正弦运动的振幅；

　　ω——正弦运动的角频率。

则负载轨迹方程为

$$\dot{x} = x_0\omega\cos\omega t$$

$$F_I = -mx_0\omega^2\sin\omega t$$

联立上面两式，可得

$$\left(\frac{\dot{x}}{x_0\omega}\right)^2 + \left(\frac{F_I}{x_0 m\omega^2}\right)^2 = 1 \tag{3-72}$$

惯性负载轨迹为一正椭圆,如图 3-9 所示。其中,最大负载速度 $\dot{x}_{\max} = x_0\omega$ 与 ω 成正比,最大负载力 $F_{\mathrm{Imax}} = \mathrm{m}x_0\omega^2$ 与 ω^2 成比例,故 ω 增加时椭圆横轴增加比纵轴快。由于惯性力随速度增大而减小,因此负载轨迹点的旋转方向是逆时针方向。

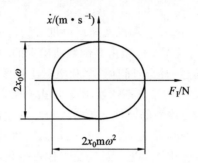

图 3-9　惯性负载轨迹

2. 黏性阻尼负载特性

黏性阻尼力为

$$F_{\mathrm{v}} = B\dot{x}$$

若设负载的位移为 $x = x_0\sin\omega t$,则负载轨迹方程为

$$\dot{x} = x_0\omega\cos\omega t$$

$$F_{\mathrm{v}} = Bx_0\omega\cos\omega t$$

或写为

$$\dot{x} = \frac{F_{\mathrm{v}}}{B} \tag{3-73}$$

黏性阻尼负载轨迹为一直线,如图 3-10 所示。其斜率为 $\tan\alpha = \dfrac{1}{B}$,与频率无关。

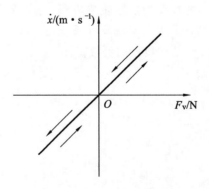

图 3-10　黏性阻尼负载轨迹

3. 弹性负载特性

弹性负载力为

$$F_{\mathrm{p}} = Kx$$

若设 $x = x_0\sin\omega t$,则负载轨迹方程为

$$\dot{x} = x_0\omega\cos\omega t$$

$$F_{\mathrm{p}} = Kx_0\sin\omega t$$

或写为

$$\left(\frac{F_{\mathrm{p}}}{Kx_0}\right)^2 + \left(\frac{\dot{x}}{x_0\omega}\right)^2 = 1 \qquad (3-74)$$

弹性负载轨迹是一个正椭圆，如图 3-11 所示。其中，最大负载力 $F_{\mathrm{pmax}} = Kx_0$ 与 ω 无关，而最大负载速度 $\dot{x}_{\max} = x_0\omega$ 与 ω 成正比，故 ω 增加时椭圆横轴不变，纵轴与 ω 成比例增加。因为弹簧变形速度减小时弹簧力增大，所以负载轨迹上的点是顺时针变化的。

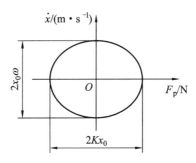

图 3-11　弹性负载轨迹

4. 摩擦负载特性

摩擦力包括静摩擦力和动摩擦力，其相应的负载轨迹如图 3-12 所示。静摩擦力与动摩擦力之和构成干摩擦力。当静摩擦力与动摩擦力近似相等时，干摩擦力称为库仑摩擦力。

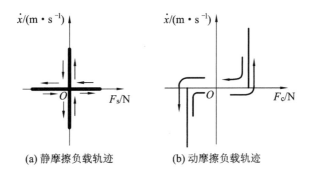

(a) 静摩擦负载轨迹　　　　(b) 动摩擦负载轨迹

图 3-12　摩擦负载轨迹

5. 合成负载特性

实际系统的负载常常是上述若干负载的组合，如惯性负载、黏性阻尼负载与弹性负载组合。此时负载力为

$$F_{\mathrm{t}} = m\ddot{x} + B\dot{x} + Kx$$

若设负载位移 $x = x_0\sin\omega t$，则负载轨迹方程为

$$\dot{x} = x_0\omega\cos\omega t$$

$$F_{\mathrm{t}} = (K - m\omega^2)x_0\sin\omega t + Bx_0\omega\cos\omega t \qquad (3-75)$$

联立上两式，可得

$$\left[\frac{F_t - B\dot{x}}{(K - m\omega^2)x_0}\right]^2 + \left(\frac{\dot{x}}{x_0\omega}\right)^2 = 1 \tag{3-76}$$

这是个斜椭圆方程,负载轨迹如图 3-13 所示。

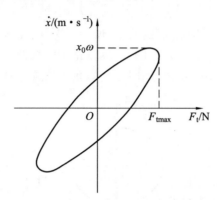

图 3-13 惯性、黏性阻尼和弹性组合负载轨迹

椭圆轴线与横坐标轴的夹角为

$$\alpha = \frac{1}{2}\arctan\frac{2B}{B^2 - \frac{1}{\omega^2}(K - m\omega^2)^2 - 1}$$

由式(3-75)可得:

$$F_t = x_0\sqrt{(K - m\omega^2)^2 + B^2\omega^2}\sin(\omega t + \varphi)$$

则

$$F_{tmax} = x_0\sqrt{(K - m\omega^2)^2 + B^2\omega^2}$$

式中:$\varphi = \arctan\dfrac{B\omega}{K - m\omega^2}$。

对惯性负载加弹性负载或惯性负载加黏性阻尼负载的情况,负载轨迹方程可由式(3-76)简化得到。

对惯性负载、弹性负载、黏性阻尼负载或由它们组合的负载,随频率增加其负载轨迹加大,在设计时应考虑最大工作频率时的负载轨迹。

当存在外干扰力或负载运动规律不是正弦形式时,负载轨迹就复杂了,有时只能知道部分工况点的情况。在负载轨迹上,对设计最有用的工况点是:最大功率、最大速度和最大负载力。一般情况下,功率的要求最难满足,也是最重要的要求。

3.4.2 等效负载的计算

液压执行元件有时要通过机械传动装置(如齿轮、滚珠丝杠等)与负载相连,为了分析和计算方便,需要将负载惯量、负载阻尼、负载刚度等折算到液压执行元件的输出端,或者将液压执行元件的惯量、阻尼等折算到负载端。如果还要考虑结构柔度的影响,其负载模型则为二自由度或多自由度系统。

图 3-14(a)所示为液压马达负载原理图,用惯量为 J_m 的液压马达驱动惯量为 J_L 的负载,两者之间的齿轮传动比为 n,轴 1(液压马达轴)的刚度为 K_{s1},轴 2(负载轴)的刚度为 K_{s2}。假设齿轮是绝对刚性的,则齿轮的惯量和游隙为零。

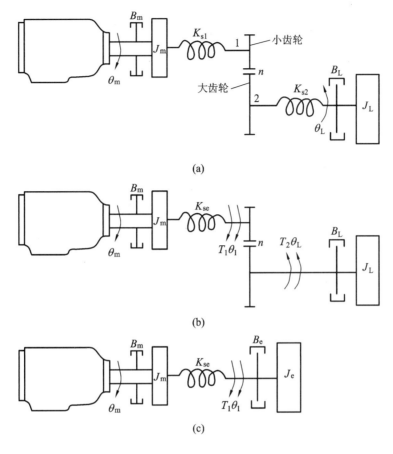

图 3-14　负载的简化模型

图 3-14(a)所示的系统可简化为图 3-14(c)所示的等效系统。其简化方法如下：

(1) 将挠性轴 2 换成绝对刚性轴，并用改变轴 1 的刚度来等效原系统，如图 3-14(b)所示。在图 3-14(a)中，首先把惯量 J_L 刚性地固定起来，并对惯量 J_m 施加一个力矩 T_m，由此在大齿轮上产生一个偏转角 nT_m/K_{s2}。大齿轮的转动使小齿轮转过角度 $n^2 T_m/K_{s2}$，在力矩 T_m 作用下轴 1 转过角度为 T_m/K_{s1}，则惯量 J_m 的总偏转角为 $T_m\left(\dfrac{1}{K_{s1}}+\dfrac{n^2}{K_{s2}}\right)$。由此得出，对轴 1 系统的等效刚度为 K_{se}，则

$$\frac{1}{K_{se}} = \frac{1}{K_{s1}} + \frac{n^2}{K_{s2}} \tag{3-77}$$

刚度的倒数为柔度，系统的总柔度等于轴 1 的柔度加轴 2 的柔度与传动比的平方的乘积。

(2) 将轴 2 上的负载惯量 J_L 和黏性阻尼系数 B_L 折算到轴 1 上。假设 J_L 折算到轴 1 上的等效惯量为 J_e，B_L 折算到轴 1 上的等效黏性阻尼系数为 B_e。由图 3-14(c)和图 3-14(b)可得出以下两个方程：

$$T_1 = J_e\ddot{\theta}_1 + B_e\dot{\theta}_1 \tag{3-78}$$

$$T_2 = J_L\ddot{\theta}_L + B_L\dot{\theta}_L \tag{3-79}$$

式中：T_1——液压马达作用在轴 1 上的力矩；

　　　T_2——小齿轮作用在轴 2 上的力矩；

　　　θ_1——轴 1 的转角；

　　　θ_L——轴 2 的转角。

考虑到 $T_2 = nT_1$，$\theta_1 = n\theta_L$，由式（3-79）可得：

$$T_1 = \frac{J_L}{n^2}\ddot{\theta}_1 + \frac{B_L}{n^2}\dot{\theta}_1 \tag{3-80}$$

将式（3-80）与式（3-78）作比较，可得：

$$J_e = \frac{J_L}{n^2} \tag{3-81}$$

$$B_e = \frac{B_L}{n^2} \tag{3-82}$$

根据以上分析可得出如下结论：将系统一部分惯量、黏性阻尼系数和刚度折算到转数高 i 倍的另一部分时，只需将它们除以 i^2 即可；相反地，将惯量、黏性阻尼系数和刚度折算到转数低 i 倍的另一部分时，只需乘以 i^2 即可。

3.4.3　液压动力机构的输出特性

液压动力机构的输出特性是在稳态情况下，液压执行元件的输出速度、输出力与阀的输入位移三者之间的关系，可由阀的压力-流量特性变换得到。将阀的负载流量除以液压缸的有效作用面积（或液压马达排量），阀的负载压力乘以液压缸有效作用面积（或液压马达排量），就可以得到液压动力机构的输出特性，如图 3-15 所示。

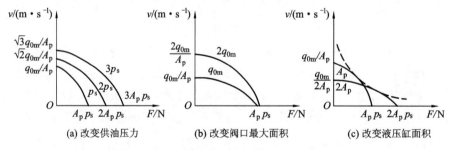

图 3-15　液压动力机构输出特性的变化

由此可见：

（1）提高供油压力，使整个抛物线右移，输出功率增大，如图 3-15(a)所示。

（2）增大阀的最大开口面积，使抛物线变宽，但顶点不动，输出功率增大，如图 3-15(b)所示。

（3）增大液压缸的活塞面积，使抛物线顶点右移，同时使抛物线变窄，但最大输出功率不变，如图 3-15(c)所示。

这样，可以调整 p_s、Wx_{vamx} 和 A_p 三个参数，使之与负载相匹配。

3.4.4　液压动力机构与负载的匹配方法

可以根据负载轨迹来进行液压动力机构与负载匹配，采用这种方法时，只要使动力机构的输出特性曲线能够包围负载轨迹，同时使输出特性曲线与负载轨迹之间的区域尽量小，则认为液压动力机构与负载是相匹配的。

输出特性曲线能够包围负载轨迹，表明液压动力机构可以满足负载的需要。而尽量减小液压动力机构的输出特性曲线与负载轨迹之间的区域，则表明能够减小功率损失，提高效率。如果液压动力机构的输出特性曲线不但包围负载轨迹，而且液压动力机构的最大输出功率点与负载的最大功率点相重合，则认为动力机构与负载是最佳匹配，此时的功率利用是最好的。

图 3 - 16 中，输出特性曲线 1、2、3 均包围负载轨迹，都能够驱动负载。曲线 1 的最大输出功率点（a 点）与负载的最大功率点重合，满足最佳匹配的条件。曲线 2 表明，液压缸活塞面积太大，或液压控制阀规格小，供油压力过高。该曲线的斜率小，动力机构的静态速度刚度大，线性好，响应速度快。动力机构的最大输出功率（b 点）大于负载的最大功率（a 点），则动力机构的功率没有充分利用。曲线 3 表明，液压缸活塞面积太小，或液压控制阀规格大，供油压力低。曲线斜率大，静态速度刚度小，线性和响应速度都差。动力机构的最大输出功率（c 点）仍大于负载的最大功率。

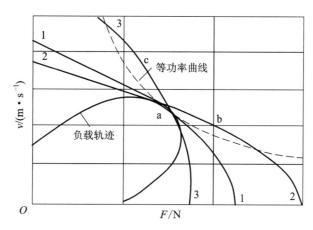

图 3 - 16　液压动力机构与负载的匹配

采用作图法求液压动力机构的参数，需要作许多抛物线与负载轨迹相切，是比较麻烦的。为了简化作图，可以采用坐标变换将输出特性曲线变为直线，为此只要将纵坐标取成速度的平方即可。

负载匹配也可以在压力-流量坐标体系进行。将负载力（或负载力矩）变成负载压力，负载速度变成负载流量，负载轨迹用负载压力和负载流量表示，与阀的压力-流量特性曲线匹配。

对于某些比较简单的负载轨迹（如上面介绍的各种典型的负载轨迹），可以根据负载最佳匹配的原则，采用解析法来确定液压动力机构的参数。在阀最大输出功率点有

$$F_L^* = \frac{2}{3} A_p p_s \qquad (3-83)$$

$$v_L^* = \frac{q_{0m}}{\sqrt{3} A_p} \qquad (3-84)$$

式中：F_L^*——最大功率点的负载力；

v_L^*——最大功率点的负载速度;

q_{0m}——阀的最大空载流量。

在供油压力选定的情况下,可由式(3-83)求出液压缸活塞面积为

$$A_p = \frac{3}{2} \frac{F_L^*}{p_s} \qquad (3-85)$$

由式(3-84)求出阀的最大空载流量为

$$q_{0m} = \sqrt{3} v_L^* A_p \qquad (3-86)$$

通常须将阀的最大空载流量适当地加大,以补偿泄漏、改善系统控制性能,并为负载分析中考虑不周之处留有余地。

对一些典型的负载,可用解析法求出最大功率点的负载力 F_L^* 和负载速度 v_L^*。

3.5　本章小结

本章给出了液压动力机构的基本概念及分类;对工程上常见的三种液压动力机构的组成及工作原理进行了分析;通过数学模型的建立,详细分析了各个动力机构的动态特性及其影响因素;介绍了液压动力机构的输出特性、负载种类及其两者的匹配方法。

本章重点及难点是液压动力机构的概念,液压动力机构的建模与简化,液压动力机构的动态特性及其影响因素分析,液压动力机构的负载的种类及特性,液压动力机构的输出特性,液压动力机构与负载的匹配方法。

本章思考题

1. 什么是液压动力机构? 其可分为哪几类?

2. 阀控缸动力机构无弹性负载时的简化数学模型包含哪些基本环节?

3. 液压动力机构无弹性负载和有弹性负载时,分别会对传递函数有什么影响?

4. 试分析无弹性负载的阀控液压马达动力机构数学模型中,为什么会包含二阶振荡环节?影响该环节固有频率的因素有哪些?

5. 为什么说滑阀的流量增益会对所在的液压控制系统的性能产生影响?

6. 影响液压动力机构固有频率的因素有哪些?

7. 泵控马达液压动力机构的数学模型中,比例环节的增益是相对固定的值,还是变化的值?

8. 泵控马达液压系统中,低压油路的压力在工作时是否发生变化? 为什么?

9. 为什么说对负载进行分析是液压动力机构建模过程中必不可少的环节? 举例说明不同类型的负载对液压动力机构的动态性能有什么影响。

10. 何谓液压弹簧刚度? 为什么要把液压弹簧刚度理解为动态刚度?

11. 控制元件相同,而执行元件不同的两种动力机构的数学模型具有怎样的特点?

第4章 电液伺服阀

电液伺服阀既是电液转换元件，又是功率放大元件。它能将小功率的电信号转换为大功率的液压信号（流量与压力）。根据输出液压信号的不同，电液伺服阀可分为电液流量控制伺服阀和电液压力控制伺服阀。

采用电液伺服阀或电液伺服变量泵（即在泵的变量机构中采用了一个小规格的电液伺服阀）的液压控制系统称为电液伺服控制系统。电液伺服阀将系统的电气部分与液压部分有机地连接起来，实现电、液信号的转换和放大，并对液压执行元件进行控制。电液伺服阀作为液压控制系统的关键元件，其性能以及合理使用将直接影响整个系统的控制精度、响应速度，以及系统的可靠性和寿命。

电液伺服阀作为一种高性能的液压控制元件，其具有控制精度高、响应速度快的特点，在液压控制系统中得到了广泛的应用。

4.1 电液伺服阀概述

4.1.1 电液伺服阀的一般结构组成

电液伺服阀通常由电-机转换元件、液压放大器、反馈机构（或称反馈通道）三个部分组成。

电-机转换元件是利用电磁原理工作的，它的作用是将输入的电信号转换为机械运动。一般的电-机转换元件由永久磁铁或激磁线圈产生极化磁场，输入的控制信号（一般为电流信号）通过控制线圈产生控制磁场，两个磁场之间相互作用，产生与控制信号成比例，并能反映控制信号极性的力或力矩，从而使电-机转换元件的运动部分产生直线位移或角位移的机械运动。电-机转换元件包括力矩马达和力马达。力矩马达或力马达的作用就是把输入的电气控制信号转换为力矩或力，再转换成转角或位移输出到液压放大器，作为输入信号来控制液压放大器进行工作。

输入液压放大器的机械运动可以控制液压能源流向液压执行机构的流量或压力。由于力矩马达或力马达的输出功率都很小，在电液伺服阀的额定流量比较大时，其无法直接驱动功率级（也称输出级）的滑阀运动，此时需要增加液压前置级（也称先导级），将力矩马达或力马达的输出功率加以放大，再去控制功率级的滑阀，这样就构成了两级或三级电液伺服阀。电液伺服阀的前置级（先导级）液压放大器的结构可以是双喷嘴挡板阀、滑阀、射流管阀等。但功率级（输出级）液压放大器的结构无一例外都是采用圆柱滑阀。

在两级或三级电液伺服阀中，通常采用反馈机构将输出级的阀芯位移、输出流量或输出压力以位移、力或电信号等不同的形式反馈到先导级的输入端，或电-机转换元件的输入端。电液伺服阀中采用反馈机构是为了使伺服阀的输出流量或输出压力获得与输入电气控制信号对应的和成比例变化的特性。由于反馈机构的存在,电液伺服阀内部成为一个闭环控制系统,从而提高了伺服阀的控制性能。

4.1.2 电液伺服阀的分类及其特点

电液伺服阀的结构形式很多,可按不同的分类方法进行分类。

1. 按液压放大器的级数分类

按液压放大器级数的不同,电液伺服阀可分为单级、两级和三级。

单级电液伺服阀的结构简单、价格低廉。力矩马达或力马达输出力矩或力小、定位刚度低,使伺服阀的输出流量有限,对负载动态变化敏感;伺服阀的稳定性在很大程度上取决于负载的动态变化,容易产生不稳定状态。因此,单级电液伺服阀只适用于低压、小流量和负载动态变化不大的场合。

两级电液伺服阀克服了单级伺服阀的缺点,是目前工程中最常用的形式。

三级电液伺服阀通常是由一个常规的两级电液伺服阀作先导级来控制第三级(输出级)滑阀,一般将输出级滑阀的阀芯位移通过"位移-电反馈"形成闭环控制,实现输出级滑阀阀芯的定位。三级电液伺服阀通常只用在大流量(200 L/min 以上)的场合。

2. 按先导级阀的结构形式分类

按先导级阀结构形式的不同,电液伺服阀可分为滑阀、双喷嘴挡板阀、射流管阀等。

滑阀作先导级的优点是流量增益和压力增益高,输出流量大,对油液的清洁度要求较低;缺点是其结构工艺复杂,阀芯受力较大,阀的分辨率较低、滞环较大,响应慢。

双喷嘴挡板阀作先导级的优点是挡板轻巧灵敏,动态响应快,结构对称,双输入差动工作,压力灵敏度高,特性线性度好,温度和压力零漂小,挡板受力小,所需输入功率小;缺点是喷嘴与挡板间的间隙小,易堵塞,抗污染能力差,对油液的清洁度要求高,一旦喷嘴与挡板之间的间隙被堵塞,会造成"满舵事故"的后果。

射流管阀作先导级的优点是抗污染能力强。射流管阀的最小通流尺寸比双喷嘴挡板阀和滑阀的要大,不易堵塞,抗污染性好。另外,射流管阀压力效率和容积效率高,可产生较大的控制压力和流量,提高了功率级滑阀的驱动力,使功率级滑阀的抗污染能力增强。射流喷嘴堵塞时,滑阀也能自动处于中位,具有"失效对中"的特点;缺点是射流管阀的特性不易预测,射流管惯性大、动态响应较双喷嘴挡板阀慢,性能受油温变化的影响较大,低温特性稍差。

3. 按反馈形式分类

按反馈形式的不同,电液伺服阀可分为滑阀位置反馈、负载流量反馈和负载压力反馈。

系统采用的反馈形式不同,伺服阀的稳态压力-流量特性也不同,如图 4-1 所示。滑阀位置反馈和负载流量反馈得到的是流量控制伺服阀,阀的输出流量与输入电流成比例。负载压力反馈得到的是压力控制伺服阀,阀的输出压力与输入电流成比例。负载流量反馈伺服阀和负载压力反馈伺服阀由于结构比较复杂,因此在实际工程中应用较少,而滑阀位置反馈伺服阀在民用工业领域中使用的最为普遍。

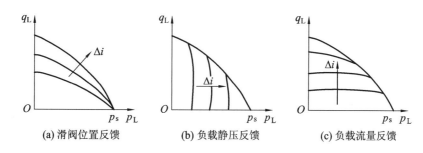

图 4-1　不同反馈形式伺服阀的压力-流量曲线

滑阀位置反馈又可分为位置-力反馈、直接位置反馈、机械位置反馈、位置-电反馈和弹簧对中式等。

位置-力反馈和直接位置反馈将在 4.2 节和 4.3 节中详细介绍。机械位置反馈是将功率级滑阀的位移通过机械机构反馈到先导级。位置-电反馈是通过位移传感器将功率级滑阀的位移反馈到伺服放大器的输入端，实现功率级滑阀阀芯定位。弹簧对中式是靠功率级滑阀阀芯两端的对中弹簧与先导级产生的液压控制力相平衡，实现滑阀阀芯的定位。特别强调的是，采用弹簧对中式的伺服阀，其功率级滑阀的阀芯位置实质上属于开环控制，这种伺服阀结构简单，控制精度较低。

负载压力反馈可分为静压反馈和动压反馈。通过静压反馈可以得到压力控制伺服阀和压力-流量伺服阀，通过动压反馈可以得到动压反馈伺服阀。

4. 按力矩马达是否浸泡在油中分类

电液伺服阀按力矩马达是否浸泡在油可分为湿式和干式两种。

湿式的电液伺服阀可使力矩马达受到油液的冷却，但油液中存在的铁污物会使力矩马达的特性变差。干式的电液伺服阀则可使力矩马达不受油液污染的影响，目前的电液伺服阀一般都采用干式的。

4.2　力反馈两级电液伺服阀

4.2.1　结构组成及工作原理

力反馈两级电液伺服阀结构简图如图 4-2 所示，这是电液伺服阀中最经典的，也是目前应用最广泛的一种结构形式。力反馈两级电液伺服阀的电-机转换元件为永磁动铁式力矩马达，先导级液压放大器为双喷嘴挡板阀，由永磁动铁式力矩马达控制，输出级液压放大器为四边四通圆柱滑阀，阀芯位移通过反馈杆与衔铁挡板组件相连，构成滑阀位移-力反馈通道。

1. 永磁动铁式力矩马达工作原理

图 4-3 所示为永磁动铁式力矩马达工作原理图，它由永久磁铁、上导磁体、下导磁体、衔铁、弹簧管、控制线圈等组成。衔铁固定在弹簧管上端，由弹簧管支承在上、下导磁体的中间位置，可绕弹簧管的转动中心作微小的转动。衔铁两端与上、下导磁体（磁极）形成四个工作气隙①、②、③、④。两个控制线圈套在衔铁之上。上、下导磁体除作为磁极

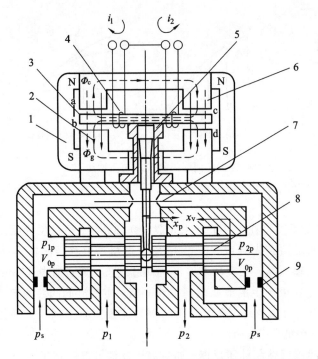

1—永久磁铁；
2—下导磁体；
3—衔铁；
4—线圈；
5—弹簧管；
6—上导磁体；
7—喷嘴；
8—滑阀。

图 4-2　力反馈两级电液伺服阀结构简图

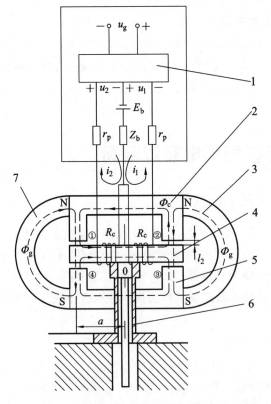

1—放大器；
2—上导磁体；
3—永久磁铁；
4—衔铁；
5—下导磁体；
6—弹簧管；
7—永久磁铁。

图 4-3　永磁动铁式力矩马达原理图

外，还为永久磁铁产生的极化磁通和控制线圈产生的控制磁通提供磁路。

　　永久磁铁将上、下导磁体磁化，一个为 N 极，另一个为 S 极。当无输入信号电流时，即 $i_1 = i_2$，衔铁在上、下导磁体的中间位置，由于力矩马达结构是对称的，永久磁铁在四个工作气隙中所产生的极化磁通是一样的，使衔铁两端所受的电磁吸力相同，力矩马达无力矩输出；当有输入信号时，控制电流通过控制线圈产生控制磁通，其大小和方向取决于输入信号电流的大小和方向。假设 $i_1 > i_2$，如图 4-3 所示，在气隙①、③中控制磁通与极化磁通方向相同，而在气隙②、④中控制磁通与极化磁通方向相反。因此，气隙①、③中的合成磁通大于气隙②、④中的合成磁通，于是在衔铁上产生顺时针方向的电磁力矩，使衔铁绕弹簧管转动中心顺时针方向转动。当弹簧管变形产生的反力矩与电磁力矩相平衡时，衔铁停止转动。如果信号电流反向，则电磁力矩也反向，衔铁向反方向转动，电磁力矩的大小与信号电流的大小成比例，衔铁的转角也与输入信号电流成比例。即输入信号电流的方向及大小决定了力矩马达转动的方向和转角的大小。

2. 力反馈两级电液伺服阀工作原理

　　图 4-2 所示，当无控制电流输入时，衔铁由弹簧管支承在上、下导磁体的中间位置，挡板也处于两个喷嘴的中间位置，滑阀阀芯在反馈杆小球的约束下处于中位，输出级滑阀无液压输出；当有差动控制电流 $\Delta i = i_1 - i_2$ 输入时，在衔铁上产生逆时针方向的电磁力矩，使衔铁挡板组件绕弹簧转动中心逆时针方向偏转，弹簧管和反馈杆产生变形，挡板偏离中位。这时，喷嘴挡板阀右间隙减小而左间隙增大，引起滑阀右腔控制压力 p_{2p} 增大，左腔控制压力 p_{1p} 减小，推动滑阀阀芯左移，同时带动反馈杆端部小球左移，使反馈杆进一步变形。当反馈杆和弹簧管变形产生的反力矩与电磁力矩相平衡时，衔铁挡板组件便处于一个平衡位置。在反馈杆端部左移进一步变形时，使挡板的偏移减小，趋于中位。这使控制压力 p_{2p} 又降低，p_{1p} 又增高，当阀芯两端的液压力与反馈杆变形对阀芯产生的反作用力以及滑阀的液动力相平衡时，阀芯停止运动，其位移与控制电流成比例。在负载压差一定时，阀的输出流量也与控制电流成比例，所以该阀是一种流量控制伺服阀。

　　这种伺服阀由于衔铁和挡板均在中位附近工作，所以线性好。对力矩马达的线性要求也不高，可以允许滑阀有较大的工作行程。

4.2.2　基本方程与方框图

1. 力矩马达的电磁力矩

　　分析力矩马达的磁路可以求出电磁力矩的计算公式。假定力矩马达的两个控制线圈由一个推挽放大器供电（见图 4-3），放大器中的常值电压 E_b 在每个控制线圈中产生的常值电流 I_0 大小相等但方向相反，因此在衔铁上不产生电磁力矩。当放大器有输入电压 U_g 时，将使一个控制线圈中的电流增加，另一个控制线圈中的电流减少，两个线圈中的电流分别为

$$i_1 = I_0 + i \tag{4-1}$$

$$i_2 = I_0 - i \tag{4-2}$$

式中：i_1、i_2——每个线圈中的电流；

　　　　I_0——每个线圈中的常值电流；

　　　　i——每个线圈中的信号电流。

两个线圈中的差动电流为

$$\Delta i = i_1 - i_2 = 2i = i_c \tag{4-3}$$

差动电流 Δi 即为输入力矩马达的控制电流 i_c，在衔铁中产生的控制磁通以及由此产生的电磁力矩与差动电流成比例。

由式(4-3)可以看出，每个线圈中的信号电流 i 是差动电流 Δi 的一半，而常值电流 I_0 通常大约是差动电流的最大值的一半。因此，当放大器的输入信号为最大时，力矩马达的一个线圈中的电流将接近于零，而另一个线圈中的电流将是最大的差动电流值。

图4-4(a)所示为力矩马达的磁路原理图。假定磁性材料和非工作气隙的磁阻可以忽略不计，只考虑四个工作气隙的磁阻，则力矩马达的磁路可用图4-4(b)所示的等效磁路来表示。

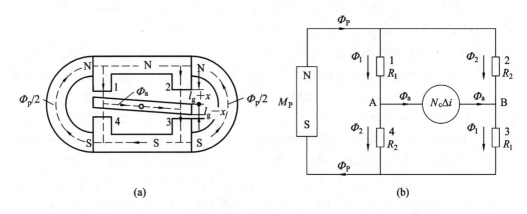

(a)　　　　　　　　　　　　　(b)

图4-4　力矩马达磁路原理图

当衔铁处于中位时，每个工作气隙的磁阻为

$$R_g = \frac{l_g}{\mu_0 A_g} \tag{4-4}$$

式中：l_g——衔铁在中位时每个气隙的长度；

　　　A_g——磁极面的面积；

　　　μ_0——空气导磁率，$\mu_0 = 4\pi \times 10^{-7}$ Wb/mA。

衔铁偏离中位时的气隙磁阻为

$$R_1 = \frac{l_g - x}{\mu_0 A_g} = R_g \left(1 - \frac{x}{l_g}\right) \tag{4-5}$$

$$R_2 = \frac{l_g + x}{\mu_0 A_g} = R_g \left(l + \frac{x}{l_g}\right) \tag{4-6}$$

式中：R_1——气隙①、③的磁阻；

　　　R_2——气隙②、④的磁阻；

　　　x——衔铁端部(磁极面中心)偏离中位的位移。

由于磁路是对称的桥式磁路，因此通过对角线气隙的磁通是相等的。对包含气隙①、③、极化磁动势 M_p 和控制磁动势 $N_c\Delta i$ 的闭合回路，应用磁路的基尔霍夫第二定律可得气隙①、③的合成磁通为

$$\Phi_1 = \frac{M_p + N_c \Delta i}{2R_1} = \frac{M_p + N_c \Delta i}{2R_g\left(1 - \dfrac{x}{l_g}\right)} \tag{4-7}$$

对气隙②、④可得合成磁通为

$$\Phi_2 = \frac{M_p - N_c \Delta i}{2R_2} = \frac{M_p - N_c \Delta i}{2R_g\left(1 + \dfrac{x}{l_g}\right)} \tag{4-8}$$

式中：M_p——永久磁铁产生的极化磁动势；

$N_c \Delta i$——控制电流产生的控制磁动势；

N_c——每个控制线圈的匝数。

利用衔铁在中位时的极化磁通 Φ_g 和控制磁通 Φ_c 来表示 M_p 和 $N_c \Delta i$ 更为方便，此时式(4-7)、(4-8)可写成：

$$\Phi_1 = \frac{\Phi_g + \Phi_c}{1 - \dfrac{x}{l_g}} \tag{4-9}$$

$$\Phi_2 = \frac{\Phi_g - \Phi_c}{1 + \dfrac{x}{l_g}} \tag{4-10}$$

式中：Φ_g——衔铁在中位时气隙的极化磁通；

Φ_c——衔铁在中位时气隙的控制磁通。

$$\Phi_g = \frac{M_p}{2R_g} \tag{4-11}$$

$$\Phi_c = \frac{N_c \Delta i}{2R_g} \tag{4-12}$$

衔铁在磁场中所受的电磁吸力可按马克斯威尔公式计算，公式为

$$F = \frac{\Phi^2}{2\mu_0 A_g} \tag{4-13}$$

式中：F——电磁吸力；

Φ——气隙中的磁通；

A_g——磁极面的面积。

由控制磁通和极化磁通相互作用在衔铁上产生的电磁力矩为

$$T_d = 2a(F_1 - F_4)$$

式中：a 是衔铁转动中心到磁极面中心的距离；F_1、F_4 是气隙①、④处的电磁吸力，考虑到气隙②、③处也产生同样的电磁力矩，所以乘以 2。根据式(4-13)，电磁力矩可以进一步写成：

$$T_d = \frac{a}{\mu_0 A_g}(\Phi_1^2 - \Phi_2^2) \tag{4-14}$$

将式(4-9)和式(4-10)代入式(4-14)中，考虑到衔铁转角 θ 很小，因此有 $\tan\theta = \dfrac{x}{a} \approx \theta$，$x \approx a\theta$，则上式可以写为

$$T_d = \frac{\left(1 + \dfrac{x^2}{l_g^2}\right)K_t \Delta i + \left(1 + \dfrac{\Phi_c^2}{\Phi_g^2}\right)K_m \theta}{\left(1 - \dfrac{x^2}{l_g^2}\right)^2} \tag{4-15}$$

式中：K_t——力矩马达的中位电磁力矩系数；

K_m——力矩马达的中位磁弹簧刚度。

$$K_t = 2\frac{a}{l_g}N_c\Phi_g \tag{4-16}$$

$$K_m = 4\left(\frac{a}{l_g}\right)^2 R_g\Phi_g^2 \tag{4-17}$$

从式（4-15）可以看出，力矩马达的输出力矩具有非线性。为了改善线性度和防止衔铁被永久磁铁吸附，力矩马达一般都设计成 $x/l_g < 1/3$，即 $(x/l_g)^2 \ll 1$ 和 $(\Phi_c/\Phi_g)^2 \ll 1$。则式（4-15）可简化为

$$T_d = K_t\Delta i + K_m\theta \tag{4-18}$$

式中：$K_t\Delta i$ 为衔铁在中位时，由控制电流 Δi 产生的电磁力矩，称为中位电磁力矩。$K_m\theta$ 是由于衔铁偏离中位时，气隙发生变化而产生的附加电磁力矩，它使衔铁进一步偏离中位。这个力矩与转角成比例，相似于弹簧的特性，称为电磁弹簧力矩。

在进行力矩马达电路分析时，将要用到衔铁上的磁通，在此先求出衔铁上的磁通表达式。在图 4-4 中，对分支点 A 或 B 应用磁路基尔霍夫第一定律可得衔铁磁通为

$$\Phi_a = \Phi_1 - \Phi_2$$

将式（4-9）和（4-10）代入上式中，整理可得：

$$\Phi_a = \frac{2\Phi_g\left(\dfrac{x}{l_g}\right) + 2\Phi_c}{1 - \left(\dfrac{x}{l_g}\right)^2}$$

由于 $(x/l_g)^2 \ll 1$，故上式可简化为

$$\Phi_a = 2\Phi_g\frac{x}{l_g} + \frac{N_c}{R_g}\Delta i \tag{4-19}$$

考虑到 $x \approx a\theta$，上式可写为

$$\Phi_a = 2\Phi_g\frac{a}{l_g}\theta + \frac{N_c}{R_g}\Delta i \tag{4-20}$$

2. 力矩马达的运动方程

力矩马达工作时包含两个动态过程：一个是电的动态过程；另一个是机械的动态过程。电的动态过程可用电路的基本电压方程表示，机械的动态过程可用衔铁挡板组件的运动方程表示。

1）基本电压方程

参看图 4-3，当推挽工作时，输入每个线圈的信号电压为

$$u_1 = u_2 = K_u u_g \tag{4-21}$$

式中：u_1、u_2——输入每个线圈的信号电压；

K_u——放大器每边的增益；

u_g——输入放大器的信号电压。

每个线圈回路的电压平衡方程为

$$E_b + u_1 = i_1(Z_b + R_c + r_p) + i_2 Z_b + N_c\frac{\mathrm{d}\Phi_a}{\mathrm{d}t} \tag{4-22}$$

$$E_b - u_2 = i_2(Z_b + R_c + r_p) + i_1 Z_b - N_c \frac{d\Phi_a}{dt} \tag{4-23}$$

式中：E_b——产生常值电流所需的电压；

Z_b——线圈公用边的阻抗；

R_c——每个线圈的电阻；

r_p——每个线圈回路中的放大器内阻；

N_c——每个线圈匝数；

Φ_a——衔铁磁通。

式(4-22)减去式(4-23)，并将式(4-21)和式(4-3)代入运算结果中，则得

$$2K_u u_g = (R_c + r_p)\Delta i + 2N_c \frac{d\Phi_a}{dt} \tag{4-24}$$

式(4-24)就是力矩马达电路的基本电压方程，它表明经放大器放大后的控制电压 $2K_u u_g$ 的一部分消耗在线圈电阻和放大器内阻上，另一部分用来克服衔铁磁通变化在控制线圈中所产生的反电动势。

将衔铁磁通表达式(4-20)代入式(4-24)中，得力矩马达电路基本电压方程的最后形式为

$$2K_u u_g = (R_c + r_p)\Delta i + 2K_b \frac{d\theta}{dt} + 2L_c \frac{d\Delta i}{dt}$$

其拉氏变换式为

$$2K_u U_g = (R_c + r_p)\Delta I + 2K_b\vartheta + 2L_c s\Delta I \tag{4-25}$$

式中：K_b——每个线圈的反电动势常数；

L_c——每个线圈的自感系数。

$$K_b = 2\frac{a}{l_g}N_c \Phi_g \tag{4-26}$$

$$L_c = \frac{N_c^2}{R_g} \tag{4-27}$$

基本电压方程式左边为放大器加在线圈上的总控制电压，右边第一项为电阻上的电压降，第二项为衔铁运动时在线圈内产生的反电动势，第三项是线圈内电流变化所引起的感应电动势。它包括线圈的自感和两个线圈之间的互感。由于两个线圈对信号电流 i 来说是串联的，并且是紧密耦合的，因此互感等于自感。所以每个线圈的总电感为 $2L_c$。

式(4-25)可以改写为

$$\Delta I = \frac{2K_u U_g}{(R_c + r_p)\left(1 + \frac{s}{\omega_a}\right)} - \frac{2K_b s\theta}{(R_c + r_p)\left(1 + \frac{s}{\omega_a}\right)} \tag{4-28}$$

式中：ω_a——控制线圈回路的转折频率，且有

$$\omega_a = \frac{R_c + r_p}{2L_c} \tag{4-29}$$

2）衔铁挡板组件的运动方程

由式(4-18)可知，力矩马达输出的电磁力矩为

$$T_d = K_t \Delta i + K_m \theta \tag{4-30}$$

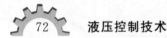

式中：K_t——力矩马达的中位电磁力矩系数；

　　　K_m——力矩马达的中位磁弹簧刚度；

　　　θ——衔铁转角。

在电磁力矩 T_d 的作用下，衔铁挡板组件的运动方程为

$$T_d = J_a \frac{\mathrm{d}^2\theta}{\mathrm{d}t^2} + B_a \frac{\mathrm{d}\theta}{\mathrm{d}t} + K_a\theta + T_{L1} + T_{L2} \tag{4-31}$$

式中：J_a——衔铁挡板组件的转动惯量；

　　　B_a——衔铁挡板组件的黏性阻尼系数；

　　　K_a——弹簧管刚度；

　　　T_{L1}——喷嘴对挡板的液流力产生的负载力矩；

　　　T_{L2}——反馈杆变形对衔铁挡板组件产生的负载力矩。

　　衔铁挡板组件受力情况见图 4-5。作用在挡板上的液流力对衔铁挡板组件产生的负载力矩为

$$T_{L1} = rp_{Lp}A_N - r^2(8\pi C_{df}^2 p_s x_{f0})\theta \tag{4-32}$$

式中：A_N——喷嘴孔的面积；

　　　p_{Lp}——两个喷嘴腔的负载压差；

　　　r——喷嘴中心至弹簧管回转中心（弹簧管薄壁部分的中心）的距离；

　　　C_{df}——喷嘴与挡板间的流量系数；

　　　x_{f0}——喷嘴与挡板间的零位间隙。

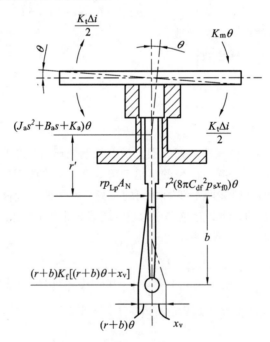

图 4-5　衔铁挡板组件受力图

反馈杆变形对衔铁挡板组件产生的负载力矩为

$$T_{L2} = (r+b)K_f[(r+b)\theta + x_v] \tag{4-33}$$

式中：b——反馈杆小球中心到喷嘴中心的距离；

K_f——反馈杆刚度；

x_v——阀芯位移。

将式(4-30)～式(4-33)合并，经拉氏变换得衔铁挡板组件的运动方程为

$$K_t \Delta I = (J_a s^2 + B_a s + K_{mf})\theta + (r+b)K_f X_V + r p_{Lp} A_N \tag{4-34}$$

式中：K_{mf}——力矩马达的总刚度（综合刚度）；

　　　K_{an}——力矩马达的净刚度。

$$K_{mf} = K_{an} + (r+b)^2 K_f \tag{4-35}$$

$$K_{an} = K_a - K_m - 8\pi C_{df}^2 p_s x_{f0} r^2 \tag{4-36}$$

式(4-34)可改写为

$$\theta = \frac{\dfrac{1}{K_{mf}}}{\dfrac{s^2}{\omega_{mf}^2} + \dfrac{2\zeta_{mf}}{\omega_{mf}}s + 1}[K_t \Delta I - K_f(r+b)X_V - r p_{Lp} A_N] \tag{4-37}$$

式中：ω_{mf}——力矩马达的固有频率；

　　　ζ_{mf}——力矩马达的机械阻尼比。

$$\omega_{mf} = \sqrt{\frac{K_{mf}}{J_a}} \tag{4-38}$$

$$\zeta_{mf} = \frac{B_a}{2\sqrt{J_a K_{mf}}} \tag{4-39}$$

3. 挡板位移与衔铁转角的关系

由图4-5可得挡板位移 X_f 与衔铁转角 θ 的关系为

$$X_f = r\theta \tag{4-40}$$

4. 喷嘴挡板至滑阀的传递函数

忽略阀芯移动所受到的黏性阻尼力、稳态液动力和反馈杆弹簧力，则挡板位移至滑阀位移的传递函数为

$$\frac{X_V}{X_f} = \frac{K_{qp}/A_v}{s\left(\dfrac{s^2}{\omega_{hp}^2} + \dfrac{2\zeta_{hp}}{\omega_{hp}}s + 1\right)} \tag{4-41}$$

式中：K_{qp}——喷嘴挡板阀的流量增益；

　　　A_v——滑阀阀芯端面面积；

　　　ω_{hp}——滑阀的液压固有频率，$\omega_{hp} = \sqrt{\dfrac{2\beta_e A_v^2}{V_{0p} m_v}}$；

　　　ζ_{hp}——滑阀的液压阻尼比，$\zeta_{hp} = \dfrac{K_{cp}}{A_v}\sqrt{\dfrac{\beta_e m_v}{2V_{0p}}}$；

　　　V_{0p}——滑阀一端所包含的容积；

　　　K_{cp}——喷嘴挡板阀的流量-压力系数；

　　　m_v——滑阀阀芯及油液的归化质量。

5. 阀控液压缸的传递函数

在式(4-37)中包含有喷嘴挡板阀的负载压力 p_{Lp}，其大小与滑阀受力情况有关。滑阀

受力包括惯性力、稳态液动力等，而稳态液动力又与滑阀输出的负载压力有关，即与液压执行元件的运动有关。为此要写出液压动力机构的运动方程。

简单起见，液压动力机构的负载只考虑惯性，则阀芯位移至液压缸位移的传递函数为

$$\frac{X_p}{X_V} = \frac{K_q/A_p}{s\left(\dfrac{s^2}{\omega_h^2} + \dfrac{2\zeta_h}{\omega_h}s + 1\right)} \tag{4-42}$$

6. 作用在挡板上的压力反馈

略去滑阀阀芯运动时所受的黏性阻尼力和反馈杆弹簧力，只考虑阀芯的惯性力和稳态液动力，则喷嘴挡板阀的负载压力为

$$p_{Lp} = \frac{1}{A_v}\left[m_v\frac{d^2x_v}{dt^2} + 0.43W(p_s - p_L)x_v\right]$$

式中：稳态液动力是 p_L 和 x_v 两个变量的函数，需将上式在 x_{v0} 和 p_{L0} 处线性化。因液压缸的负载为纯惯性，所以在稳态时的 $p_{L0}=0$，则得线性化增量方程的拉氏变换形式为

$$P_{Lp} = \frac{1}{A_v}\left[m_vs^2X_V + 0.43Wp_sX_V - 0.43WX_{V0}P_L\right] \tag{4-43}$$

滑阀负载压力为

$$P_L = \frac{1}{A_p}m_ts^2X_p \tag{4-44}$$

由式(4-28)、式(4-37)、式(4-40)～式(4-44)可画出力反馈两级电液伺服阀的方框图，如图4-6所示。

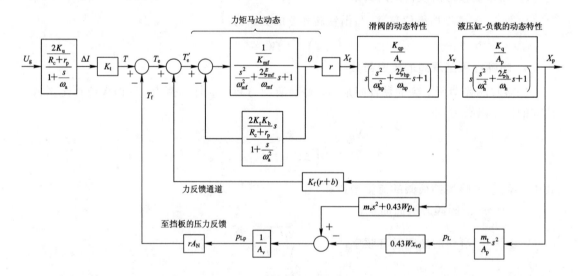

图4-6   力反馈两级伺服阀的方框图

4.2.3   稳定性分析

由图4-6可见，伺服阀的方框图包含两个反馈回路：一个是滑阀位移的力反馈回路，这是个主要回路；另一个是作用在挡板上的压力反馈回路，这是个次要回路。下面分别研究这两个回路的稳定性。

1. 力反馈回路的稳定性分析

力反馈两级伺服阀的性能主要由力反馈回路决定。由图 4-6 可见，力反馈回路包含力矩马达和滑阀两个动态环节。首先要求出力矩马达小闭环的传递函数。为避免伺服放大器特性对伺服阀特性的影响，通常采用电流负反馈伺服放大器，以使控制线圈回路的转折频率 ω_a 很高，$1/\omega_a \approx 0$，则力矩马达小闭环的传递函数为

$$\Phi_1(s) = \frac{\theta}{T_e'} = \frac{\dfrac{1}{K_{mf}}}{\dfrac{s^2}{\omega_{mf}^2} + \dfrac{2\zeta_{mf}'}{\omega_{mf}}s + 1} \tag{4-45}$$

式中：ω_{mf}——衔铁挡板组件的固有频率，$\omega_{mf} = \sqrt{\dfrac{K_{mf}}{J_a}}$；

ζ_{mf}'——由机械阻尼和电磁阻尼产生的阻尼比，$\zeta_{mf}' = \zeta_{mf} + \dfrac{K_t K_b}{K_{mf}(R_c + r_p)}\omega_{mf}$；

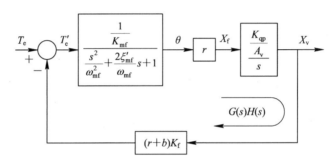

图 4-7 简化后的力反馈回路方框图

滑阀的固有频率 ω_{hp} 很高，$\omega_{hp} \gg \omega_{mf}$，故滑阀动态可以忽略。简化后的力反馈回路方框图如图 4-7 所示。力反馈回路的开环传递函数为

$$G(s)H(s) = \frac{K_{vf}}{s\left(\dfrac{s^2}{\omega_{mf}^2} + \dfrac{2\zeta_{mf}'}{\omega_{mf}}s + 1\right)} \tag{4-46}$$

式中：K_{vf}——力反馈回路开环放大系数。

$$K_{vf} = \frac{r(r+b)K_f K_{qp}}{A_v K_{mf}}$$
$$= \frac{r(r+b)K_f K_{qp}}{A_v [K_{an} + K_f (r+b)^2]} \tag{4-47}$$

这是个 I 型伺服回路。根据式(4-46)可画出力反馈的开环伯德图，如图 4-8 所示。回路穿越频率 ω_c 近似等于开环放大系数 K_{vf}，即 $\omega_c \approx K_{vf}$。

力反馈回路的稳定条件为 ω_{mf} 处的谐振峰值不能超过零分贝线，即

$$K_{vf} < 2\zeta_{mf}'\omega_{mf} \tag{4-48}$$

在设计时可取：

$$\frac{K_{vf}}{\omega_{mf}} \leqslant 0.25 \tag{4-49}$$

这一关系具有充分的稳定储备。

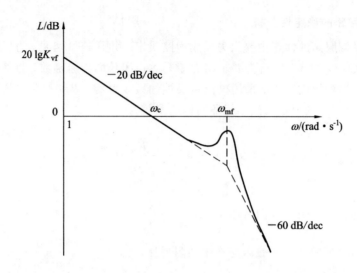

图 4 - 8　力反馈回路的开环伯德图

2. 压力反馈回路的稳定性

由图 4 - 6 可见，作用在挡板上的压力反馈回路，是由滑阀位移和执行机构负载变化引起的。它反映了伺服阀各级负载动态的影响，显然这种影响越小越好。为此应使这个回路的开环增益在任何频率下都远小于 1，使回路近似于开环状态而不起作用。

首先要求出压力反馈回路前向通道的传递函数的最大增益，为此需求出力反馈回路的闭环传递函数。由图 4 - 7 可求力反馈回路的闭环传递函数为

$$\Phi_2(s) = \frac{X_v}{T_e} = \frac{\dfrac{rK_{qp}}{A_v K_{mf}}}{\dfrac{s^3}{\omega_{mf}^2} + \dfrac{2\zeta_{mf}'}{\omega_{mf}} s^2 + s + K_{vf}} = \frac{\dfrac{1}{(r+b)K_f}}{\dfrac{s^3}{K_{vf}\omega_{mf}^2} + \dfrac{2\zeta_{mf}'}{K_{vf}\omega_{mf}} s^2 + \dfrac{s}{K_{vf}} + 1}$$

在 ζ_{mf}' 较小和 $K_{vf} < 2\zeta_{mf}'\omega_{mf}$ 时，上式可近似写为

$$\Phi_2(s) = \frac{X_v}{T_e} = \frac{\dfrac{1}{(r+b)K_f}}{\left(\dfrac{s}{K_{vf}} + 1\right)\left(\dfrac{s^2}{\omega_{mf}^2} + \dfrac{2\zeta_{mf}'}{\omega_{mf}} s + 1\right)} \tag{4-50}$$

通常 $K_{vf} \ll \omega_{mf}$，一阶惯性环节在 ω_{mf} 处的衰减对 ω_{mf} 处的谐振峰值有一定的抵消作用，则 $\Phi_2(s)$ 的最大增益可近似为 $\dfrac{1}{(r+b)K_f}$。

压力反馈回路反馈通道的传递函数为

$$H(s) = \frac{T_f}{X_v} = \frac{rA_N}{A_v}\left[(m_v s^2 + 0.43Wp_s) - \frac{0.43Wx_{v0}\dfrac{m_t}{A_p}\dfrac{K_q}{A_p}s}{\dfrac{s^2}{\omega_h^2} + \dfrac{2\zeta_h}{\omega_h}s + 1}\right]$$

由于 $\sqrt{\dfrac{0.43Wp_s}{m_v}} \gg \omega_h$，所以 m_v 可以忽略。又因为 $K_q = K_p K_c = \dfrac{2p_s}{x_{v0}}K_c$，在 $C_{tp} = B_p = 0$ 时，$\dfrac{2\zeta_h}{\omega_h} = \dfrac{K_c m_t}{A_p^2}$，所以上式可写为

$$H(s) = \frac{T_f}{X_v} = 0.43 W p_s r \frac{A_N}{A_v} \frac{\dfrac{s^2}{\omega_h^2} - \dfrac{2\zeta_h}{\omega_h}s + 1}{\dfrac{s^2}{\omega_h^2} + \dfrac{2\zeta_h}{\omega_h}s + 1}$$

其最大增益为 $0.43 W p_s r \dfrac{A_N}{A_v}$。

前向通道与反馈通道最大增益的乘积即是整个压力反馈回路的最大增益。为了确保压力反馈回路的稳定性，并使压力反馈回路的影响可以忽略不计，应满足以下条件：

$$| \Phi_2(s) |_{\max} | H(s) |_{\max} = \frac{r}{r+b} \frac{A_N}{A_v} \frac{0.43 W p_s}{K_t} \ll 1 \qquad (4-51)$$

在 r、b、A_N、A_v、W、p_s 已确定的情况下，可选择 K_f 来满足上述条件，由于 $\dfrac{r}{r+b} < 1$，$\dfrac{A_N}{A_v} \ll 1$，所以上述条件在一般情况下都不难满足，压力反馈回路可以忽略。

4.2.4　数学模型的简化

在一般情况下，$\omega_a \gg \omega_{hp} \gg \omega_{mf}$，力矩马达控制线圈的动态和滑阀的动态可以忽略。作用在挡板上的压力反馈的影响比力反馈小得多，压力反馈回路也可以忽略。这样，力反馈两级伺服阀的简化方框图如图 4-9 所示。伺服阀的简化方框图（见图 4-9）与图 4-7 相比较，只是增加了放大器和力矩马达的增益 $\dfrac{2K_u K_t}{R_c + r_p}$。因此，由式（4-50）可以得到力反馈伺服阀的传递函数为

$$\frac{X_v}{U_g} = \frac{\dfrac{2K_u K_t}{(R_c + r_p)(r+b)K_f}}{\left(\dfrac{s}{K_{vf}} + 1\right)\left(\dfrac{s^2}{\omega_{mf}^2} + \dfrac{2\zeta'_{mf}}{\omega_{mf}}s + 1\right)} \qquad (4-52)$$

或

$$\frac{X_v}{U_g} = \frac{K_a K_{xv}}{\left(\dfrac{s}{K_{vf}} + 1\right)\left(\dfrac{s^2}{\omega_{mf}^2} + \dfrac{2\zeta'_{mf}}{\omega_{mf}}s + 1\right)} \qquad (4-53)$$

式中：K_a——伺服放大器增益，$K_a = \dfrac{2K_u}{R_c + r_p}$；

K_{xv}——伺服阀增益，$K_{xv} = \dfrac{K_t}{(r+b)K_f}$。

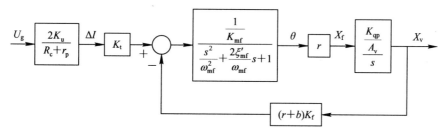

图 4-9　力反馈两级伺服阀的简化方框图

伺服阀通常以电流 Δi 作输入参量，以空载流量 $q_0 = K_q x_v$ 作输出参量。此时，伺服阀的传递函数可表示为

$$\frac{Q_0}{\Delta I} = \frac{K_{sv}}{\left(\dfrac{s}{K_{vf}} + 1\right)\left(\dfrac{s^2}{\omega_{mf}^2} + \dfrac{2\zeta_{mf}'}{\omega_{mf}}s + 1\right)} \qquad (4-54)$$

式中：K_{sv}——伺服阀的流量增益；$K_{sv} = \dfrac{K_t K_q}{(r+b)K_f}$。

在大多数电液伺服系统中，伺服阀的动态响应往往高于液压动力机构的动态响应。为了简化液压控制系统的动态特性分析与设计，伺服阀的传递函数可以进一步简化，一般可用二阶振荡环节表示。如果伺服阀二阶环节的固有频率高于液压动力机构的固有频率，伺服阀的传递函数还可用一阶惯性环节表示；当伺服阀的固有频率远高于液压动力机构的固有频率时，伺服阀可以简化为比例环节。

二阶近似的传递函数可由下式估计：

$$\frac{Q_0}{\Delta I} = \frac{K_{sv}}{\dfrac{s^2}{\omega_{sv}^2} + \dfrac{2\zeta_{sv}}{\omega_{sv}}s + 1} \qquad (4-55)$$

式中：ω_{sv}——伺服阀固有频率；

ζ_{sv}——伺服阀阻尼比。

在由式(4-52)计算的或由实验得到的相频特性曲线上，取相位滞后 90° 所对应的频率作为 ω_{sv}。阻尼比 ζ_{sv} 可由两种方法求得。

（1）根据二阶环节的相频特性公式：

$$\varphi(\omega) = \arctan \frac{2\zeta_{sv}\dfrac{\omega}{\omega_{sv}}}{1 - \left(\dfrac{\omega}{\omega_{sv}}\right)^2}$$

由频率特性曲线求出每一相角 φ 所对应的 ζ_{sv} 值，然后再取平均值。

（2）由自动控制原理可知，对各种不同的 ζ 值，有一条对应的相频特性曲线。将伺服阀的相频特性曲线与此对照，通过比较确定 ζ_{sv} 值。

一阶近似传递函数可由式(4-56)估计：

$$\frac{Q_0}{\Delta I} = \frac{K_{sv}}{1 + \dfrac{s}{\omega_{sv}}} \qquad (4-56)$$

式中：ω_{sv} 为伺服阀转折频率，$\omega_{sv} = K_{vf}$ 或取频率特性曲线上相位滞后 45° 所对应的频率。

▓▓▓ 4.2.5 ▓▓▓ 快速性分析

频宽表示伺服阀对输入信号的响应速度，是表示快速性的典型指标。在力反馈两级伺服阀的闭环传递函数式(4-50)中，K_{vf} 是最低的转折频率，因此力反馈伺服阀的频宽主要由 K_{vf} 决定。下面根据频宽的定义近似估计伺服阀的频宽，并分析其影响因素。

设电液伺服阀输入的差动电流 Δi 为正弦信号，阀芯位移也按正弦规律运动，即

$$x_v = X_v \sin\omega t \qquad (4-57)$$

式中：X_v 为阀芯运动时的峰值位移；ω 为阀芯运动时的频率。

由式(4-57)可得阀芯的运动速度为

$$\dot{x}_v = X_v \omega \cos \omega t$$

因为 $\dot{x}_v = \dfrac{q_{Lp}}{A_v}$，所以

$$\omega = \frac{K_{qp} X_f}{A_v X_v}$$

式中：X_f 为挡板的峰值位移；$K_{qp} X_f$ 为喷嘴挡板阀的峰值流量。

根据频宽的定义：

$$\omega_b = \frac{K_{qp} X_f}{0.707 X_{v0} A_v} \tag{4-58}$$

式中：X_{v0} 为频率甚低时的阀芯峰值位移，一般情况下，$X_{v0} = x_{vm}/4$。

参见图 4-9，可近似求得挡板峰值位移 X_f。当伺服阀工作频率 ω 大于穿越频率 ω_c 时，开环增益很低，图 4-9 中的反馈可以忽略。此时偏差信号 $\varepsilon = K_t \Delta I_0 \sin \omega t$，忽略力矩马达动态，则有

$$X_f = \frac{r K_t \Delta I_0}{K_{an} + K_f (r+b)^2}$$

将上式代入式(4-58)中，得伺服阀频宽的近似表达式为

$$\omega_b = \frac{K_{qp} r K_t \Delta I_0}{0.707 X_{v0} A_v [K_{an} + K_f (r+b)^2]} \tag{4-59}$$

稳态时，由图 4-9 可得

$$X_{v0} = \frac{K_t \Delta I_0}{K_f (r+b)}$$

将上式代入式(4-59)中，可得

$$\omega_b = \frac{r(r+b) K_f K_{qp}}{0.707 A_v [K_{an} + K_f (r+b)^2]} \tag{4-60}$$

再引入式(4-47)，可得

$$\omega_b = \frac{K_{vf}}{0.707} \tag{4-61}$$

式(4-61)表明，若已知电液伺服阀的开环增益 K_{vf}，就可以估算出伺服阀的幅频宽 ω_b。

当 $X_f = X_{f0}$ 时，由式(4-58)可得到伺服阀的极限频宽为

$$\omega_{bmax} = \frac{K_{qp} X_{f0}}{0.707 A_v X_{v0}} = \frac{q_c}{1.4 A_v X_{v0}} \tag{4-62}$$

式中：q_c 为喷嘴挡板阀零位泄漏流量，$q_c = 2 K_{qp} X_{f0}$。

由式(4-47)可知，为了提高 K_{vf}，应减小综合刚度 K_{mf}。在设计系统时，可使衔铁挡板的净刚度 $K_{an} = 0$，即

$$K_{an} = K_a - K_m - 8\pi C_{df}^2 p_s x_{v0} r^2 = 0$$

作用在挡板上的液动力刚度一般很小，可以忽略不计。这样，弹簧管刚度 K_a 与磁弹簧刚度 K_m 近似相等，衔铁挡板组件刚好处在静稳定的边缘上。当力矩马达装入伺服阀后，反馈杆刚度 K_f 就成为主要的弹簧刚度。当 $K_{an} = 0$ 时，式(4-47)可得

$$K_{vf} = \frac{r}{r+b} \frac{K_{qp}}{A_v} \qquad (4-63)$$

为了提高 K_{vf}，除了适当地提高 $\frac{r}{r+b}$ 的比值外，主要是增大喷嘴直径（即增大 K_{qp}）和减小滑阀直径，否则会出现流量饱和现象，限制伺服阀的频宽，或者只能在小振幅下达到所要的频宽。增大 K_{qp} 和减小 A_v 是有限制的，增大 K_{qp} 受泄漏流量和力矩马达功率的限制，减小 A_v 受阀的额定流量和阀芯最大行程的限制。

式（4-48）所示，提高 K_{vf} 会受到力反馈回路稳定性的限制。为了提高伺服阀的频宽，应提高力矩马达的固有频率 ω_{mf} 和阻尼比 ζ_{mf}。力反馈两级伺服阀的力矩马达动态被力反馈回路所包围，由于力矩马达固有频率是回路中最低的转折频率，所以力矩马达就成为伺服阀响应能力的限制因素，在大流量伺服阀中更为突出。

▆ 4.2.6 ▆　静态特性分析

在稳态情况下，由图 4-9 可得

$$x_v = \frac{K_t}{(r+b)K_f} \Delta i = K_{xv} \Delta i \qquad (4-64)$$

伺服阀的功率级一般采用零开口四边滑阀，故伺服阀的流量方程为

$$\begin{aligned} q_L &= C_d W \frac{K_t}{(r+b)K_f} \Delta i \sqrt{\frac{1}{\rho}(p_s - p_L)} \\ &= C_d W K_{xv} \Delta i \sqrt{\frac{1}{\rho}(p_s - p_L)} \end{aligned} \qquad (4-65)$$

电液伺服阀的压力-流量曲线与滑阀的压力-流量曲线的形状是一样的，只是输入参量不同。滑阀以阀芯位移 x_v 为输入参量，而电液伺服阀是以电流 Δi 为输入参量的。

力反馈两级伺服阀闭环控制的是阀芯位移 x_v，由阀芯位移到输出流量是开环控制的，因此流量控制的精确性要靠滑阀加工精度保证。

▆▆▆ 4.3　直接位置反馈两级电液伺服阀

▆ 4.3.1 ▆　结构组成及工作原理

直接位置反馈两级电液伺服阀的结构组成如图 4-10 所示，它由动圈式力马达和两级滑阀式液压放大器组成。液压放大器的先导级是带两个固定节流孔的双边四通圆柱滑阀，功率级是零开口四边四通圆柱滑阀。功率级阀芯也是先导级的阀套，构成直接位置反馈。

该阀的电-机转换元件为动圈式力马达，它的可动线圈置于工作气隙中，永久磁铁在工作气隙中形成极化磁通。当控制电流加到线圈上时，线圈就会受到电磁力的作用而运动，线圈的运动方向可根据磁通方向和电流方向按左手定则判断。力马达线圈上所受的电磁力与控制电流成正比，具有线性特性。该电磁力克服弹簧力和负载力，使线圈产生一个与控制电流成比例的位移。

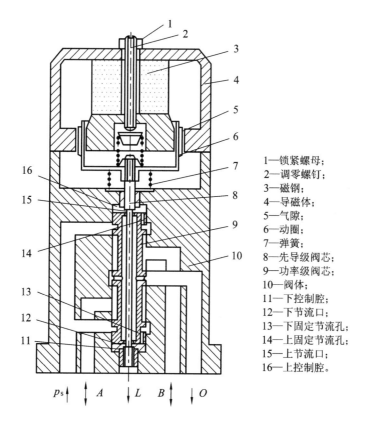

1—锁紧螺母；
2—调零螺钉；
3—磁钢；
4—导磁体；
5—气隙；
6—动圈；
7—弹簧；
8—先导级阀芯；
9—功率级阀芯；
10—阀体；
11—下控制腔；
12—下节流口；
13—下固定节流孔；
14—上固定节流孔；
15—上节流口；
16—上控制腔。

图 4 - 10　直接位置反馈两级伺服阀

当控制信号电流输入力马达线圈时，线圈上产生的电磁力使先导级阀芯移动，假定阀芯向上移动 x。此时上节流口开大，下节流口关小。从而使功率级滑阀上控制腔压力减小，而下控制腔压力增大，功率级阀芯上移。当功率级阀芯位移 $x_v = x$ 时停止移动，功率级滑阀开口量为 x_v，使伺服阀输出对应的流量。

4.3.2　基本方程与方框图

动圈式力马达控制线圈的电压平衡方程为

$$K_u u_g = (R_c + r_p)\Delta i_c + L_c \frac{\mathrm{d}i_c}{\mathrm{d}t} + K_b \frac{\mathrm{d}x}{\mathrm{d}t} \qquad (4 - 66)$$

式中：u_g——输入放大器的信号电压；

K_u——放大器增益；

R_c——控制线圈电阻；

r_p——放大器内阻；

L_c——控制线圈电感；

K_b——线圈的反电动势常数，$K_b = B_b \pi D N_c$。

式(4 - 66)等号左边为放大器加在控制线圈上的信号电压，等号右边第一项是在电阻上的电压降，第二项是电流变化时在控制线圈中产生的自感反电动势，第三项是线圈在极化磁场中运动所产生的反电动势。

式(4-66)的拉氏变换式为

$$I_c = \frac{K_u U_g - K_b s X}{(R_c + r_p)\left(1 + \dfrac{s}{\omega_a}\right)}\tag{4-67}$$

式中：ω_a——控制线圈的转折频率，$\omega_a = \dfrac{R_c + r_p}{L_c}$。

力马达线圈组件的力平衡方程为

$$K_t i_c = m \frac{\mathrm{d}^2 x}{\mathrm{d}t^2} + B \frac{\mathrm{d}x}{\mathrm{d}t} + K x + F_L\tag{4-68}$$

式中：K_t——电磁力系数，$K_t = B_g \pi D N_c$，B_g 为工作气隙中的磁感应强度，D 为线圈的平均直径，N_c 为控制线圈的匝数；

$\quad\quad i_c$——通过线圈的控制电流；

$\quad\quad m$——线圈组件的质量；

$\quad\quad B$——线圈组件的阻尼系数；

$\quad\quad K$——弹簧刚度；

$\quad\quad F_L$——作用在线圈组件上的负载力。

式(4-68)的左端为力马达线圈所受到的电磁驱动力，右端为线圈组件在运动时受到的阻力。作用在线圈组件上的负载力 F_L 为先导级滑阀的稳态液动力，可以忽略不计。则式(4-68)可以写成：

$$\frac{X}{I_c} = \frac{\dfrac{K_t}{K}}{\dfrac{s^2}{\omega_0^2} + \dfrac{2\zeta_0}{\omega_0}s + 1}\tag{4-69}$$

先导级滑阀的开口量为

$$X_e = X - X_V\tag{4-70}$$

先导级滑阀的负载为功率级滑阀的质量和液动力，忽略液动力的影响，其传递函数为

$$\frac{X_V}{X_e} = \frac{\dfrac{K_{qp}}{A_V}}{s\left(\dfrac{s^2}{\omega_{hp}^2} + \dfrac{2\zeta_{hp}}{\omega_{hp}}s + 1\right)}\tag{4-71}$$

由式(4-67)、式(4-69)～式(4-71)可画出直接位置反馈两级伺服阀方框图，如图 4-11 所示。直接位置反馈两级伺服阀的简化方块图如图 4-12 所示。

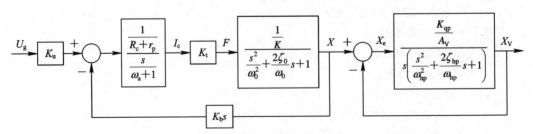

图 4-11　直接位置反馈两级伺服阀方框图

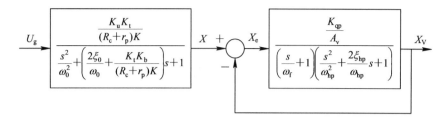

图 4-12　直接位置反馈两级伺服阀简化方框图

4.3.3　数学模型的建立

伺服阀的稳定性取决于直接位置反馈回路的稳定性，稳定条件为

$$K_V < 2\zeta_{hp}\omega_{hp}$$

参考力反馈两级伺服阀传递函数的简化方法，直接位置反馈回路的闭环传递函数可写为

$$\frac{X_V}{X} = \frac{1}{\left(\dfrac{s}{K_V} + 1\right)\left(\dfrac{s^2}{\omega_{hp}^2} + \dfrac{2\zeta_{hp}}{\omega_{hp}}s + 1\right)}$$

由于 ω_{hp} 比较高，不会限制阀的频宽，因此可以忽略，则直接位置反馈两级滑阀式伺服阀的传递函数可写为

$$\frac{X_V}{U_g} = \frac{\dfrac{K_u K_t}{(R_c + r_p)K}}{\left(\dfrac{s}{K_V} + 1\right)\left[\dfrac{s^2}{\omega_0^2} + \left(\dfrac{2\zeta_0}{\omega_0} + \dfrac{1}{R_c + r_p}\dfrac{K_b K_t}{K}\right)s + 1\right]} \tag{4-72}$$

一方面，ω_{hp} 比较高，因此在保证阀稳定的前提下，允许 K_V 比较高；另一方面，由于先导级为滑阀，其流量增益比双喷嘴挡板阀大得多，也能提供比较高的 K_V 值。所以，直接位置反馈两级伺服阀的频宽主要由力马达的固有频率 ω_0 所决定。由于力马达动圈组件（先导级滑阀的阀芯）质量比较大，而对中弹簧刚度又比较低，因此固有频率 ω_0 较低。此阀的频宽一般为 30～70 Hz。

4.4　其他典型结构电液伺服阀

电液伺服阀的结构有各种不同的型式，本节介绍几种典型的和比较特殊的结构形式。

4.4.1　弹簧对中式两级电液伺服阀

弹簧对中式电液伺服阀是早期伺服阀的结构形式，其结构原理如图 4-13 所示。它的先导级是双喷嘴挡板阀，功率级是四边四通圆柱滑阀，阀芯两端各有一根对中弹簧。当无控制电流输入时，阀芯在对中弹簧作用下处于中位；当有控制电流输入时，对中弹簧力与喷嘴挡板输出的液压力相平衡，使阀芯取得一个相应的位移，伺服阀输出相应的流量。

弹簧对中式电液伺服阀的内部属于开环控制，其性能受温度、压力及其阀内部结构参数变化的影响较大；衔铁及挡板的位移都较大，对力矩马达的线性要求较高；对中弹簧要求体积小、刚度大、抗疲劳好，因此其制造困难；由于两端对中弹簧在制造和安装上的误差，容易对主阀芯产生侧向卡紧力，增加主阀芯摩擦力，使阀的滞环增大，分辨率降低。弹

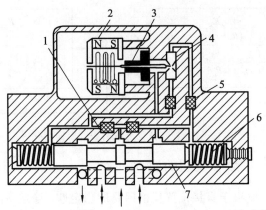

1—固定节流孔；2—力矩马达；3—弹簧管；4—喷嘴；5—过滤器；6—平衡弹簧；7—主阀芯。

图 4-13　弹簧对中式两级电液伺服阀

簧对中式电液伺服阀的结构简单、造价低，一般适用于对性能要求不高的电液伺服系统。

4.4.2　射流管式两级电液伺服阀

射流管式两级电液伺服阀结构原理如图 4-14 所示。射流管由力矩马达驱动偏转。射流管焊接在衔铁上，并由薄壁弹簧片支承。液压油通过柔性的供油管进入射流管，从射流管喷嘴射出的液压油进入与滑阀两端控制腔分别相通的两个接收孔中，由两端控制腔的压力差推动阀芯移动。射流管的侧面装有弹簧板及反馈弹簧丝，其末端插入功率级滑阀阀芯中间的小槽内，阀芯移动推动反馈弹簧丝，构成对力矩马达的力反馈。力矩马达借助薄壁弹簧片实现对液压部分的密封隔离。

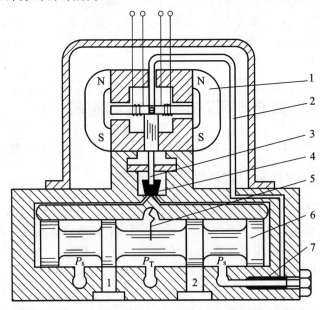

1—力矩马达；2—柔性供油管；3—射流管；4—射流接收器；5—反馈弹簧；6—功率级阀芯；7—过滤器。

图 4-14　射流管式两级电液伺服阀结构原理

射流管式两级电液伺服阀的最大优点是抗污染能力强，缺点是动态响应较慢，特性不易预测，力矩马达结构及工艺复杂，细长的射流管及柔性供油管易出现结构谐振。

4.4.3　压力-流量电液伺服阀

压力-流量电液伺服阀结构原理如图 4-15 所示。滑阀输出的压力经反馈通道引入滑阀两端的弹簧腔，形成负载压力负反馈。在稳态情况下，如果忽略阀芯所受的稳态液动力，作用在阀芯上的弹簧力与反馈液压力之合力与控制液压力相平衡，即

$$p_{Lp}A_v = p_L A_e + K_e x_v$$

式中：A_v——控制压力作用的阀芯面积；

$\quad\quad A_e$——反馈压力作用的阀芯面积；

$\quad\quad K_e$——对中弹簧刚度。

阀芯位移为

$$x_v = \frac{A_v}{K_e}p_{Lp} - \frac{A_e}{K_e}p_L$$

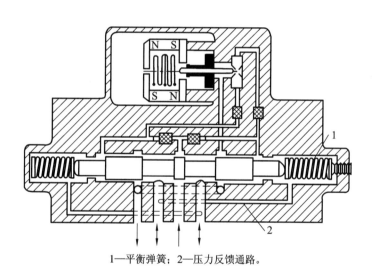

1—平衡弹簧；2—压力反馈通路。

图 4-15　压力-流量电液伺服阀结构原理

当负载压力增大时，除了阀口压降减小使输出流量减小外，还由于阀开口量减小而使输出流量进一步减小。因此，负载流量曲线的斜率比流量伺服阀的斜率大，其压力-流量特性曲线的线性度很好(见图 4-16)，虚线是伺服阀最大开度时的压力-流量特性。

应当指出，在位置反馈伺服阀的基础上引入负载压力反馈，上述位置反馈伺服阀就可以构成压力-流量伺服阀。另外，负载压力除反馈到功率级滑阀外，也可以通过反馈喷嘴将负载压力反馈到挡板，或通过压力传感器反馈到伺服放大器，其作用是一样的。

压力-流量电液伺服阀的流量-压力系数大，但刚性差，通常用在负载惯性大、外负载力小或带谐振负载的液压伺服控制系统。

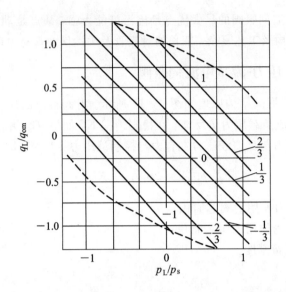

图 4 - 16　压力-流量电液伺服阀的压力-流量特性曲线

4.4.4　动压反馈式电液伺服阀

　　压力-流量电液伺服阀虽然增加了系统的阻尼,但降低了系统的静刚度。为了克服这个缺点,出现了动压反馈电液伺服阀,其结构原理如图 4 - 17 所示。与压力-流量电液伺服阀相比,动压反馈电液伺服阀增加了由弹簧活塞和液阻(固定节流孔)所组成的压力微分网络,负载压力通过压力微分网络反馈到滑阀,这使得该阀在动态时具有压力-流量伺服阀的特性,在稳态时具有流量伺服阀的特性。

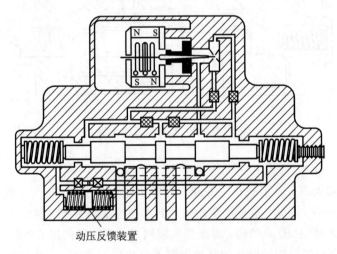

动压反馈装置

图 4 - 17　动压反馈伺服阀结构原理

　　压力微分网络简图如图 4 - 18 所示。如果忽略滑阀运动所需的流量,则其流量连续性方程为

$$A_{\mathrm{p}} \frac{\mathrm{d}x_{\mathrm{p}}}{\mathrm{d}t} = \frac{1}{R} \Delta p_{\mathrm{f}} \qquad (4 - 73)$$

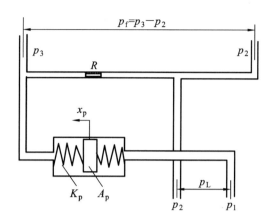

图 4-18　压力微分网络简图

式中：R——固定节流孔的液阻；

　　　p_f——反馈压力。

忽略弹簧活塞的质量力和黏性力，则活塞力平衡方程为

$$(\Delta p_1 - \Delta p_3)A_p = K_p \Delta x_p$$

因为 $p_L = p_1 - p_2$，$p_f = p_3 - p_2$，所以 $p_1 - p_3 = p_L - p_f$，则

$$(\Delta p_L - \Delta p_f)A_p = K_p \Delta x_p$$

由上式可得

$$\frac{\mathrm{d}\Delta x_p}{\mathrm{d}t} = \frac{A_p}{K_p}\left(\frac{\mathrm{d}\Delta p_L}{\mathrm{d}t} - \frac{\mathrm{d}\Delta p_f}{\mathrm{d}t}\right)$$

将上式代入式(4-73)并进行拉氏变换，经整理可求得压力微分网络的传递函数为

$$\frac{\Delta p_f}{\Delta p_L} = \frac{\tau s}{\tau s + 1} \tag{4-74}$$

式中：τ 为压力微分网络的时间常数，$\tau = \dfrac{RA_p^2}{K_p}$。

由式(4-74)可以看出，在动态时负载压力反馈起作用，而在稳态时负载压力反馈不起作用，这样既增加了系统的动态阻尼，又不降低系统的静态刚度。

动压反馈式电液伺服阀主要应用于大惯量负载的液压伺服控制系统，如雷达天线控制系统等。

4.4.5　电液压力伺服阀

在图 4-15 中，把滑阀两端的对中弹簧去掉，就可以得到阀芯力平衡式压力控制伺服阀。此时，如果忽略阀芯的液动力，稳态时阀芯的力平衡方程为

$$p_L A_e = p_{Lp} A_v$$

由此可见，滑阀输出的负载压力 p_L 与喷嘴挡板阀的控制压力 p_{Lp} 成比例，即滑阀输出的负载压力与输入电流 Δi 成比例。压力伺服阀的压力-流量曲线如图 4-19 所示，其输出压力要受负载流量的影响。在负载流量增大时，阀芯所受的液动力也增大，使输出压力略有下降，即压力-流量曲线变成略倾斜的形状。图中的虚线抛物线是对应滑阀最大开度的特性。

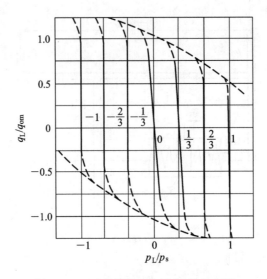

图 4-19 压力伺服阀的压力-流量曲线

滑阀输出的压力也可以通过一对反馈喷嘴反馈到挡板上构成压力伺服阀（如图 4-20 所示），当力矩马达有输入信号电流时，衔铁产生的电磁力矩使挡板偏离中位，喷嘴挡板阀输出的控制压差推动滑阀运动，输出负载压力。与此同时，负载压力通过反馈喷嘴对挡板产生反馈力矩，使挡板回到中间位置，先导级停止工作，阀芯停止运动。此时，与负载压力成比例的反馈力矩等于力矩马达输入电流所产生的电磁力矩，滑阀输出的负载压力与输入电流的大小成正比。

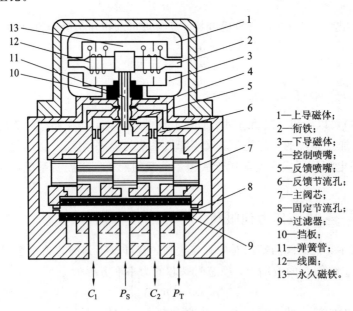

1—上导磁体；
2—衔铁；
3—下导磁体；
4—控制喷嘴；
5—反馈喷嘴；
6—反馈节流孔；
7—主阀芯；
8—固定节流孔；
9—过滤器；
10—挡板；
11—弹簧管；
12—线圈；
13—永久磁铁。

图 4-20 反馈喷嘴式压力伺服阀

上述两种压力伺服阀，由于其反馈的结构和反馈所包围的环节不同，因此性能也有差异。反馈喷嘴式的力矩马达及其挡板在零位附近工作，因此线性好。但反馈喷嘴对挡板的作用力与反馈喷嘴腔感受的压力不是严格的线性，因此阀的压力特性线性度稍差。阀芯力平衡式伺服阀的力矩马达和挡板工作范围较大,对力矩马达线性要求高。压力反馈增益由阀芯的大小凸肩的面积比来保证,压力反馈有固定的线性增益。

4.5　伺服放大器

伺服放大器是液压伺服控制系统的重要组成部分,它与电液伺服阀的电-机转换元件相匹配,以改善电液控制元件或系统的稳态和动态性能。伺服放大器一般是指驱动电液伺服阀的直流功率放大器,其前置级为前置放大电路,功率级为电流放大电路。伺服放大器的负载通常是电液伺服阀的电-机转换元件(即力矩马达或力马达)。伺服放大器主要由指令信号与反馈信号比较处理、调零电路、限流电路、前置放大、功率放大等模块构成(见图4-21)。

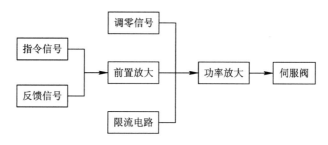

图 4-21　伺服放大器构成模块

伺服放大器最主要的功能是将输入指令信号(电压)与反馈信号(电压)比较后所得到的偏差信号加以放大和运算,输出一个与偏差信号(电压)成一定函数关系的控制电流,输入到电液伺服阀的力矩马达或力马达线圈中去驱动电-机转换元件工作,进而控制伺服阀阀芯开度的大小,同时起到限幅保护作用。

功率放大电路的作用就是将小功率电压信号转换并放大为功率较大的电流信号,以便给系统提供足够的电流驱动电-机转换元件工作,并且电流要求有良好的抗干扰能力和静态、动态性能。

伺服放大器的输入信号一般为±10 V 的电压信号,或4～20 mA 的电流信号。输出信号根据伺服阀的不同,一般为几十毫安至几百毫安不等的电流信号。伺服放大器可通过前置放大电路中的电位器调节输入信号至输出信号的增益,以达到调节阀控式液压控制系统开环增益的目的。

伺服放大器设有指令信号和反馈信号输入端口,当电液伺服阀的功率级滑阀阀芯采用"位移-电反馈"的级间反馈方式时,伺服放大器还可调节反馈通道的增益。

伺服放大器还可通过电位器设置偏置电压,实现对电液伺服阀"零偏"与"零漂"的纠正。调零电路的作用就是通过在前置放大电路上叠加可调电压,通过调整电路基准电压的方式进行零偏补偿。

限流电路的作用就是限定流过力矩马达或力马达线圈的最大电流,避免线圈过载,以保护伺服阀。

伺服放大器工作时会产生一个高频微幅的颤振信号,即便指令信号为零,电液伺服阀也会处于"待命"状态,而非"静止"状态。为了提高电液伺服阀的分辨能力,通常在伺服阀的输入信号上叠加一个高频(一般为400 Hz左右)微幅值(一般不超过伺服阀额定输入电流的 5%）的颤振信号，它可使伺服阀处在一个高频微幅值的运动状态之中，这可以减小或消除伺服阀中由于干摩擦所产生的游隙，同时还可以防止由于库仑摩擦力导致的阀芯卡滞。但颤振不能减小力矩马达磁路所产生的磁滞影响。

颤振信号的频率和幅值对其所起的作用都有影响。颤振频率应远高于液压控制系统预计的信号频率，且不应与电液伺服阀或液压执行元件与负载的谐振频率相重合。这类谐振的激励可能引起液压控制系统所含元件疲劳破坏，或者使其产生饱和。颤振幅值应足够使峰值刚好填满游隙宽度，这相当于电液伺服阀的功率级（输出级）滑阀阀芯位移约为 $2.5~\mu m$。颤振幅值不可过大，以防无输入控制信号时导致负载误动作。颤振信号的波形采用正弦波、三角波或方波，其效果是相同的。

4.6　电液伺服阀的性能参数

电液伺服阀是一个非常精密而又复杂的液压控制元件，它的性能对整个液压控制系统的性能影响非常大。下面分别介绍电液伺服阀的主要性能参数。

4.6.1　静态特性

电液伺服阀的静态性能，可根据实验测试所得到的负载流量特性、空载流量特性、压力特性、内泄特性等曲线和性能指标加以评定。

1. 负载流量特性

负载流量特性(压力-流量特性)曲线如图 4-22 所示，它全面描述了伺服阀的静态特性。要测得这组曲线相当困难，特别是在零位附近很难测出精确的数值，而伺服阀恰好工作在此区域。这组曲线主要还是用来确定伺服阀的类型和估计伺服阀的规格，以便与液压控制系统所要求的负载流量和负载压力相匹配。

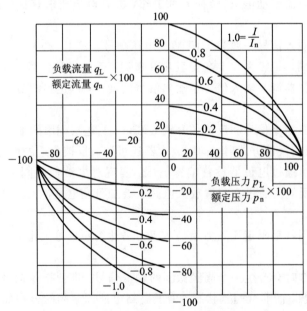

图 4-22　伺服阀的压力-流量曲线

伺服阀的规格也可以由额定电流 I_n、额定压力 p_n 和额定流量 q_n 来表示。

（1）额定电流 I_n：为产生额定流量对线圈任一极性所规定的输入电流（不包括零偏电流），以安培（A）或毫安（mA）为单位。规定额定电流时，必须规定线圈的连接形式。额定电流通常是指单线圈连接、并联连接或差动连接而言。当串联连接时，其额定电流为上述额定电流的一半。

（2）额定压力 p_n：额定工作条件时的供油压力（额定供油压力），以兆帕（MPa）或帕（Pa）为单位。

（3）额定流量 q_n：在规定的阀压降下，对应于额定电流的负载流量，以立方米每秒（m^3/s）或升每分（L/min）为单位。通常情况下，在空载条件下规定伺服阀的额定流量，此时阀压降等于额定供油压力，也可以在负载压降等于三分之二供油压力的条件下规定额定流量，这样规定的额定流量对应阀的最大功率输出点

2. 空载流量特性

空载流量特性曲线（简称流量特性曲线）是伺服阀的输出流量与输入电流呈回环状的函数曲线（见图 4-23），它是在给定的阀压降和负载压力为零的条件下，使输入电流在正、负额定电流值之间，以对阀的动态特性不产生影响的变化速度，作一次完整的循环所得到的输出流量连续曲线。

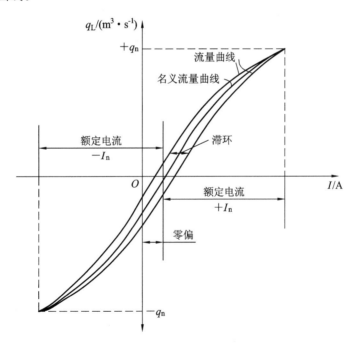

图 4-23　伺服阀的流量特性曲线

流量特性曲线的中点轨迹称为名义流量曲线（又称零滞环流量曲线）。当伺服阀的滞环很小时，通常可以把流量曲线的任意一侧当作名义流量曲线使用。

流量特性曲线上某点或某段的斜率就是伺服阀在该点或该段的流量增益。从名义流量曲线的零流量点向曲线的两端各作一条与名义流量曲线偏差最小的直线，这就是名义流量增益线（见图 4-24），两个方向的名义流量增益线斜率的平均值就是伺服阀的名义流量增

益，以 m³/s · A 为单位。

伺服阀的额定流量与额定电流之比称为额定流量增益。

流量特性曲线非常有用，它不仅能给出伺服阀的极性、额定空载流量、名义流量增益等性能参数，而且从中还可以得到伺服阀的线性度、对称度、滞环、分辨率，并揭示阀的零区特性。

（1）线性度：流量伺服阀名义流量曲线的直线性。以名义流量曲线与名义流量增益线的最大偏差电流值与额定电流的百分比表示（见图 4 - 24），线性度通常小于 7.5%。

（2）对称度：伺服阀两个方向的名义流量增益的一致程度。用两者之差对较大者的百分比表示（见图 4 - 24），对称度通常小于 10%。

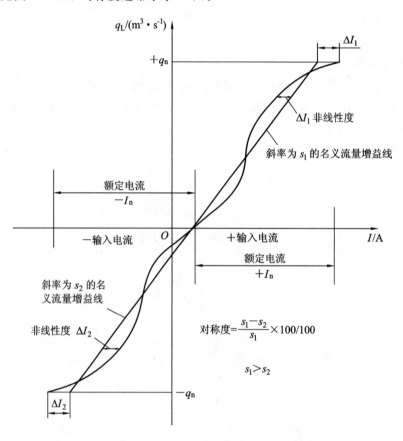

图 4 - 24 名义流量增益、线性度、对称度

（3）滞环：在流量曲线中，产生相同输出流量的往、返输入电流的最大差值与额定电流的百分比（见图 4 - 23），伺服阀的滞环一般小于 5%。

滞环产生的原因：一方面是力矩马达磁路的磁滞；另一方面是伺服阀中的游隙。磁滞回环的宽度随输入信号的大小而变化。当输入信号减小时，磁滞回环的宽度将减小。游隙是由于力矩马达中机械固定处的滑动，以及阀芯与阀套间的摩擦力产生的。如果油液的清洁度较差，则游隙会大大增加，有可能使液压伺服控制系统工作不稳定。

（4）分辨率：使阀的输出流量发生变化所需的输入电流的最小变化值与额定电流的百分比。通常将分辨率规定为从输出流量的增加状态变化到输出流量减小状态所需的输入电流最小变化值与额定电流之比。伺服阀的分辨率一般小于 1%。分辨率主要受伺服阀中静摩擦力的影响。

（5）重叠：伺服阀的零位是指空载流量为零的几何零位。伺服阀经常在零位附近工作，因此零区特性对于伺服阀而言特别重要。零区是输出级滑阀的重叠状态对流量增益起主要影响的区域。伺服阀的重叠用两个方向的名义流量曲线近似直线部分的延长线与零流量线相交的总间隔与额定电流的百分比表示（见图 4-25）。伺服阀的重叠分三种情况，即零重叠、正重叠（负开口）和负重叠（正开口）。

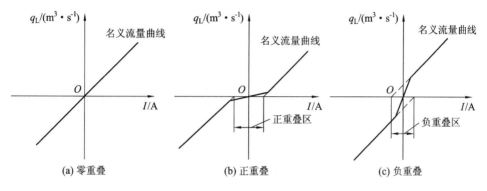

图 4-25　伺服阀的重叠

（6）零偏：为使阀处于零位所需的输入电流值（不计阀的滞环的影响），以额定电流的百分比表示（见图 4-23），零偏通常小于 3%。

3. 压力特性

压力特性曲线是伺服阀输出流量为零（伺服阀的两个负载油口关闭）时，负载压力与输入电流呈回环状的函数曲线，见图 4-26。负载压力对输入电流的变化率就是压力增益，以 Pa/A 为单位表示。伺服阀的压力增益通常规定为在最大负载压力的 ±40% 之间，负载压力对输入电流曲线的平均斜率（见图 4-26）。压力增益指标为输入 1% 的额定电流时，负载压力应超过 30% 的额定工作压力。

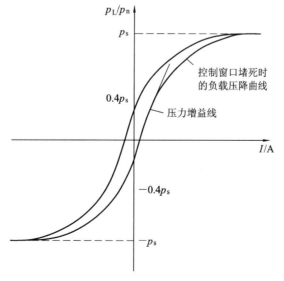

图 4-26　伺服阀的压力特性曲线

4. 内泄漏特性

内泄漏流量是负载流量为零时，从回油口流出的总流量，以立方米每秒 m^3/s 或毫升每分 ml/min 为单位。内泄漏流量随输入电流而变化（见图 4-27）。当伺服阀处于零位时，内泄漏流量（零位内泄漏流量）最大。

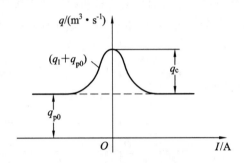

图 4-27　内泄漏特性曲线

对两级伺服阀而言，内泄漏流量由先导级的泄漏流量 q_{p0} 和功率级泄漏流量 q_1 组成。功率级滑阀的零位泄漏流量 q_c 与供油压力 p_s 之比可作为滑阀的流量-压力系数。零位泄漏流量对新阀而言可作为滑阀制造质量的指标，对旧阀而言可反映滑阀的磨损情况。

5. 零漂

零漂也称为零位漂移，是指工作条件或环境变化所导致的伺服阀零偏变化，以其对额定电流的百分比表示。零漂通常包括：供油压力零漂、回油压力零漂、温度零漂、零值电流零漂等。

（1）供油压力零漂：供油压力在 $70\%\sim100\%$ 额定供油压力的范围内变化时，零漂应小于 2%。

（2）回油压力零漂：回油压力在 $0\sim20\%$ 额定供油压力的范围内变化时，零漂应小于 2%。

（3）温度零漂：工作油液温度每变化 $40\,^{\circ}\mathrm{C}$ 时，零漂应小于 2%。

（4）零值电流零漂：零值电流在 $0\sim100\%$ 额定电流范围内变化时，零漂应小于 2%。

4.6.2 动态特性

电液伺服阀的动态特性可用频率响应或瞬态响应表示，一般用频率响应表示。

电液伺服阀的频率响应是输入电流在某一频率范围内作等幅变频正弦变化时，空载流量与输入电流的复数比。伺服阀的频率响应曲线如图 4-28 所示。

伺服阀的频率响应随供油压力、输入电流幅值、油温和其他工作条件的变化而变化。通常在标准试验条件下进行试验，获得频率特性曲线。推荐输入电流的峰值为额定电流的一半（输入正弦信号的幅值为 $\pm25\%$ 的额定电流），基准（初始）频率通常为 5 Hz 或 10 Hz。

伺服阀的频宽通常以幅值比为 -3 dB（即输出流量为基准频率时的输出流量的 70.7%）时所对应的频率作为幅频宽，以相位滞后 90° 时所对应的频率作为相频宽。

频宽表示了伺服阀对输入信号的响应速度。伺服阀的频宽应根据系统的实际需要加以确定，频宽过低会限制整个液压控制系统的响应速度，而过高则会使高频干扰传到负载

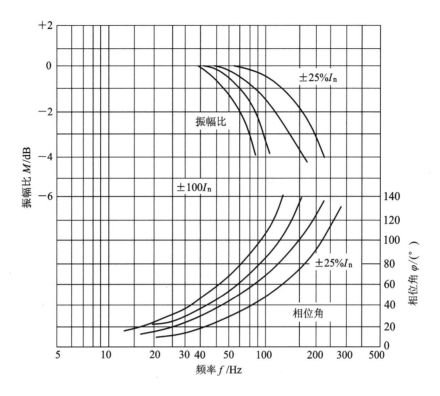

图 4-28　伺服阀的频率特性曲线

上去。

伺服阀的幅值比一般不允许大于 +2 dB。

4.6.3　输入特性

伺服阀有两个线圈，可根据需要采用图 4-29 中的任何一种接法。

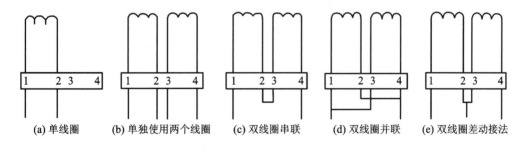

(a) 单线圈　　(b) 单独使用两个线圈　　(c) 双线圈串联　　(d) 双线圈并联　　(e) 双线圈差动接法

图 4-29　伺服阀线圈的接法

（1）单线圈接法：输入电阻等于单线圈电阻，线圈电流等于额定电流，电控功率 $P = I_n^2 R_c$。单线圈接法可以减小电感的影响。

（2）双线圈单独接法：一个线圈接输入，另一个线圈可用来调偏、接反馈或引入颤振信号。

（3）串联接法：输入电阻为单线圈电阻 R_c 的两倍，额定电流为单线圈时的一半，电控功率为 $P = \dfrac{1}{2} I_n^2 R_c$。串联连接的特点是额定电流和电控功率小，但易受电源电压变动的影响。

（4）并联接法：输入电阻为单线圈电阻的一半，额定电流为单线圈接法时的额定电流，电控功率 $P = \dfrac{1}{2}I_n^2R_c$，其特点是工作可靠性高，一个线圈坏了也能工作，但易受电流、电压变动的影响。

（5）差动接法：差动电流等于额定电流，等于两倍的信号电流，电控功率 $P = I_n^2R_c$。差动接法的特点是不易受伺服放大器和电源电压变动的影响。

4.7 本章小结

本章给出了电液伺服阀的基本概念及分类，对几种典型电液伺服阀的构成及其工作原理进行了分析，通过数学模型的建立，分析了电液伺服阀的动态响应特性，介绍了伺服放大器的组成及其功能，详细介绍了电液伺服阀的性能指标。

本章重点及难点是电液伺服阀的概念及分类，电液伺服阀级间反馈机构的功能及分类，电液伺服阀电-机转换元件的分类、组成及其工作原理。力反馈两级电液伺服阀的结构、工作原理，以及动态特性分析，直接反馈两级电液伺服阀的结构、工作原理，以及动态特性分析，其他典型结构电液伺服阀的组成和工作原理分析，电液伺服阀的静态性能指标，电液伺服阀的动态性能指标。

本章思考题

1. 电液伺服阀构建阀内反馈（级间反馈）的目的是什么？常用的反馈方式有哪几种？反馈的物理量分别是什么？各种反馈方式有什么特点？

2. 什么是电液伺服阀的"零偏"？什么是电液伺服阀的"零漂"？两者有何异同点？

3. 伺服放大器的主要作用是什么？

4. 一台电液伺服阀的频宽是否为固定值？为什么？

5. 试分析力反馈两级电液伺服阀与弹簧对中型电液伺服阀在结构上、工作原理上和性能上有什么区别？

6. 电液伺服阀的压力-流量特性曲线与圆柱滑阀的压力-流量特性曲线有何异同？它们之间的关系是怎样的？

第5章 电液比例阀

由于传统的电液伺服阀制造精度高,互换性较差;而且对流体介质的清洁度要求也非常高,因此其制造成本和维护费用比较高。为了保证液压伺服控制系统具有较高的响应特性,则会产生令用户难以接受的能耗,而传统的开关控制因其控制性能较低,难以满足控制系统高质量的动态性能要求。在此背景下,一种介于普通液压阀的开关控制和液压伺服控制之间的新控制方式——液压比例控制应运而生。

电液比例阀的种类繁多,其中的电液比例方向阀使用了与电液伺服阀同类的圆柱滑阀作为输出级主阀,因此此阀的功能与电液伺服阀相似,可以直接控制液压执行元件的输出物理量(位移、速度、力)。本章重点介绍电液比例方向阀的典型结构、工作原理及其性能特点等。

5.1 电液比例阀概述

电液比例阀简称比例阀,是一种按输入电信号的强弱,连续地、按比例地控制系统液压参数(流量、压力等)的阀。电液比例阀是在普通液压控制阀的基础上,引入比例电磁铁替代原阀的手动调节功能,以实现对液压阀输出的压力或流量按输入电流或电压成比例地进行控制。

5.1.1 液压比例控制技术与电液比例阀

液压比例控制技术是一种能够使输出被控量与输入指令信号之间建立线性关系,当改变指令信号时,输出被控量会成比例地发生变化的控制技术。因此,液压比例控制技术就是通过对输入电流的调节,实现对液压量的比例控制技术。液压比例控制技术以传统的液压传动技术和液压控制技术为基础,其可靠性、经济性、控制精度,以及响应特性能够满足工业控制系统的需要,适用于民用工业领域中对传动和控制均有要求的系统。

电液比例阀是液压比例控制技术的产物,它以传统的液压控制阀为基础,采用模拟式电-机转换装置将输入指令电信号转换为位移信号并输出,通过改变阀芯位移,可以连续地、按比例地控制液压系统的压力、方向与流量。

液压比例控制技术及电液比例阀的发展大致经历了四个阶段:

(1) 20 世纪 60 年代末至 70 年代初,以瑞士布林格尔公司研制出 KL 比例复合阀,日本油研公司申请流量、压力比例阀专利等为开端,液压比例控制技术正式产生。在此阶段,电液比例阀主要是用比例电磁铁代替传统液压阀上的开关式电磁铁或者调节手柄,这仅仅改变了传统液压阀的操纵控制方式,而阀体的内部结构几乎没有任何变化,阀内也不含反馈机构。

（2）20 世纪 70 年代中期，电液比例阀的内部结构发生了改变，出现了使用内部反馈的比例元件。这表明液压比例控制技术迈入了新的发展阶段。比例电磁铁和比例放大器为比例控制系统奠定了基础，使比例控制系统在大功率控制中有了应用的基础。在此阶段，比例控制技术开始在闭环液压控制系统中应用。

（3）20 世纪 80 年代，液压比例控制技术的发展已经不再局限于电液比例元件结构的改动，而是在设计原理上也有了创新发展，这一创新将液压比例控制技术推向了第三个阶段。在此期间，压力、流量等反馈被应用在电液比例阀中，使得阀的整体性能得到了很大程度的提升。同时，液压插装阀技术也开始出现在比例阀的设计中，插装式比例阀由此形成。与此同时，电液比例控制泵和执行组件也相继出现，为液压比例控制技术在大功率传动系统上的使用起到了关键作用。

（4）20 世纪 90 年代至今，复合化已经成为电液比例阀发展的一个重要趋势，这项技术提高了比例阀的工作频宽。此时的液压比例控制技术已经发展到了比较成熟的阶段。随着微电子技术、计算机技术和传感器技术的快速发展，液压比例控制技术和电液比例阀也发展到一个比较高的层面。该阶段出现的高性能的电液比例方向阀（也称为伺服比例阀）和数字式比例元件等，也逐步形成了规格齐全的产品系列。

5.1.2 电液比例阀的一般结构组成

图 5-1 所示为一个液压比例控制系统构成框图，图中点画线框内即为电液比例阀。从图中可以看出电液比例阀在系统中所处的地位，及其与控制器（编程器）、比例放大器，以及液压执行器之间的关系。尽管电液比例阀种类繁多、结构各异，但它一般由电-机械转换器、液压先导阀、液压功率级主阀、检测反馈元件等组成。

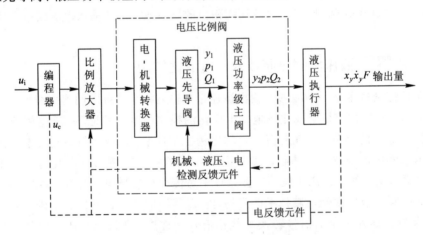

图 5-1　液压比例控制系统构成框图

电-机械转换器（也称电-机械转换元件）将小功率的电信号转换成阀芯的运动，然后通过阀芯的运动来控制流体的压力与流量，从而完成电-机-液的比例转换。如果系统要求的输出功率不大，这时比例阀的输出可直接驱动液压执行器，这就是直动式比例阀。在液压执行器需要流量比较大的场合，由于电-机械转换元件输出功率有限，无法直接驱动功率级主阀工作，这时就需要增加液压先导阀，先将电-机械转换元件的输出适当放大，再来控制功率级主阀的阀芯运动，即构成了多级比例阀。其中，第一级称为先导控制级（简称先导级或先导阀）。先导级可以采用滑阀、锥阀、喷嘴挡板阀或插装阀，而主阀一般均采用圆柱滑阀，流量特别大的场合可采用插装阀。为提高电液比例阀的性能，在它的内部应设置适当的检测反馈元件，以构成级间反馈通道。图 5-1 中虚线箭头所示为采用机械、液压及电气反馈的可能方案。有些电液比例阀把比例放大器或部分电子装置也集成在比例阀内，称为整体式比例阀，使用起来更方便，阀的整体性能也得到了提高。

5.2　电-机械转换元件

电-机械转换元件作为比例阀的输入单元，它可以实现从电信号到机械量的转换。电-机械转换元件大多是利用电磁作用原理来进行工作的，最常见的有交流和直流伺服电机、步进电机、动圈式力矩马达、动铁式力矩马达和比例电磁铁等。与动圈式和动铁式力矩马达相比，耐高压直流比例电磁铁具有结构简单可靠，工艺性好，能输出较大的力和位移，使用维护方便等优点；缺点是结构尺寸较大，运动惯性大，磁滞大，黏滞摩擦不可避免。比例电磁铁除了用作驱动先导阀外，还可直接驱动小功率的输出级主阀。目前，比例电磁铁已成为电液比例阀中应用最广泛、最主要的电-机械转换元件。

5.2.1　比例电磁铁的吸力特性与负载特性

比例电磁铁（也称直线力马达）是一种依靠电磁系统产生电磁力，使衔铁对外做功的电-机械转换元件。其基本特性可表述为衔铁在运动中所受到的电磁力 F_m 与其行程 y 之间的关系，即 $F_m = f(y)$，这个关系称为吸力特性。图 5-2 所示为普通电磁铁与比例电磁铁的静态吸力特性。要求比例电磁铁具有水平的吸力特性（见图 5-2 之曲线 2）。电磁铁在运动过程中，必然要克服机械负载和阻力而做功。对于普通电磁铁而言，一般要求电磁力大于负载反力，而对于比例电磁铁，则要求衔铁处于电磁力与负载反力平衡的状态。只有这样，比例电磁铁才能正常工作。为使比例电磁铁可靠地工作，应使吸力特性与负载反力特性有良好的配合。典型的负载反力特性如图 5-3 所示。

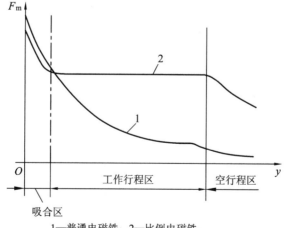

1—普通电磁铁；2—比例电磁铁。

图 5-2　电磁铁的静态吸力特性

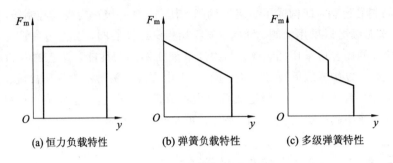

图 5-3   典型的负载反力特性

对于吸合型电磁铁，在吸合过程中，吸力特性曲线应在负载反力曲线的上方；但电磁力也不宜超过负载反力太多，否则会导致吸合撞击。而在释放运动中，负载反力又必须大于剩磁产生的电磁力。

在工作过程中，比例电磁铁的电磁力总是与负载反力相平衡，参与工作的吸力特性曲线有很多条，而负载多为弹簧负载，所以它工作时的吸力特性与负载反力特性的配合情况如图 5-4 所示。弹簧负载的特性曲线与多条吸力特性曲线相交。对应不同的输入电流，电磁铁的吸力特性曲线上下平移，而它与弹簧特性曲线的相交点便是对应电流下的工作点。由图 5-4 可以看出，当电流改变时，工作点也在改变。比例电磁铁正是利用这一特性来实现电-机械信号的比例转换。

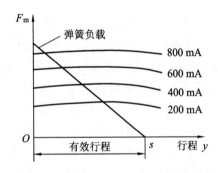

图 5-4   比例电磁铁的吸力特性与负载反力特性匹配图

5.2.2   耐高压直流比例电磁铁基本结构及工作原理

耐高压直流比例电磁铁采用的是盆底结构极靴的螺管电磁铁，它的结构如图 5-5(a) 所示，图 5-5(b) 是它的吸力特性示意图。

当线圈输入电流后即产生磁通，其通路为由衔铁经非工作间隙、导套、外壳进入前端盖。然后分成两路，一路经盆底，另一路经导套前部，最后经工作气隙会合于衔铁，形成闭合磁路。其结构特点是衔铁被导套包围，导套由前后两段组成，中间由焊成一体的隔磁环隔开。导套与前端盖形成带锥形的盆底极靴，其形状和尺寸经过优化设计，电磁铁的稳态特性曲线的形状就由此决定。导套内孔与衔铁支承环有良好的配合，以减小摩擦滞环。衔铁前端装有推杆，用以输出力和位移，后端有调零机构。因为电磁铁为湿式，导套应具有足够的耐压强度，电磁铁上还装有放气螺钉。图 5-5(b) 所示为电磁铁的吸力特性曲线，其中 Ⅱ 区为正常的工作范围，Ⅰ 区为吸合区，实际结构中由隔磁环把 Ⅰ 区消除，Ⅲ 区中由于

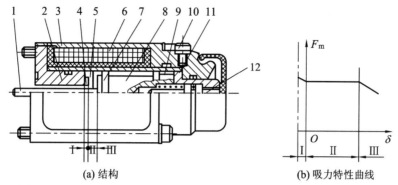

(a) 结构　　　　　　　　(b) 吸力特性曲线

1—推杆；2—前端盖(下轭铁)；3—外壳；4—隔磁环；5—工作气隙；6—线圈；7—支承环；
8—衔铁；9—非工作气隙；10—放气螺钉；11—导套；12—调零螺钉。

图 5-5　耐高压直流比例电磁铁

间隙过大，输出力下降很快，属于空行程范围。

5.2.3　比例电磁铁的控制形式

　　根据是否带有内置的位移传感器，比例电磁铁可分为力控制型和行程控制型两种。图
5-6 和图 5-8 分别是这两种电磁铁的外观及其与电气控制连接示意图，由图可见，两者
使用的电控器是不同的。力控制型使用的是不带实际值反馈的电控器，而行程控制型使用
的是带有输入值与实际值比较的电控器，可实现小闭环控制。

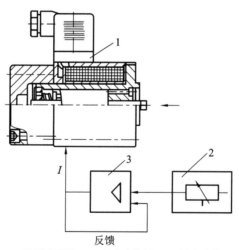

反馈

1—比例电磁铁；2—给定电位计；3—比例电控器。

图 5-6　力控制型比例电磁铁

1. 力控制型比例电磁铁

　　根据力控制型比例电磁铁与负载匹配的情况，可以分为力输出型与位置输出型两种。
两者的差别有两点：一是使用目的不同，力输出型以输出电磁推力为主要目的，而位置输
出型以输出一定的位移为主要目的；二是负载弹簧刚度不同。由于两者在结构上并无差
别，因此统称为力控制型。

带有放大器的比例电磁铁，实质上是一种电压-力的线性转换器。如果和弹簧负载共同工作，即可获得电压-力-位移的线性转换。在力控制型比例电磁铁系统中，力是输出信号，这时电磁力克服大刚度的弹簧力后(见图5-7中的曲线1)作用在阀芯上(如电液比例溢流阀的阀芯上)，电磁铁仅工作在一个相当小的工作行程内。由于负载弹簧的刚度很大，因此有良好的动态特性。这种结构形式适用于控制先导阀的阀芯。

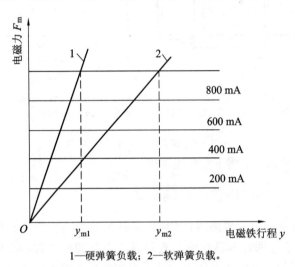

1—硬弹簧负载；2—软弹簧负载。

图5-7   力控制型比例电磁铁特性曲线

当力控制型比例电磁铁用作位置控制时，衔铁作用在一根较软的弹簧上(见图5-7中的曲线2)，可以得到较大的位移。这种结构形式适用于直动式电液比例方向阀、直动式比例节流阀或调速阀。当这种力控制型比例电磁铁用作行程控制时，摩擦力、惯性力以及液动力的干扰，将对比例阀的稳态特性和动态特性产生不良的影响。

一般力控制型比例电磁铁的最大输入电压为直流24 V，电流为800 mA。最大输出力为65~80 N，力输出控制时，有效行程为1.5 mm左右；位置输出控制时，有效行程为3~5 mm。

2. 行程控制型比例电磁铁

带有线性位移传感器的比例电磁铁称为行程控制型比例电磁铁(见图5-8)。位移传感器通常是一个差动变压器，它的铁芯与衔铁直接连接。工作时，差动变压器检测到阀芯位置的变化，并把它反馈到输入端，再与输入信号进行比较，构成闭环控制系统，使比例电磁铁的行程能够得到更准确的控制。改善了作为电压-力-位移线性转换器的行程控制型比例电磁铁的线性度和滞环。

例如，比例电磁铁用于直动式比例方向阀时，在接收到指令输入信号时，就会产生对应的电磁力，并驱动阀芯移动一段距离。由于位移传感器与衔铁末端相连，它检测到阀芯的实际位置，并反馈给放大器。输入和反馈量(阀芯实际位移)在放大器中进行比较，然后产生一个偏差信号，用来补偿由于任何因素引起的误差，可使阀芯有准确的定位。

比例电磁铁都会有摩擦力，会引起滞环，使重复性(相同的输入电流，比例电磁铁会产生相同的电磁力)比较差。系统中采用行程控制型比例电磁铁后，由于其摩擦力在闭环内，因此可以有效地使滞环受到抑制并提高重复精度。

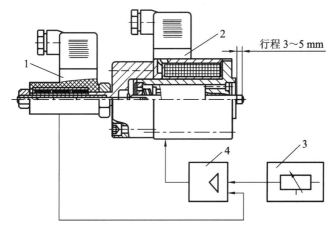

1—位移传感器；2—比例电磁铁；3—给定电位计；4—带输入值与实际值比较的电控器。

图 5-8　行程控制型比例电磁铁

5.3　电液比例阀的分类

5.3.1　电液比例阀的分类方式

根据控制功能以及用途的不同，电液比例阀可分为电液比例压力阀、电液比例流量阀、电液比例方向阀和电液比例复合阀四类。前两类为单参数控制阀，后两类为多参数控制阀。

按液压放大级级数的不同，电液比例阀可分为直动型和先导型两类。

直动型是由电-机械转换元件直接推动液压功率级。由于受电-机械转换元件输出力的限制，直动型电液比例阀能控制的功率有限，一般仅适用于中小流量。先导型电液比例阀由一个小规格的直动型电液比例阀与一个能输出较大功率的液控主阀构成。前者称为先导阀（或先导级），后者称为功率级（或输出级）主阀。根据输出功率大小的不同，先导型电液比例阀还可细分为两级电液比例阀和三级电液比例阀。两级电液比例阀可以控制的流量通常在 500 L/min 以下，而三级电液比例阀一般用于特大流量的场合。另外，还有一种插装式电液比例阀也适用于大流量的场合，控制的流量可达 1600 L/min。

按是否内含级间反馈通道，电液比例阀可分为反馈型和无反馈型两类。

无反馈型是在开关式或定值控制式传统液压阀的基础上，用比例电磁铁代替了手动调节部分。而反馈型则是借鉴伺服阀的各种级间反馈设计发展起来的，它保留了伺服阀的控制部分，降低了液压部分的精度要求，或对液压部分进行了重新设计。因此，反馈型电液比例阀有时也被称作廉价伺服阀，或比例伺服阀。

按照反馈物理量形式的不同，反馈型电液比例阀又可细分为流量反馈、位移反馈和力反馈等不同类型。也可以把上述物理量转换成相应的电量或其他量再进行级间反馈，这样又可以构成多种不同形式的反馈型电液比例阀。例如，流量-位移-力反馈、位移-电反馈、流量-电反馈等。凡带有电反馈的比例阀，它的放大器中均包含能对反馈电信号进行放大和处理的功能模块。

按主阀芯结构形式的不同，电液比例阀可分为滑阀式和插装式两类。

滑阀式是在传统液压阀的基础上发展起来的。而插装式是在二通或三通插装元件的基础上，配以适当的比例先导控制级和级间反馈通道组合而成的。由于插装式电液比例阀具有动态性能好、集成化程度高、通流量大等优点，是一种很有发展前途的电液比例元件。

5.3.2 电液比例压力阀

按功能的不同，电液比例压力阀可分为电液比例溢流阀和电液比例减压阀；按结构特点的不同，则又可分为直动型和先导型两类。

1. 电液比例溢流阀

直动型电液比例溢流阀控制的功率较小，通常额定流量为 1～3 L/min，低压力等级阀的最大流量可达 10 L/min。直动型电液比例溢流阀可用于小流量系统的安全阀或溢流阀，更主要的是作为先导阀，控制功率放大级主阀，构成先导式压力阀。

直动型电液比例溢流阀的结构与工作原理见图 5 - 9。该阀与传统的直动型溢流阀的功能完全一样，其主要区别是用比例电磁铁取代了手动的调压弹簧调节手轮，调压范围为 5～31.5 MPa，额定流量为 1 L/min。

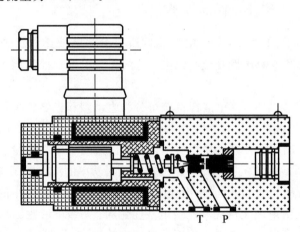

图 5 - 9 直动型电液比例溢流阀的结构与工作原理

先导型电液比例溢流阀的结构与工作原理见图 5 - 10。该阀与传统的先导型溢流阀的功能完全一样，其主要区别是用比例电磁铁取代了传统的调压手轮。该阀为 32 通径的板式安装，输入电流范围为 100～800 mA，最高设定压力 35 MPa，最大流量 600 L/min，先导阀流量 0.7～2 L/min。

根据输入比例电磁铁 2 的设定值来调节压力，A 口压力作用于主阀芯 4 的底部，同时，此压力经过节流器 5、控制管路 8、节流器 6 后分为两路，一路经节流器 7 作用于主阀芯 4 的弹簧加载面，另一路通过阀座 9 作用于先导锥阀 10，与比例电磁铁 2 的电磁力相比较。当液压力克服电磁力时，先导锥阀 10 被打开，先导油通过油口 Y 流回油箱，先导油开始流动，则在节流器(5、6、7)处产生压降，主阀芯下端面与上端面的液压力之差克服复位弹

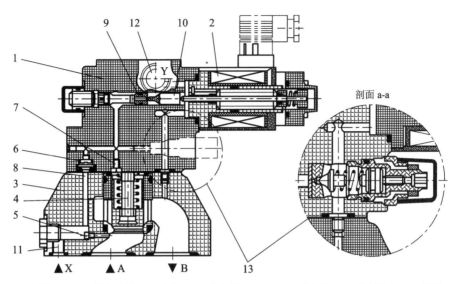

1—先导阀；2—比例电磁铁；3—主阀；4—主阀芯；5、6、7—节流器；8—控制管路；9—阀座；
10—先导锥阀；11—先导阀外接油口"X"；12—先导阀独立回油口"Y"；13—弹簧设定安全阀。

图 5-10　先导型电液比例溢流阀的结构与工作原理

簧力而将主阀芯 4 提升，A 口与 B 口油路接通，从而使 A 口压力成比例地受控于比例电磁铁的设定值，且不会再升高。该阀可选用附加的弹簧设定安全阀 13 进行超压保护（冗余压力保护）。

2. 电液比例减压阀

图 5-11 所示为先导型电液比例减压阀的结构图。进口 B 的压力经减压后，从 A 口流至系统，油口 A 的压力取决于比例电磁铁 2 当前的输入值。

当 B 口无压力时，主阀芯组件 4 由弹簧 17 保持在左侧起始位置，B 口与 A 口之间的油路被切断，避免在阀启动时产生突变。A 口压力通过主阀芯 7 上的通油口 6 作用在右侧端面，先导油从 B 口通过通油口 8 流到流量稳定控制器 9，流量稳定控制器可使先导油的流量保持稳定而不受 A、B 口之间的压降影响。先导油从流量稳定控制器 9 进入弹簧腔 10，通过油道 11、12 和阀座 13，经油道 14、15、16 流入 Y 口，进入回油管。A 口所需压力由输入电信号控制，比例电磁铁推动锥阀 20 压向阀座 13，以限制弹簧腔 10 的压力达到调节值。

如果 A 口压力低于设定值，弹簧腔 10 的压差推动主阀芯向右移动，从而接通 B 口到 A 口的油路。当 A 口达到所需压力时，主阀芯受力平衡，保持在工作位置。此时的平衡条件为：A 口压力乘以阀芯 7 右侧端面积等于弹簧腔 10 的压力乘以阀芯 7 左侧端面积再减去弹簧 17 的弹簧力。

如果想要降低 A 口的压力，就要将放大器中调节设定值降低，则弹簧腔 10 中的压力也会降低。A 口压力作用于主阀芯 7 的右端面，并推动主阀芯 7 向左移动，关闭 A、B 之间的油路并连通 A 口与 Y 口。弹簧 17 用来平衡作用于主阀芯左右端面上的液压力，在此主阀芯位置时，来自 A 口的油液通过主阀芯上的控制边 19 流到 Y 口并进入回油管路。当 A 口压力降为满足上述平衡条件时，主阀芯关闭 A 口到 Y 口的控制油路。

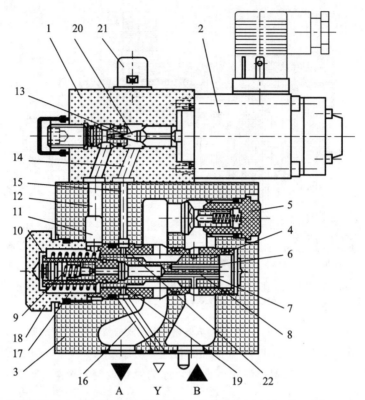

1—先导阀；2—比例电磁铁；3—主阀、4—主阀芯组件；5—可选单向阀；6、8—通油口；7—主阀芯；
9—流量稳定控制器；10—弹簧腔；11、12、14、15、16—油道；13—阀座；17—弹簧；18—螺堵；
19—控制边；20—锥阀；21—安全阀；22—控制油路。

图 5-11   先导型电液比例减压阀的结构图

要使油液无阻挡地从 A 口流到 B 口，可选用单向阀 5，来自 A 口的部分油液将通过主阀芯的控制边 19 同时流入 Y 口进入回油管路。

为了防止由于比例电磁铁的控制电信号意外增加而引起 A 口压力增加，影响液压系统安全，可选择弹簧设定的安全阀 21，以便对系统进行最高压力保护。

该阀 A 口的压力设定范围为 5~31.5 MPa；安全阀最高设定压力为 39 MPa，根据通径的不同，最大允许流量有 200 L/min(10 通径)和 300 L/min(25 通径)两种，先导阀流量为 0.8 L/min。输入电流范围为 50~800 mA。

比例减压阀除了常规产品外，还有三通电液比例减压阀，常用作比例方向阀的先导级，也可用作比例容积控制中的先导压力阀。图 5-12 和图 5-13 分别是三通电液比例减压阀的结构图和图形符号，其压力设定范围为 2~4.5 MPa，最大允许流量为 15 L/min。

三通电液比例减压阀由比例电磁铁直接驱动，将输入的电信号按比例地转化成压力输出信号。比例电磁铁是湿式直流电磁铁，可通过外部电控器或集成电控器进行精细控制。

当比例电磁铁 5、6 失电时，控制阀芯 2 在压缩弹簧的作用下保持在中位。当比例电磁铁 5 得电时，直接驱动压力检测阀芯 3 和控制阀芯 2 根据输入的电信号按比例地向右移动。P 口与 B 口及 A 口与 T 口通过节流口沟通，形成渐进式的流量特性。当比例电磁铁 5 失电时，在压缩弹簧的作用下，控制阀芯 2 返回中位。此时，A 口和 B 口都与 T 口接通，压力油可直接流回油箱。当比例电磁铁无输入信号时，可依靠手动控制按钮 7、8 移动控制阀芯 2。

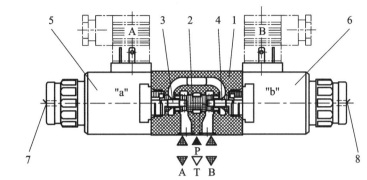

1—阀体；2—控制阀芯；3、4—压力检测阀芯；5、6—比例电磁铁；7、8—手动控制按钮。

图 5-12　三通电液比例减压阀的结构图

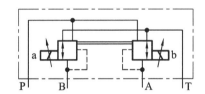

图 5-13　三通电液比例减压阀的图形符号

5.3.3 电液比例流量阀

电液比例流量阀分为电液比例节流阀和电液比例调速阀两类。

电液比例节流阀就是在普通节流阀的基础上，利用电-机械转换元件取代原来的手调机构，对节流阀口进行控制，并使输出流量与输入信号成正比地变化。对于直线移动式节流阀，可用比例电磁铁直接推动；对于旋转式节流阀，可用伺服电机经减速后进行驱动。

在电液比例节流阀中，受控量只是节流口的面积。但流经节流口的流量还与节流口的前后压差有关，为了补偿由于负载变化而引起的流量偏差，需要利用压力补偿控制原理来保持节流口前后压差恒定，从而实现对流量的单参数控制。

将直动型电液比例节流阀与具有压力补偿功能的定差减压阀组合在一起，就构成了直动型比例调速阀。它是在传统调速阀的基础上加上比例电磁铁构成的，又称为传统型比例调速阀。

图 5-14、图 5-15 分别是直动型电液比例调速阀的结构图和图形符号。该阀能够按照输入的电信号值输出相应的流量。输入的设定值通过放大器以及比例电磁铁控制节流器 3 的移动，节流器 3 的位置由位移传感器测得，与设定值的任何偏差都会通过位置反馈控制来修正。

压力补偿器（也称定差减压阀）4 维持在节流器 3 进出口之间的压降为常数。因此，流量不会受负载变化的影响，当设定值为 0 时，节流器 3 关闭。在供电电压过低或者位移传感器的电缆断裂时，检测节流器关闭。在比例放大器中设置两个斜坡信号，就可消除启动和关闭时的超调。流量经过单向阀 6，从 B 至 A 可自由流动。

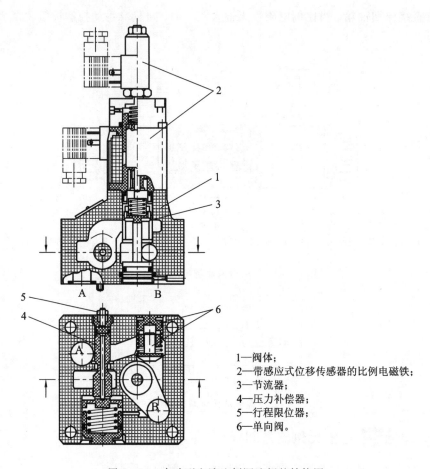

1—阀体；
2—带感应式位移传感器的比例电磁铁；
3—节流器；
4—压力补偿器；
5—行程限位器；
6—单向阀。

图 5-14　直动型电液比例调速阀的结构图

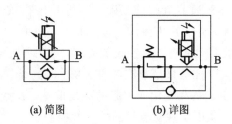

(a) 简图　　　　　　　　(b) 详图

图 5-15　直动型电液比例调速阀的图形符号

　　根据阀通径的不同，其最大可控制流量为 60 L/min（10 通径）和 160 L/min（25 通径）两种。比例电磁铁最大输入电流为 1.5 A。

▰▰▰ 5.3.4 ▰▰▰ 电液比例方向阀

　　电液比例方向阀通过改变比例电磁铁的输入电流，不仅可以改变经过阀的油液的流动方向，而且可以控制阀口开度的大小，实现流量调节，即具有换向、节流的复合功能，故而属于电液比例方向流量复合控制阀。由于电液比例方向阀是在传统的液压换向阀和电液伺服阀的基础上发展起来的，并且电液比例方向阀与电液伺服阀一样，都使用圆柱滑阀作为输出级主阀，因此该阀的功能与伺服阀相似，都可以直接控制液压执行元件驱动外负载运动。有关电液比例方向阀的具体内容详见 5.4～5.6 节。

5.3.5　电液比例复合阀

把两种或两种以上不同的液压控制功能复合在一个液压元件上，且其中至少有一种功能可以实现电液比例控制，这样的阀被称为电液比例复合阀。

电液比例方向阀是一种结构最简单的电液比例复合阀，它能同时对油液的流动方向和流量进行控制。电液比例复合阀可以具有多种组合形式，且具备多种控制功能。例如，将电液比例方向阀与定差减压阀或定差溢流阀组合在一起，就构成了压力补偿型比例复合阀等。

将电液比例方向阀与定差减压阀串联(图 5-16(a))，可构成定差减压型比例复合阀。该阀具有双向比例调速功能和换向功能。

将电液比例方向阀与定差溢流阀并联(图 5-16(b))就构成了定差溢流型比例复合阀。该阀除了具有减压型复合阀的功能外，还有压力随负载变化的作用，因此，这类阀使用时不需要另加溢流阀，而减压型的复合阀则要用溢流阀来稳定系统的进油压力。如果用图 5-16(b)所示的复合阀驱动两个液压执行元件，当两个方向阀都处于中位时，溢流阀的远控口经方向阀连通油箱，系统处于卸荷态；当某一个方向阀工作时，定差溢流阀又能保持该方向阀阀口前后压差基本恒定，从而使液压执行元件的运动速度不受负载变化的影响。显然，这种阀不能使两个执行元件同时工作，除非它们的负载完全一样。

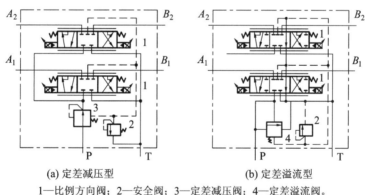

(a) 定差减压型　　　　　　　　(b) 定差溢流型

1—比例方向阀；2—安全阀；3—定差减压阀；4—定差溢流阀。

图 5-16　压力补偿型比例复合阀

比例复合阀是多个液压元件的集成，它具有结构紧凑、维护简单等优点，可用于对液压执行元件的速度控制、位置控制有规律和连续的调节场合。

5.4　电液比例方向阀的结构及工作原理

电液比例方向阀是一种兼具液流方向控制功能和流量控制功能的复合阀。该阀脱胎于传统的液压换向阀，用比例电磁铁直接或间接驱动换向阀的阀芯，使阀芯的位移与输入的电信号成比例地变化，以实现当压差恒定时，输出的负载流量与输入电信号成比例地变化。而油液流动的方向取决于比例电磁铁是否受到激励。常见的阀体结构是二位四通和三位四通滑阀式。电液比例方向阀在功能上与电液伺服阀类似，都是通过输入电信号控制圆柱滑阀阀芯的位移,进而控制阀口的开度大小,应用节流原理对液压执行元件的运动进行控制。由于早期的电液比例方向阀内部是开环结构,加之其他各种原因,使得它的动态性能与电液伺服阀相差甚远。

5.4.1 电液比例方向阀的控制特点及中位机能

1. 电液比例方向阀的控制特点

电液比例方向阀的阀芯形状是经过特别加工和修整的,以适应同时对进口和出口进行准确的节流控制。一般方向阀的阀芯凸肩是直角的,而电液比例方向阀的阀芯凸肩上则开有多至 8 个节流槽,节流槽口的几何形状一般为三角形、矩形、圆形或它们的组合形状。这些节流槽也称为控制槽,在圆周上均匀分布,且左右对称,或成某一比例的非对称布置,分别适用于控制对称或非对称液压执行元件。

由于电液比例方向阀能同时对进口和出口进行节流控制,采用对称的阀芯(即左右两边节流面积相同),适合用于控制对称的执行元件(双出杆液压缸或液压马达),但当用于控制单出杆液压缸等非对称执行元件时,情况就会发生变化。

设单出杆液压缸两腔的有效面积比为 2∶1。如果进口和出口两侧的节流面积相等,根据油液的连续性方程和节流特性方程,进油和出油处的阀口压力比降为 1∶4(见图 5-17)。

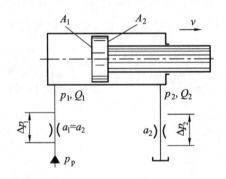

图 5-17 对称阀芯控制非对称缸

由此可知,当有杆腔的背压大于供油压的 1/4 时,就会因为系统无法给进油腔阀口提供足够的压差而出现吸空现象,所以产生的对气穴现象会使系统的控制性能迅速变差,甚至不能工作。

适当地设计不对称开口的阀芯,可以满足不同流量的要求。目前,电液比例方向阀产品中有多种不对称阀芯(面积比为 2∶1,或其他比例)可供选择,以便适应不同面积比的非对称液压缸的控制要求。

电液比例方向阀在开启过程中,阀芯上节流槽的横截面逐渐增大,使控制流量从 P 口到 A 口、从 B 口到 T 口是渐增的。调整输入信号的大小,可使主阀芯定位在不同的预定位置上,阀芯上的节流槽会形成不同的节流面积。因此,设定阀的输入电信号大小,就可以按需要控制执行元件的速度。借助于比例放大器,还可以使阀芯的运动受时间控制,实现执行元件的平滑启动和停止。例如,可以通过比例放大器设置输入电信号从 0 增加到 100% 的时间,在 0~5 s 范围内可调,从而控制阀芯的响应时间。

由此可见,电液比例方向阀的控制特点如下:

（1）电液比例方向阀的阀芯可对两个流动方向同时节流。

（2）主阀芯的最终移动位置由输入电信号的大小确定。

（3）主阀芯移动的响应速度直接与执行元件的加速度或减速度成比例。它可以借助比例放大器中的斜坡信号发生电路来调整。

2. 电液比例方向阀的中位机能

三位四通电液比例方向阀也像普通液压换向阀一样，具有不同的中位机能，以适应某些液压控制系统的特别要求。各种中位机能的获得，是通过保持阀套的沉割槽和阀芯的凸肩长度不变，只改变节流槽的轴向长度来实现。图 5-18 所示为几种节流槽与阀套配合的情况，通过不同的配合可以得到不同的换向阀中位机能。图中每个分图的上部为该图形阀芯的符号，下部为其结构简图。

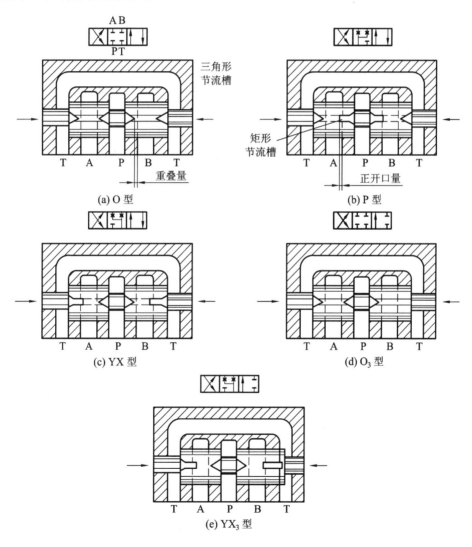

图 5-18　阀芯形状与阀的中位机能

图 5-18(a)所示为左右对称的 O 型中位封闭阀芯与阀套配合的情况。为减小泄漏和

简化制造工艺，阀芯与阀套有约 $10\% \sim 15\%$ 的重叠量（负开口量）。在阀芯凸肩的圆周上对称开有若干个三角槽，在两个方向上的节流面积相等。节流槽的数量根据应用需要而定，这种阀主要用于控制对称执行元件。从 P 口到 A 口或从 P 口到 B 口的压降基本一样，能对双出杆液压缸或液压马达提供良好的控制。

图 5-18(b)所示为对称的 P 型中位节流型阀芯。阀芯在中位时，它能使 P 口到 A 口和 B 口提供节流路径，T 口堵死，中位的节流是依靠阀芯凸肩上的矩形节流槽与阀套形成一个较小的开口量而获得的，允许约 3% 的额定流量流过。这种阀主要用于控制液压马达，阀处于中位时向液压马达提供必要的补油。液压马达在突然停止时会出现泄漏或吸空现象，在提供补油后，马达的停止和起动都会变得更平稳。

图 5-18(c)为对称的 YX 型中位节流型阀芯。这种阀芯处于中位时连接油源的 P 口封闭，A、B 与 T 口经节流孔相通。在中位时，矩型节流槽的开口量可通过的流量约为额定流量的 3%，这种阀主要用于面积比接近 1：1 的单出杆液压缸。它可以消除中位时由于阀芯的泄漏而引起的活塞杆缓慢外伸现象，也可以防止有杆腔的液压力放大作用。在单出杆液压缸用于超越负载的场合，或某些平衡回路、液控单向阀回路的场合，有时就必须采用这种阀芯形式。

图 5-18(d)所示为 O_3 型中位封闭型阀芯。由于阀芯右侧凸肩的外侧没有节流开口，因此阀芯左移时 B 口与 T 口互不相通。

图 5-18(e)所示为 YX_3 型中位节流型阀芯。阀芯在中位时，P 口封闭，A、B 与 T 口节流孔相通，有一矩形槽横跨在 B 与 T 口上，阀芯左移时 B 与 T 口互不相通。后两种阀芯主要用于差动连接回路。

从本质上来说，由于电液比例方向阀的阀芯可以定位在任意位置上，即阀芯位移是无级可调的，因此它就不再局限于只有三个工作位置了，它可以做成四位或五位四通的形式，如图 5-19(a)、(b)所示。例如，一个四位阀有四个功能位置，如图 5-19(a)所示。设两个比例电磁铁不允许同时有输入电流，当两个比例电磁铁电流均为零时，位置 2 为阀芯中位；当一侧比例电磁铁的输入信号从零增加至控制电流的 40% 时，阀芯定位在位置 3 上；当比例电磁铁的输入信号增加至 100% 控制电流时，阀芯定位在位置 4 上；而当另一侧比例电磁铁的输入信号从 0 增长至 100% 时，阀芯逐渐定位在位置 1 上。由此可见，合理地利用电液比例阀的多工作位置的特点，并与适当的电控器配合使用，仅用一个比例方向阀就可以实现加速、减速、平衡、差动、快速以及慢速等多种功能，可大大简化液压控制系统。

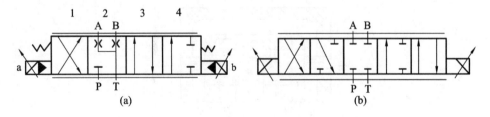

图 5-19　四位及五位电液比例方向阀

5.4.2　直动型电液比例方向阀

直动型电液比例方向阀由比例电磁铁直接驱动滑阀阀芯左右移动来工作。其中，二位四通和三位四通两种阀体结构最为常见。前者采用一个比例电磁铁，由复位弹簧定位；后者采用两个比例电磁铁，由两个对中弹簧定位。复位弹簧或对中弹簧同时也是电磁力-位移转换元件。由于最大电磁力的限制，直动型电液比例方向阀一般只有6通径和10通径两种，即只能用在中小流量（额定流量为25～80 L/min）的场合。直动型电液比例方向阀可分为带阀芯位置反馈和不带阀芯位置反馈两种。

1．不带阀芯位置反馈直动型电液比例方向阀

不带阀芯位置反馈直动型电液比例方向阀结构图如图5-20所示，包括阀体1，阀芯2，两个对中弹簧3、4，两个力控制型比例电磁铁5、6等，采用开有节流槽的整体式阀芯。当任何一个比例电磁铁通电后，电磁力直接作用在阀芯上，并与对中弹簧力平衡而定位在与信号成正比的位置上。两个电磁铁禁止同时通电。当两个电磁铁同时失电时，阀芯在对中弹簧的作用下处于中位。当左侧的比例电磁铁a收到输入电信号时，电磁力驱动阀芯右移，通过电磁力与复位弹簧力平衡而实现定位，阀芯位移量与输入电信号成比例。这时，P口至B口、A口至T口通过阀芯与阀体形成的节流口连通。如果节流口前后压差保持不变，则通过的流量仅与阀口开度大小（即输入信号的大小）有关；如果右侧的比例电磁铁b通电，则四个油口导通的情况正好相反。

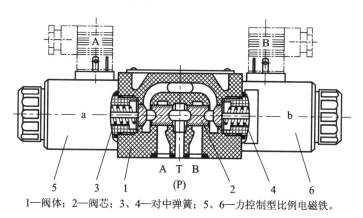

1—阀体；2—阀芯；3、4—对中弹簧；5、6—力控制型比例电磁铁。

图5-20　不带阀芯位置反馈直动型比例方向控制阀结构图

根据阀规格的（用通径表示）不同，最大额定流量分别为26 L/min（6通径）和60 L/min（10通径），最大允许流量分别为42 L/min（6通径）和75 L/min（10通径），比例电磁铁最大输入电流为2.5 A。

主要性能参数：滞环≤5%，反向误差≤1%，灵敏度≤0.5%，响应速度分别为9.5 Hz（6通径）和3 Hz（10通径）。对油液清洁度的要求为9级（NAS1638）。

2．带阀芯位置反馈直动型电液比例方向阀

带阀芯位置反馈与不带阀芯位置反馈的直动型电液比例方向阀的差别仅在于使用的比例电磁铁不完全相同。不带阀芯位置反馈直动型电液比例方向阀使用的是两个力控制型比例电磁铁，而带阀芯位置反馈直动型电液比例方向阀其中有一个使用的是行程控制型比例电磁铁（见图5-21）。位移传感器7是一个直线型的差动变压器，它的动铁芯与电磁铁的衔铁机械固连，能在阀芯的两个移动方向上移动约±3 mm。

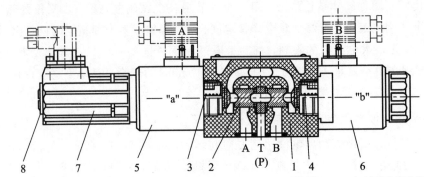

1—阀体；2—阀芯；3、4—对中弹簧；5、6—比例电磁铁；7—位移传感器；8—机械零位调整螺钉。

图 5-21　带阀芯位置反馈直动型电液比例方向阀

当比例电磁铁受激励时，阀芯移动相应的距离，同时也带动了位移传感器的铁芯离开平衡位置。此时，传感器感应出一个位置信号，并反馈给比例放大器。输入信号与实际值（反馈信号）比较，并产生一个差值控制信号，用于纠正任何实际输出值对给定值的偏差，最后得到准确的滑阀阀芯位置。由于有阀芯位置反馈，该阀的控制精度比无位置反馈的高。为了确保安全，用于这种阀的比例放大器应有内置的安全措施，一旦反馈断开，阀芯将自动返回至中位。

根据通径的不同，阀的最大额定流量分别为 32 L/min（6 通径）和 75 L/min（10 通径），最大允许流量分别为 80 L/min（6 通径）和 180 L/min（10 通径）。对油液清洁度的要求为 20/18/15（IOS4406）。

主要性能参数：滞环 $\leqslant 0.1\%$，反向误差 $\leqslant 0.05\%$，重复精度 $\leqslant 0.05\%$，压力零漂 $\leqslant 0.1\%/10$ MPa，温度零漂 $\leqslant 0.15\%/100$ K，响应速度分别为 19 Hz（6 通径）和 12 Hz（10 通径）。从上述数据对比可看出，带阀芯位置反馈直动型电液比例方向阀的性能指标明显高于不带阀芯位置反馈的直动型电液比例方向阀。

3. 带集成放大器及阀芯位置检测的直动型电液比例方向阀

带集成放大器及阀芯位置检测的直动型电液比例方向阀的组成及其结构如图 5-22 所示。集成在阀上的放大器 8 用来控制比例电磁铁，并通过感应式位移传感器 7 检测阀芯的位移，可对阀芯 2 的运动方向和阀芯中位进行判断；还可通过集成放大器 8 进行故障识别。该阀拥有对称的阀芯遮盖，放大器 8 可产生阶跃信号用来补偿遮盖的影响，即阀芯 2 可以快速通过遮盖区域。该阀主要应用于对安全性要求比较高的机器（如压机）控制上。

当比例电磁铁 5、6 断电时，控制阀芯 2 在对中弹簧 3、4 的作用下保持在中位。当其中一个比例电磁铁（如 b）通电后，就可直接驱动阀芯 2 根据电信号设定值按比例左移，通过薄刃形节流口，将 P 口至 A 口和 B 口至 T 口连通，并具有递增型流量特性。比例电磁铁 6 断电时，在对中弹簧的作用下，阀芯 2 返回至中位。

根据通径的不同，该阀的最大额定流量分别为 32 L/min（6 通径）和 75 L/min（10 通径）；最大允许流量分别为 90 L/min（6 通径）和 180 L/min（10 通径）。对油液清洁度的要求为 9 级（NAS1638）。

主要性能参数：滞环 $\leqslant 0.1\%$，反向误差 $\leqslant 0.05\%$，重复精度 $\leqslant 0.05\%$，压力零漂 $\leqslant 0.1\%/10$ MPa，温度零漂 $\leqslant 0.15\%/100$ K，响应速度分别为 40 Hz（6 通径）和 18 Hz（10 通

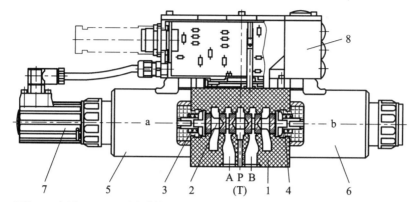

1—阀体；2—阀芯；3、4—对中弹簧；5、6—比例电磁铁；7—位移传感器；8—集成放大器。

图 5-22　带集成放大器及阀芯位置检测的直动型电液比例方向阀

径）。由此可看出，该阀的快速性指标更优于带阀芯位置反馈的直动型电液比例方向阀。

上述几种直动型方向阀只能用于中小流量的场合。在需要较大流量的场合，过大的液动力将使阀口无法开启或不能完全开启。位置传感器虽然能给出反馈信号，力图使阀芯位移更大，但由于比例电磁铁已耗尽了所有的电磁力，因此无法将阀芯开启到给定的位置上，因此，对于大流量的场合需要使用先导型电液比例方向阀。

5.4.3　先导型电液比例方向阀

先导型电液比例方向阀主要用于大流量的场合。比较常用的是两级阀，也有用于特大流量场合的三级阀。

先导级通常是一个最小规格（6 通径）的直动型三通电液比例减压阀，或直动型电液比例方向阀。输入电信号经先导级转换放大后，变成液压力来驱动输出级（也称为功率级）滑阀阀芯的移动。液压推力等于控制压力与主阀芯端面积的乘积，它足以克服主阀芯上液动力的干扰。先导型电液比例方向阀一般有 10～52 通径多种规格，两级阀的额定流量范围一般在 85～1000 L/min（最大允许流量可达 170～3000 L/min）。而先导级的控制流量一般不超过主阀额定流量的 5%。先导型电液比例方向阀也可分为带主阀芯位置反馈和不带主阀芯位置反馈两类。

1. 不带主阀芯位置反馈的先导型电液比例方向阀

不带主阀芯位置反馈的先导型电液比例方向阀的组成及结构如图 5-23 所示。先导级采用电液比例三通减压阀（见图 5-12），X、Y 为先导阀供油口及回油口，输出级（功率级）主阀采用三位四通液控换向阀。先导级的作用是将输入的电信号转化为一个与其成比例的压力信号输出，以其出口压力来控制功率级圆柱滑阀的位移方向，以及位移量的大小。功率级圆柱滑阀作为液压放大转换元件控制进入液压执行元件的液流方向和流量的大小。无输入电信号时，主阀芯 11 由一个偏置的推拉对中弹簧 12 保持在中位上（也可采用两个对称布置在主阀芯两端的对中弹簧）。采用一个偏置对中弹簧的优点是，避免了采用两个对中弹簧时，由于弹簧参数不尽相同或发生变化，而引起阀芯偏离中位的可能性。另外，采用单个对中弹簧，在比例电磁铁断电时可使主阀芯 11 可靠地回到安全位置。

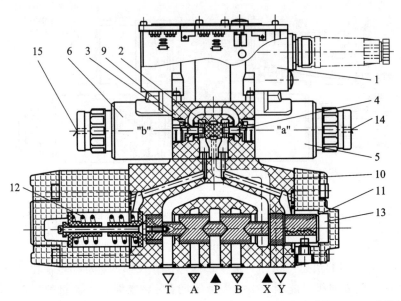

1—比例放大器；2—先导级阀芯；3、4—先导级压力检测阀芯；5、6—比例电磁铁；7、8—先导级阀芯对中弹簧；9—先导阀；10—主阀；11—主阀芯；12—对中弹簧；13—主阀控制腔；14、15—保护罩手动应急按钮。

图 5-23　不带位置反馈的先导型电液比例方向阀的组成及结构图

先导级的电液比例减压阀由两个比例电磁铁 5、6 和先导级阀芯 2 等组成。当给电磁铁 b 输入电信号时，先导级阀芯 2 向右移动；供油压力油经右边阀口减压后，反馈到阀芯 2 的右端，与电磁铁 b 的电磁力相平衡。因此，减压后的压力与供油压力大小无关，而只与输入电信号的大小成比例。减压后的油液经通道进入主阀控制腔 13，作用在主阀芯 11 的右端，使阀芯向左移动，打开主阀 P 与 A、B 与 T 的连通阀口，通过阀芯与阀体形成的节流口接通，节流特性为通流面积渐增式。主阀芯向左运动的同时压缩左端的对中弹簧 12，通过液压力与复位弹簧力的平衡来实现主阀芯的定位，使主阀芯 11 的位移量与输入电信号成比例。当给比例电磁铁 a 输入电信号时，则相应地使先导级阀芯 2 左移，减压后的油液经通道进入弹簧腔，主阀芯 11 右移，对中弹簧 12 受拉，打开主阀 P 与 B、A 与 T 的连通阀口。由此可见，主阀芯 11 的移动方向取决于哪一个比例电磁铁有输入电信号，而移动距离则取决于输入电流的大小。

在紧急情况下，可通过操作保护罩手动应急按钮 14、15，使先导级阀芯 2 在比例电磁铁 5、6 失电的情况下移动，进而移动主阀芯 11。

通过主阀口输出的流量与阀口的开度大小，以及阀口的前后压差有关，即输出流量受到外界载荷大小的影响。当阀口前后压差不变时，则输出的流量与输入的电信号大小成正比。

该阀的通径有 10、16、25、32、52 五种规格，主阀对应的最大额定流量分别为 85 L/min、150 L/min、325 L/min、520 L/min、1000 L/min，对应的最大允许流量分别为 170 L/min、460 L/min、870 L/min、1600 L/min、2800 L/min。先导阀的流量分别为 3.5 L/min、5.5 L/min、7 L/min、15.9 L/min、7 L/min。

主阀为负开口，有 15% 额定输入值的给定遮盖量；采用图 5-23 所示的集成式内置放大器时，比例电磁铁的最大输入电流为 2.5 A。对油液清洁度的要求分别为先导阀 7 级、主阀 9 级（NAS1638）。

不带主阀芯位置反馈的先导型电液比例方向阀的主要性能参数为滞环≤6％,响应速度分别为 9 Hz(10 通径)、6 Hz(16 通径)、4 Hz(25 通径)、2.6 Hz(32 通径)和 1.2 Hz(52 通径)。

2. 带主阀芯位置反馈的先导型电液比例方向阀

图 5-24 所示为带主阀芯位置反馈的先导型电液比例方向阀的组成及结构图,图 5-25 所示为该阀的图形符号。该阀先导级采用三位四通直动型电液比例方向阀(见图 5-20),X、Y 为先导阀供油口及回油口;输出级(功率级)主阀采用三位四通液控换向阀,用于控制进入液压执行元件的液流方向和大小。

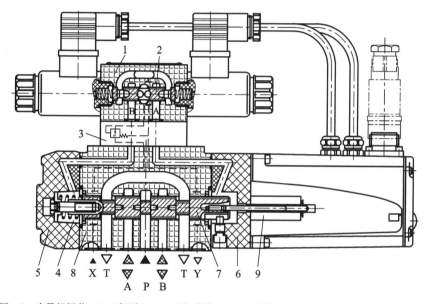

1—先导阀;2—先导级阀芯;3—减压阀;4—对中弹簧;5、6—端盖; 7—主阀芯;8—主阀;9—位移传感器。

图 5-24 带位置反馈的先导型电液比例方向阀的组成及结构图

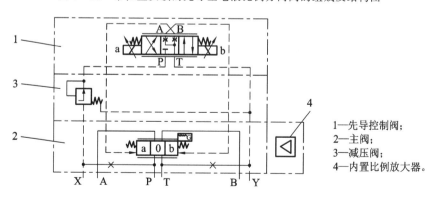

1—先导控制阀;
2—主阀;
3—减压阀;
4—内置比例放大器。

图 5-25 带位置反馈的先导型电液比例方向阀图形符号

在图 5-24 中,如果没有输入电信号,主阀芯 7 在对中弹簧 4 的作用下保持在中位,端盖 5、6 内部的两个控制腔通过先导级阀芯 2 与油箱连通。控制压力油经过减压阀 3 到达先导级的 P 口,并且被封闭。

主阀芯 7 的位置信号通过位移传感器 9 与内置的比例放大器相连，主阀芯 7 的位置变化情况由位移传感器 9 实时检测，并送入比例放大器；通过比例放大器得到主阀芯位移的给定值与实际值比较后所获得的偏差信号，该偏差信号转化为控制电流，输入图 5 - 25 中的先导控制阀 1 的其中一个比例电磁铁。电流在比例电磁铁内感应电磁力，传递到图 5 - 24 中电磁铁推杆并推动先导级阀芯 2 移动。一旦先导级阀芯 2 通过遮盖区，先导阀 1 上两个与油箱相通的工作油口中的一个被封闭，并与压力腔 P 相通。这时，液流从 P 口流至主级对应的控制腔，通过先导级控制阀口的液流使主阀芯 7 运动。带有磁芯感应位移传感器 9 的主阀芯 7 在液压油的推动下运动，直到主阀芯位移的实际值与给定值相等。在当前输入信号条件下，主阀芯 7 处于力平衡状态，并保持在该位置。由于功率级主阀芯的位置是闭环控制的，因此在大流量时主阀芯的位置和液动力无关。

由此可见，主阀芯 7 的行程和控制阀口开度的变化与输入电信号的给定值成比例。比例放大器内置于阀内。

该阀的通径有 10、16、25、32、35 五种规格，主阀对应的额定流量分别为 90 L/min、180 L/min、350 L/min、600 L/min、1000 L/min，对应的最大允许流量分别为 170 L/min、460 L/min、870 L/min、1600 L/min、3000 L/min。先导阀的流量分别为 4.1 L/min、8.5 L/min、11.7 L/min、13 L/min、13 L/min。对油液清洁度的要求分别为先导阀 7 级、主阀 9 级（NAS1638）。

它的主要性能参数为滞环≤1%，灵敏度≤0.5%，响应速度分别为 20 Hz（10 通径）、16 Hz（16 通径）、8.7 Hz（25 通径）、4.3 Hz（32 通径）和 3 Hz（35 通径）。对比两种阀的参数数据可看出，带位置反馈的先导型电液比例方向阀的性能指标明显高于不带主阀芯位置反馈的先导型电液比例方向阀。

5.5 电液比例方向阀的特性曲线

电液比例方向阀的性能可由三组特性曲线来表示，这些特性曲线是使用和设计电液比例方向阀控制系统的重要依据。这三组特性曲线是：额定压差下输入电流与输出流量的关系曲线，称为流量控制曲线，该曲线反映电液比例方向阀的静态特性；另外两组曲线分别是阶跃响应曲线和频率响应曲线，它们反映电液比例方向阀的动态特性。

5.5.1 流量控制曲线

为了充分利用电液比例方向阀的控制能力，一般要求在额定压差下，进、出电液比例方向阀的流量能得到连续的控制。为了提高阀的分辨率就要尽量利用主阀芯的最大行程。每一通径的比例方向阀都有几种额定流量可供选择，不同额定流量的获得是靠增加或减小阀芯凸肩上节流槽的数目来确定的，而通过阀的实际流量与阀进出口的总压力差有关。总压力差是指电液比例方向阀两个节流口压降之和。通常，额定流量是指对应总压力差为 1 MPa 的那条流量曲线。

对于每个有具体额定流量的电液比例方向阀都会给出一组流量曲线，用来表明电液比例方向阀在不同压降下的最大控制能力。

图 5 - 26 所示的流量控制曲线表示额定流量为 25 L/min 的电液比例方向阀在不同的

压差下流量与控制电流之间的关系。例如，要求阀芯的行程必须在 0～100％之间变化，而通过的最大流量为 25 L/min。从 100％控制电流及 25 L/min 流量的交点可知，这时通过阀的压降应为曲线 1 所对应的压降。这意味着从阀入口 P 到执行元件进油口（负载口）A 的压降为 0.5 MPa，从执行元件回油口（负载口）B 到回油箱口 T 之间的压降也是 0.5 MPa。通过 25 L/min 的流量时，已利用了滑阀的全行程。

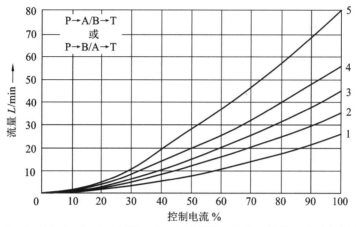

1—Δp=1 MPa；2—Δp=2 MPa；3—Δp=3 MPa；4—Δp=4 MPa；5—Δp=5 MPa。

图 5 - 26　流量控制曲线（25 L/min 额定流量）

如果最大只需通过 15 L/min 的流量，现仍使用该规格的电液比例方向阀，且还是在 1 MPa 的总压差下。这时通过阀的流量与压降的关系应为图 5 - 26 中曲线 1 所示，只需约 70％额定输入值的控制电流就能通过 15 L/min 的流量，即滑阀行程的后 30％没有参与控制作用。这也表明，如果需要实现全行程控制，需要选用更小规格的电液比例方向阀。

采用电液比例方向阀的目的是对流量或执行元件的速度进行控制。该曲线表明要控制流量就必须要节流，而节流在阀口上就必定有压降。如果通过的流量大于额定流量，则阀口的压降会增大。例如，如果最大需通过 45 L/min 的流量，仍使用该规格的电液比例方向阀。从图 5 - 26 中可知，只有工作在曲线 3 上，即当阀的开度达 100％时，通过的流量可达 45 L/min，曲线 3 对应的压降为 3 MPa。当阀口开度一定时，随着通过的流量增加，压降亦会增加。

5.5.2　阶跃响应曲线

对某一具体的液压控制系统，要估计它的最高工作频率（往复运动）和负载状态，有时需要考虑电液比例方向阀本身固有的转换时间（即阶跃响应时间）的限制。虽然系统的固有频率是主要的限制因素，但是熟悉和了解电液比例方向阀的响应特性是非常必要的。特别是采用过程控制器或计算机控制某一工作循环时，更应清楚地知道阶跃响应时间。因为预知该阀的响应特性后，可以利用计算机提前触发某一功能，即在该功能需要出现之前就开始移动阀芯。用这样的方法可以消除电液比例方向阀的死区，改善工作循环。

图 5 - 27 所示为阶跃信号输入到比例放大器时，电液比例方向阀中主阀芯从零位移动到对应位置的响应时间。不同的曲线分别表示输入阶跃信号的不同幅值。例如，图 5 - 27(a)所

示最上面的曲线表示输入阶跃信号从 0 到 100％额定输入值时，对应的阀芯行程变化。图 5－27(b)所示最上面的曲线表示输入阶跃信号从 100％额定输入值到 0 时，对应的阀芯行程变化。

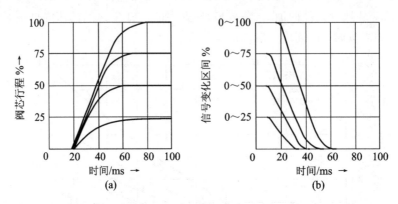

图 5－27　阶跃响应曲线

从图 5－27 可知，该阀阀口从全闭到全开时需要 80 ms，而使阀口从全开到全闭则需要 60 ms；即该阀完成阀口一个开闭周期的运动需要 140 ms。这意味着每秒钟能完成的周期数为 1/140 ms×1000 ms/s＝7.14 Hz。

这表明，当阀芯有 100％的开启量时，最高转换频率为 7.14 Hz。因此，当输入电信号的频率高于 7.14 Hz 时，阀芯便无法跟随输入电信号作完全的响应。例如，输入电信号的频率为 10 Hz，虽然幅值为 0 到 100％额定输入值的指令信号要求阀芯全部开启，但实际上阀芯位移尚未到达 100％行程之前，便收到了要它反向关闭的指令。

5.5.3　频率响应曲线

图 5－28 所示为一个电液比例方向阀典型的频率响应曲线。其中，上面三条曲线是幅频特性：实线是输入正弦信号的幅值为±100％额定输入值时的频率响应，虚线是输入正弦信号的幅值为±25％额定输入值时的频率响应，而点画线则是输入正弦信号的幅值为

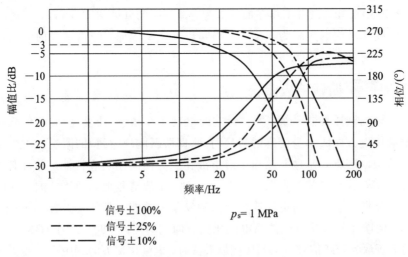

图 5－28　频率响应曲线

±10％额定输入值时的频率响应。这三条曲线清楚地表明了，随着输入信号变化频率的加快，阀芯跟随输入信号作正弦运动位移的幅值在下降。当输出信号（阀芯位移）与输入信号的幅值比下降到－3 dB 时，即输出幅值与输入幅值之比为 0.707 时，便认为阀芯的输出位移已不能很好地跟随输入信号而变化。这时对应的频率称为该阀的截止频宽（或称幅频宽），它表征了电液比例方向阀的快速性。

图 5-28 中下面的三条曲线是相频特性，其对应的输入信号如上所述。相频特性反映了输出量与输入量之间的相位滞后，以角度表示。随着输入信号频率的增加，相位滞后逐渐增大，说明阀的跟踪能力下降。一般将输出与输入的相位差达到 90°时对应的频率值称为相频宽。同一个阀的幅频宽与相频宽一般不会完全相同。

比较图 5-28 中的两组曲线可知，对于同一个阀，输入信号的幅值越大，即要求阀芯的输出位移量越大时，阀的响应速度就会越慢。

5.6　高性能的电液比例方向阀

5.6.1　高性能的电液比例方向阀概述

电液比例方向阀与电液伺服阀均可通过圆柱滑阀（详见第 2 章相关内容）来控制液压执行元件的运动参数，因此，二者具有功能上的相似性。早期的电液比例方向阀仅仅是将传统液压换向阀的操作手柄或开关电磁铁改换为比例电磁铁，阀体的结构基本不变，特别是对阀芯位置的控制形式为开环；因此，该类阀的动态性能较差（见 5.4 节），无法将其应用于闭环液压控制系统中。随着技术的进步及阀内部结构的改善，电液比例方向阀逐渐发展为带阀内反馈的结构，在控制性能方面有了很大的提高。高性能的电液比例方向阀与工业级的电液伺服阀具有类似的动态性能。

由于电液比例方向阀是在传统的液压换向阀的基础上发展起来的，电液比例方向阀主阀阀芯与阀套的径向间隙为 3～4 μm，与普通换向阀相当，而伺服阀的径向配合间隙约为 0.5 μm。因此，电液比例方向阀的抗污染能力比电液伺服阀强得多，但同时也带来了径向间隙过大，导致泄漏量增大的问题。由于存在较大的径向间隙，为了减小零位泄漏，电液比例方向阀的阀芯通常设计成负开口形式。负开口量（遮盖量）一般为额定输入电流的 10％～15％，这就使得电液比例方向阀存在着较大的零位死区。

传统液压换向阀的开启过程总是先通过死区，然后形成节流口并逐渐开大，直至消除节流作用为止。电液比例方向阀通过死区后进入节流阶段，而且节流槽的轴向长度大于阀芯行程，这种结构可以使控制阀口总是具有节流功能。

一般圆柱滑阀的零位附近是液压控制系统（特别是位置控制系统）的主要工作点，且电液伺服阀阀芯与阀套的配合通常是零开口（或微小正开口），所以电液伺服阀功率级滑阀的工作行程较小。从阀芯运动控制分析中可知：电液比例方向阀的阀口压降比电液伺服阀约低一个数量级（0.25～0.8 MPa），但比普通液压换向阀的阀口损失要高。比例电磁铁的输出控制功率约为电液伺服阀中力马达或力矩马达的 10 倍以上，比普通电磁换向阀的略高或相当。

由此可见，普通电液比例方向阀动态性能较差的主要原因如下：

（1）电液比例方向阀脱胎于普通换向阀，阀口一般是负开口，因此存在零位死区。

（2）电液比例方向阀内部一般无反馈通道，对于功率级滑阀阀芯的位移属于开环控制。

（3）由于比例电磁铁直接驱动功率级圆柱滑阀主阀芯，需要较大的驱动功率，即要求较大的输入电流，且运动惯量较大，因此其频响较低。

在工程实际中，提高电液比例方向阀动态性能的主要途径及方法有如下几种：

（1）采用位置-电反馈的方式，在阀内构建反馈通道，对功率级滑阀阀芯的位移进行更准确的闭环控制。

（2）用位移传感器对阀芯位置进行准确检测，当需要主阀芯移动时，由比例放大器输出一个叠加在输入控制信号之上的阶跃信号，以快速越过遮盖量，即可有效地消除零位死区。虽然电液比例方向阀的遮盖量为额定输入值的 $10\%\sim15\%$，但通过比例放大器的补偿措施，可最大限度地减小零位死区对液压控制系统的影响。

（3）大流量规格的电液比例方向阀采用先导控制。

目前，在工业领域可用于液压系统闭环控制的电液比例方向阀有两类。一类是通过对电液伺服阀的简化而来的，它与伺服阀在结构上类似，级间可能有各种各样的反馈通道，动态和静态性能都较优。这类阀又被称为廉价伺服阀（或工业级伺服阀），其制造工艺较复杂，要求高，通用性较差。另一类是在普通电液比例方向阀的基础上，针对其性能方面存在的先天不足，应用各种技术手段，例如通过增加位置-电反馈通道，内置比例放大器等方法，构建功率级滑阀阀芯位置的闭环控制系统，使其动态性能与工业级伺服阀相当，并可用于闭环液压控制系统中。目前，这类阀有多种名称，如伺服电磁阀、伺服比例阀、比例伺服阀、高频响电磁阀、闭环比例阀等。本书中将该类阀统称为高性能的电液比例方向阀。

高性能的电液比例方向阀具有以下特点：

（1）能连续地、按比例地控制液压执行元件的力、速度、位移等物理量，并能防止压力或速度变化以及换向时的冲击现象。

（2）具有优良的静态性能，以及与工业级电液伺服阀相当的动态性能，可用于闭环液压控制系统，能满足一般工业控制的要求。

（3）装配精度和制造要求比电液伺服阀低，价格也比电液伺服阀低廉。

（4）通用性好，调节方便，对油液污染敏感度低，适用于工作条件恶劣的民用工业领域。目前，在液压控制系统中，它是应用最广泛的电液控制元件。

下面介绍几种高性能的电液比例方向阀的典型结构、工作原理以及性能指标。

5.6.2 高性能的直动型电液比例方向阀

该类阀的共同特点是采用带位移传感器的比例电磁铁直接驱动阀芯，构建阀芯位置-电反馈的闭环控制系统，对滑阀阀芯的位移进行更准确的控制。采用耐磨的钢质阀套与阀芯相配合，实现接近零开口的微小正开口设计，消除零位死区。

1. 阀芯位置电反馈直动型伺服电磁阀

图 5-29 所示为阀芯位置电反馈直动型伺服电磁阀的组成与结构，图 5-30 所示为该阀的图形符号。该阀采用一个行程控制型比例电磁铁单边驱动的方式，依靠带位移传感器的比例电磁铁，可对阀芯的位置进行连续的、准确的控制。除了正常工作的三个阀位外，

该阀还有一个与普通换向阀的自然中位相似的机械零位(图 5 - 30 中最左位),实际上属于四位四通阀,机械零位有 Y 型和 O 型两种机能可选。进入正常工作之前,由放大器产生一个偏置电流使阀芯快速跳到控制中位上。当比例电磁铁失电时,复位弹簧将阀芯定位在机械零位上,该位置也是比例阀电控单元发生故障时的保护位。

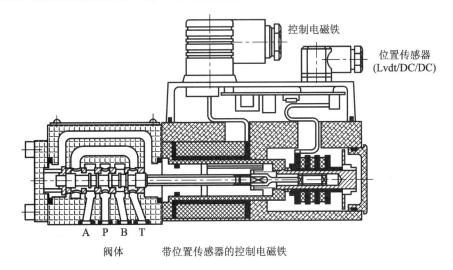

图 5 - 29　阀芯位置电反馈直动型伺服电磁阀的组成与结构

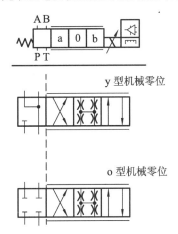

图 5 - 30　阀芯位置电反馈直动型伺服电磁阀图形符号

该阀有 6 通径和 10 通径两种规格,耐高压的位移传感器与阀芯位置检测装置与比例电磁铁集成在一起,比例电磁铁最大控制电流分别为 2.7 A 和 3.7 A。对油液清洁度的要求为 18/16/13(IOS4406)。在 7 MPa 压降下,最大额定流量分别为 40 L/min(6 通径)和 100 L/min(10 通径)。

主要性能参数:滞环≤0.2%,温度零漂≤1%/40℃。在±100%额定输入时的幅频宽分别达到 75 Hz(6 通径)和 25 Hz(10 通径)。与普通直动型电液比例方向阀相比,阀芯位置电反馈直动型伺服电磁阀具有很高的动态响应速度。

2. 带集成放大器的阀芯位置电反馈直动型伺服电磁阀

图 5 - 31 所示为带集成放大器的阀芯位置电反馈直动型伺服电磁阀的组成与结构。该

阀除了将比例放大器集成在阀体上，输入电信号为±10 V 或 4～20 mA 之外，其余的阀体结构、工作原理，以及性能参数等均与图 5-29 所示的阀相同。这两种阀适用于一般工业领域的液压控制系统，既可单独使用，也可作为两级阀的先导级。

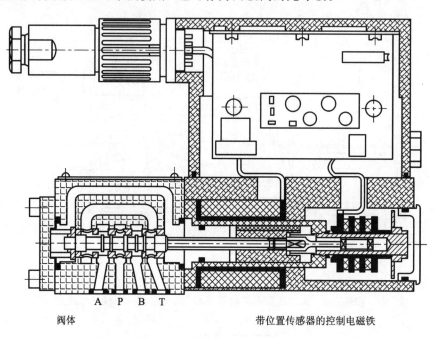

阀体　　　　　　　　　　　　　　带位置传感器的控制电磁铁

图 5-31　带集成放大器的阀芯位置电反馈直动型伺服电磁阀的组成与结构

3. 耐震型阀芯位置电反馈直动式伺服电磁阀

图 5-32 所示为耐震型阀芯位置电反馈直动式伺服电磁阀的组成与结构。为了用于环境条件较差的特殊工业领域液压控制系统中，该阀专门进行了耐震设计，可承受 40 个重力加速度冲击。其工作原理、性能参数等均与图 5-29 所示的阀相同。

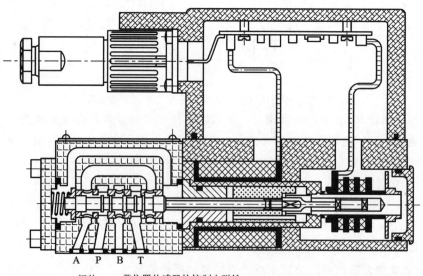

阀体　　带位置传感器的控制电磁铁

图 5-32　耐震型阀芯位置电反馈直动式伺服电磁阀的组成与结构

4. 带集成放大器的阀芯位置电反馈双行程电磁铁驱动伺服电磁阀

图 5-33 所示为带集成放大器的阀芯位置电反馈双行程电磁铁驱动伺服电磁阀的组成与结构。集成放大器的输入信号范围为±10 V，用来控制带位移传感器的双行程电磁铁。该阀的阀芯两端各有一个对中弹簧，采用一个双行程电磁铁驱动阀芯移动。当比例电磁铁受激励时，阀芯向相应的方向移动；同时，位移传感器给出对应的位置信号，并反馈到比例放大器中。将输入信号与阀芯位移的实际值（反馈信号）在放大器中进行比较，产生一个差值信号，用于纠正阀芯位移的实际值与给定值之间的偏差，可对阀芯的位置进行连续、准确的控制。当比例电磁铁失电时，对中弹簧将阀芯推回中位，是标准的三位四通阀。

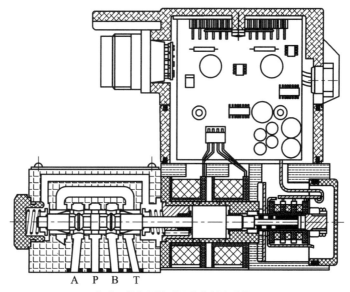

阀体　带位置传感器的控制电磁铁

图 5-33　带集成放大器的阀芯位置电反馈双行程电磁铁驱动伺服电磁阀的组成与结构

该阀只有 6 通径一种规格，在 7 MPa 压降下，最大额定流量为 40 L/min。对油液清洁度的要求为 18/16/13（IOS4406）。

它的主要性能参数：滞环≤0.2%，温度零漂≤1%/40℃。在±100%额定输入时的幅频宽和相频宽分别达到 80 Hz 和 118 Hz。此阀具有很高的动态响应速度，特别适合作为高性能的先导型电液比例方向阀的先导级。

5.6.3　高性能的先导型电液比例方向阀

此类阀的共同特点是采用最小规格（6 通径）的各种高性能的直动型电液比例方向阀（见 5.6.2 小节）或电液伺服阀作为先导阀，主阀均采用带位移传感器的液控圆柱滑阀，与比例放大器共同构建阀芯位置-电反馈的闭环控制系统，对主阀阀芯的位移进行更准确的控制。当控制指令信号消失时，主阀芯由对中弹簧保持在中位。

1. 带双喷挡先导级的两级电液比例方向阀

带双喷挡先导级的两级电液比例方向阀的组成与结构如图 5-34 所示。它采用双喷嘴挡板阀作为先导级，主阀内部构建阀芯位置-电反馈闭环控制系统。

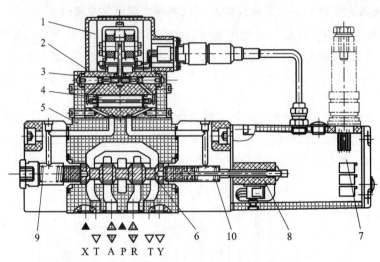

1—力矩马达；2—先导阀；3—节流器；4—过滤器；5—功率级主阀；6—主阀芯；
7—带放大器的电控装置；8—位移传感器；9、10—左右弹簧腔。

图 5-34 带双喷挡先导级的两级电液比例方向阀的组成与结构

该阀适用于位置、速度、压力或力的闭环液压控制系统，这些系统在小信号范围对动态性能和响应灵敏度要求较高。该阀的先导级采用双喷挡单级电液伺服阀，主阀芯通过电感式位移传感器检测位置。该阀的响应灵敏度高、滞环小，过滤器滤芯方便更换，带有主阀阀芯位置闭环控制和集成电控装置，可通过内控油口 P 或通过外控油口 X 向先导级供油，先导级回油可通过内控油口 T 或外控油口 Y 到油箱。

先导阀由 0 至 ±10 V 或 0 至 ±10 mA 的指令电信号驱动。在电控装置中，指令值与主阀芯位移的实际值相比较，产生驱动力矩马达动作的偏差控制信号，挡板根据该控制信号的幅值偏转。

通过双喷嘴挡板阀的可变节流口和固定节流口产生的左右不平衡控制压力进入弹簧腔 9 和 10，左右液压力之差驱动主阀芯 6 移动；按照指令信号主阀芯移动到位时，指令值与主阀芯移动的实际值相等，控制偏差减小到零，则控制过程完成。

主阀有 O 型、带节流口的 Y 型和 H 型三种中位机能可选。O 型机能的阀芯在中位有 15% 额定输入值的遮盖量，带节流口的 H 型机能的阀芯中位有 0～0.5% 额定输入值的遮盖量。

该阀有 10、16 和 25 三种通径规格。在 1 MPa 压降下，主阀额定流量分别为 100 L/min、200 L/min、350 L/min；主阀最大允许流量分别为 170 L/min、460 L/min、870 L/min；主阀芯行程为 ±3.5 mm；先导阀流量为 2 L/min。

该阀对油液的过滤精度要求为先导阀 7 级，主阀 9 级(NAS1638)。

该阀的性能参数：滞环≤0.05%，灵敏度≤0.02%，反向误差≤0.04%，三种规格阀的压力零漂分别为：≤0.02、0.04、0.04(%/10 MPa)，温度零漂分别为：≤0.2、0.2、0.3(%/10K)。

在 ±100% 额定输入时，该阀的幅频宽分别为 18 Hz(10 通径)、10 Hz(16 通径)和 6 Hz(25 通径)。

2. 高频响两级伺服电磁阀

图 5-35 所示为高频响两级伺服电磁阀的组成与结构，图 5-36 所示为该阀的图形符

号。该阀采用 6 通径带集成放大器的阀芯位置电反馈双行程电磁铁驱动伺服电磁阀(见图 5-33)作为先导级。集成的比例放大器带有用于先导级和输出级(功率级)的位置控制器,放大器输入范围为±10 V。输出级主阀为具有随动性能的液控圆柱滑阀,带有阀芯位移传感器,阀芯两端各有一个对中弹簧。

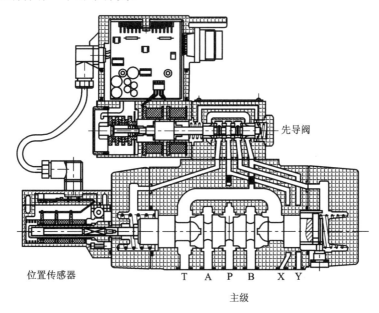

图 5-35　高频响两级伺服电磁阀的组成与结构

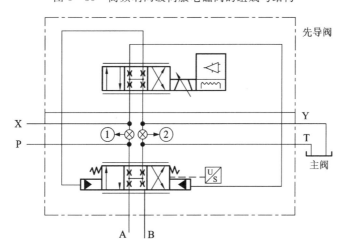

图 5-36　高频响两级伺服电磁阀的图形符号

先导级和输出级均为三位四通圆柱滑阀,先导级的负载口连接到输出级的左右弹簧腔,输出级的阀芯由先导级输出的控制压力油直接驱动,输出级阀芯的位移由传感器反馈至放大器中。输入电信号以双闭环控制系统的形式对先导级和输出级阀芯的位移进行精确定位,因此该阀响应快,动态性能好,适用于位置和速度液压控制系统。输出流量特性可选带精细节流边渐进曲线、非线性曲线和线性曲线三种形式。

该阀有 10、16 和 25 三种通径规格。主阀额定流量分别为 85 L/min、200 L/min、370 L/min,主阀最大允许流量分别为 170 L/min、450 L/min、900 L/min,先导阀流量为

8 L/min、24 L/min、40 L/min。油液清洁度要求为 18/16/13(IOS4406)。

该阀的性能参数：滞环≤0.1％，温度零漂≤1％/40℃。在±100％额定输入时的幅频宽分别为41 Hz(10 通径)、34 Hz(16 通径)和 18 Hz(25 通径)。该阀具有非常好的动态性能，适用于闭环控制系统。

3. 带机械零位先导级的两级伺服电磁阀

图 5-37 所示为带机械零位先导级的两级伺服电磁阀的组成与结构，图 5-38 所示为该阀的图形符号。该阀采用 6 通径的阀芯位置电反馈直动型伺服电磁阀(见图 5-29、图 5-31)作为先导级。图 5-29 和图 5-31 所示的两种阀芯位置电反馈直动型伺服电磁阀均可作为先导级使用，其区别仅在于放大器是否集成在阀上。图 5-37 所示的两级阀采用的是带集成放大器的先导阀，放大器输入范围为±10 V 或 4～20 mA。输出级(也称主阀)为具有随动性能的液控圆柱滑阀，带有阀芯位移传感器，阀芯两端各有一个对中弹簧。

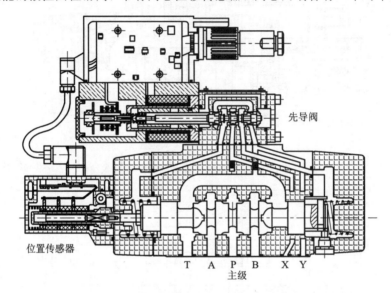

图 5-37   带机械零位先导级的两级伺服电磁阀的组成与结构

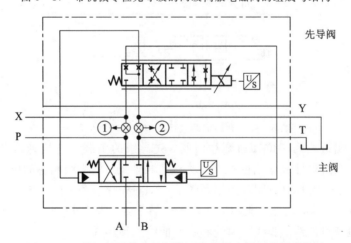

图 5-38   带机械零位先导级的两级伺服电磁阀的图形符号

该阀的先导级为四位四通圆柱滑阀，输出级为三位四通圆柱滑阀，先导级的负载口连接到输出级的左右弹簧腔，输出级的阀芯由先导级输出的控制压力油直接驱动，输出级阀芯的位移由传感器反馈至放大器中。输入电信号以双闭环控制系统的形式对先导级和输出级阀芯的位移进行精确定位。输出流量特性可选带精细节流边渐进曲线、非线性曲线和线性曲线三种形式。

先导级的工作原理详见 5.6.2 小节，当比例电磁铁失电时，复位弹簧将先导级的阀芯定位在机械零位上。需要注意的是，由于先导级阀芯处于机械零位（自然零位）时，主阀芯必须由输出级的对中弹簧推回到中位，即要求主阀的左右弹簧腔必须泄压，因此先导级的机械零位机能只能选 Y 型，而不能选 O 型。正常操作时，先导级在三个工作位置之间运动，而输出级的主阀芯作跟随运动。先导级的供油和回油可以通过内部，也可以通过外部（参见图 5-38）。

该阀有 10、16、25 和 32 四种通径规格。主阀额定流量分别为 85 L/min、200 L/min、370 L/min、1000 L/min，主阀最大允许流量分别为 170 L/min、450 L/min、900 L/min、3500 L/min，先导阀流量分别为 4 L/min、12 L/min、24 L/min、40 L/min。对油液清洁度的要求为 18/16/13(IOS4406)。

该阀的性能参数：滞环≤0.1%；温度零漂≤1%/40℃。在 ±100% 额定输入时的幅频宽分别为 20 Hz(10 通径)、16 Hz(16 通径)、10 Hz(25 通径)和 5 Hz(32 通径)。

4.三级高频响方向阀

三级高频方向阀由一个力反馈两级电液伺服阀和一个带阀芯位移传感器的液控圆柱滑阀的构成如图 5-39 所示，其图形的符号如图 5-40、图 5-41。该阀通过感应式位移传感器 8 测得输出级主阀芯 10 的位移；通过集成比例放大器实现输出级滑阀阀芯位移的闭环控制，位置检测系统的供电和先导阀的控制等，放大器输入范围为 ±10 V。

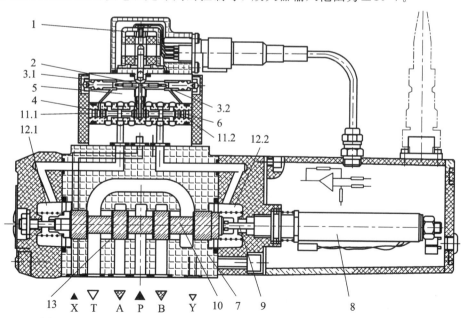

1—力矩马达；2—挡板；3.1、3.2—左右喷嘴；4—二级阀芯；5—喷嘴挡板阀；6—二级滑阀；7—三级液控阀；8—位移传感器；9—磁钢；10—三级阀芯；11.1、11.2—二级阀控制腔；12.1、12.2—三级阀弹簧腔；13—三级阀控制边。

图 5-39　三级高频响方向阀的构成

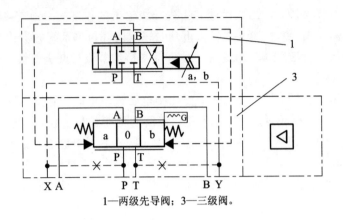

1—两级先导阀；3—三级阀。

图 5 - 40　三级高频响方向阀的图形符号

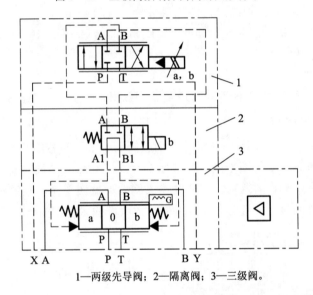

1—两级先导阀；2—隔离阀；3—三级阀。

图 5 - 41　三级高频响方向阀的图形符号(带隔离阀)

作为先导级的 6 通径力反馈两级电液伺服阀由力矩马达 1、喷嘴挡板阀 5，以及用作伺服阀功率级的二级滑阀 6 共同组成，用以控制作为第三级的液控方向阀 7。第三级的圆柱滑阀用于对液压执行元件的流量控制。感应式位移传感器 8 的磁芯 9 与第三级主阀芯 10 直接相连。

该阀的输入给定值与主阀芯位移的实际值比较得到的差动电压经过电子控制器放大后，作为控制偏差量传递到阀的第一级。这个信号推动两个控制喷嘴 3.1、3.2 之间的挡板 2 摆动，因而在二级滑阀 6 的两个控制腔 11.1、11.2 间产生了压差。二级滑阀的控制阀芯 4 因此被推动，并通过相应的液流流到三级液控阀 7 的弹簧腔 12.1 或 12.2。三级阀的阀芯 10 和带磁芯 9 的位移传感器 8 在二级滑阀输出液压力的驱动下一直运动，直到三级阀阀芯 10 的实际位移值和输入信号给定值再一次相等。在上述条件下，三级阀的阀芯 10 可一直保持在输入信号给定值所对应的位置上，其行程与输入指令电信号成正比。通过精确控制三级阀的阀芯 10 相对于控制边 13 的位置，形成与流量成正比的阀口开度。阀的动态特性通过集成比例放大器进行优化。

将一个两位四通电磁换向阀作为隔离阀叠加在先导级电液伺服阀与三级阀之间(见图 5-41)，当隔离阀失电时，可保证三级阀的阀芯 10 可靠对中。此时三级阀不受先导级的控制，可以起到安全保护作用。

该阀有 10、16、25 和 32 四种通径规格。主阀额定流量分别为 100 L/min、200 L/min、350 L/min、600 L/min，主阀最大允许流量分别为 170 L/min、460 L/min、870 L/min、1600 L/min，先导阀流量分别为 2.7 L/min、5.4 L/min、6.5 L/min、18.2 L/min。对油液清洁度的要求为先导级 18/16/13，三级阀 20/18/15(IOS4406)。

该阀的性能参数：滞环≤0.2%，灵敏度≤0.1%，温度零漂≤0.7%/20 K，压力零漂≤0.5%/10 MPa。在±100% 额定输入时的幅频宽分别为 40 Hz(10 通径)、33 Hz(16 通径)、30 Hz(25 通径)和 25 Hz(32 通径)。该阀的动态性能与工业级的电液伺服阀相当，特别适合于对动态响应灵敏度要求高的位置、速度、压力或力闭环液压控制系统。

■■■ 5.7　本章小结

本章介绍了电液比例阀的产生背景、功能、分类等，分析了比例电磁铁的组成、工作原理及控制形式，介绍了电液比例压力阀和电液比例流量阀的一般组成及工作原理，重点分析了与电液伺服阀具有类似功能，可用于液压控制系统中的各种不同典型结构的电液比例方向阀的组成、工作原理及性能特点，分析了电液比例方向阀的静态、动态特性曲线。

本章的重点及难点是电液比例阀的概念及产生背景，电液比例阀的分类及其各自的功能，比例电磁铁的分类、工作原理以及控制方式，电液比例方向阀的典型结构及其工作原理分析，高性能电液比例方向阀的结构和工作原理分析，电液比例方向阀的静态、动态特性曲线。

■■■ 本章思考题

1. 电液比例阀有哪些类别？

2. 电液比例阀产生的工业背景是什么？

3. 早期的电液比例方向阀动态性能差的主要原因是什么？

4. 提高电液比例方向阀性能的技术途径有哪些？

5. 电液比例方向阀与电液伺服阀有什么关联性？

6. 比例电磁铁与普通电磁铁在性能上有何差异？

7. 高性能电液比例方向阀是否构建了阀内的反馈？其目的是什么？常用的反馈方式有哪些？

第6章 液压控制系统

液压控制系统综合了液压技术、电子技术、计算机技术、传感器技术和控制理论等的优势，具有控制精度高、响应速度快、输出功率大、信号处理灵活、易于实现各种被控参数的反馈等优点。因此，液压控制系统适用于负载质量大、要求响应速度快的场合，其应用范围已遍及航空、航天、军事以及民用工业等多个领域。将前面所学的液压动力机构，电液伺服阀，电液比例阀等章节的知识综合起来，就可以构成液压控制系统。本章主要介绍液压控制系统的构建思路，系统性能的分析方法，设计步骤和设计要点。

6.1 液压控制系统的构建

6.1.1 液压控制系统的分类

液压控制系统的分类方法有很多，可以从不同的角度进行分类。如位置控制系统、速度控制系统、力（力矩）控制系统等，阀控系统、泵控系统，大功率系统、小功率系统，开环控制系统、闭环控制系统等。根据液压控制系统中电信号形式的不同，又可分为模拟式液压控制系统、数字式液压控制系统以及数模混合式液压控制系统。

1. 模拟式液压控制系统

在模拟式液压控制系统中，全部电信号都是连续的模拟量（见图6-1）。此系统中的输入信号、反馈信号、偏差信号、放大信号以及校正信号都是连续的模拟量。

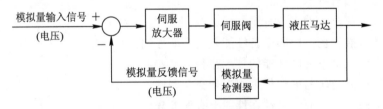

图6-1 模拟式液压控制系统方框图

模拟式液压控制系统的重复精度高，但分辨能力较低（绝对精度低）。系统的精度在很大程度上取决于检测装置的精度，而模拟式检测装置的精度一般低于数字式检测装置，所以模拟式液压控制系统的分辨力一般低于数字式液压控制系统。另外，模拟式液压控制系统中微小信号容易受到噪声和零漂的影响，因此当输入信号接近或小于输入端的噪声和零漂时，就无法进行有效的控制。

2. 数字式液压控制系统

在数字式液压控制系统中，全部信号都是离散的数字量，该系统中的控制元件必须能够接收数字信号，一般可采用数字液压阀或电液步进马达。系统的输出通过数字式检测装置，以获取数字量反馈信号。数字式检测装置具有很高的分辨能力，所以数字式液压控制系统可以得到很高的绝对精度。数字式液压控制系统的输入信号一般受模拟量的噪声和零漂的影响很小，所以当系统要求较高的绝对精度，而不是重复精度时，常采用数字式液压控制系统。（有关数字液压控制技术的相关内容详见第 7 章。）

3. 数模混合式液压控制系统

数模混合式液压控制系统方框图如图 6 - 2 所示。液压放大转换元件、液压执行元件、反馈测量传感器等采用模拟信号，而指令器、比较器等采用数字信号。随着计算机技术的迅速发展，指令器、比较器经常集成在计算机（PC 机、单片机、PLC 或专用控制器等多种硬件）中，一般统称为系统的控制器。

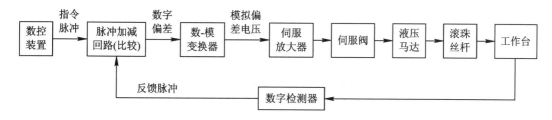

图 6 - 2　数模混合式液压控制系统方框图

数模混合式液压控制系统反馈的模拟量信号经模数转换之后，与数字式指令装置发出的指令信号相比较后产生数字偏差信号，再经数模转换器把数字信号变为模拟偏差电压，通过放大器驱动电液控制元件，后面的液压动力机构仍采用常规的模拟式元件。此外，它可以借助计算机对信息进行贮存、解算和控制，便于在系统中实现多环路、多参量的实时控制，因此数模混合式液压控制系统有着广阔的发展前景，也是目前液压控制系统的主流形式。

6.1.2　液压控制系统的构建理念与方式

现代机械设备上的液压控制系统一般具有控制对象众多，控制功能要求繁多，逻辑关系错综复杂等特点。因此，必须选择合适的硬件，采用合适的通信方式构建整个液压控制系统。操作人员的各种指令信号也不是直接发送给各个电液控制元件的，而是先进入控制器，借助计算机强大的数据处理及运算功能，结合对应传感器的反馈信号，按照既定的控制策略，产生相应的控制信号再发送到各个电液控制元件，通过电液控制元件驱动液压执行元件完成相应的工作。由此可见，液压控制系统要完成复杂的控制功能，其"心脏"就是控制器。一般控制器的输入量有两大类：一类是操作人员给出的各种操作指令；另一类是各种传感器的反馈信号。而控制器的输出量是直接发送到各个电液伺服阀、电液比例阀、电液比例（电液伺服）变量泵的模拟量信号，以及直接发送到各个电磁阀的开关量信号等。

液压控制系统的硬件通常由控制器、显示器、传感器、指令信号输入元件（如调节旋钮、操纵手柄等）、电液控制元件（如电液伺服阀、电液比例阀、电磁阀等），以及其他功能子系统（如远程通信子系统、GPS 定位子系统、故障诊断子系统等）构成（见图 6 - 3）。系统的各个硬件之间需要构建一种互相的连接关系，以便进行通信和数据传输。目前，连接的主流方式是采用现场总线技术来进行硬件之间的组网连接。

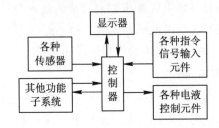

图 6-3　液压控制系统的硬件构成框图

在计算机数据传输领域内，RS-232 和 CCITTV.24 通信标准被广泛地使用，但它们是一种低速率和点对点的数据传输标准，无法支持更高层次计算机之间的通信。同时，在工业现场控制和生产自动化领域中需要使用大量的传感器、执行器和控制器，在最底层需要一种造价低廉而又能经受工业现场环境的通信系统，现场总线就是在这种背景下产生的。

现场总线是一种在测控设备之间实现双向串行多节点数字通信，是全分散、全数字化、智能化、双向、多站点、开放式的通信网络。

控制器局域网（Controller Area Network，CAN），属于现场总线的范畴，是一种有效支持分布式控制或实时控制的串行通信网络。它是以 OSI（Open System Intercconnect）基准模型为基础的一种简化的网络结构。CAN 结构分为数据链路层、物理层和应用层。CAN 总线的主要技术特点如下：

（1）多主方式工作。网络上任一节点均可在任意时刻主动向网络上其他节点发送信息，且不分主从，通信方式灵活，无需占地址等节点信息。

（2）网络上的节点信息分成不同的优先级，以满足不同的实时性需要。

（3）采用非破坏性总线仲裁技术，当多个节点同时向总线发送信息时，优先级较低的节点主动退出发送，而最高优先级的节点不受影响，从而大大节省了总线冲突仲裁时间。尤其是在网络负载严重的情况下也不会出现网络瘫痪的情况。

（4）可点对点、一点对多点（成组）和全局广播传送数据。

（5）CAN 总线通信距离最远可达 10 km（速率 5 kb/s 以下），通信速率最高可达 1 Mb/s（此时通信距离最长为 40 m）。

（6）CAN 上的节点数主要取决于总线驱动电路，其节点数可达 110 个，报文标识符可达 2032 种（CAN2.0A），而扩展标准（CAN2.0B）的报文标识符几乎不受限制。

（7）采用短帧结构，传输时间短，受干扰概率低，具有较好的检错效果。

（8）CAN 每帧信息都有循环冗余校验（Cyclic Redundang Check，CRC）及其他的检错措施，因此数据的出错率极低。

图 6-4 所示为实际工程中构建的一个液压控制系统的例子。系统中各个硬件之间的数据传输采用 CAN 总线组网，各种的传感器、指令信号输入元件、电液控制元件通过 I/O接口和控制器相连接，其他功能的子系统作为独立节点直接与 CAN 总线相连。如果选用了具有 CAN 接口的传感器，则传感器也可以作为独立节点直接连接在 CAN 总线上，不用通过控制器就可以与其他硬件进行数据通信。

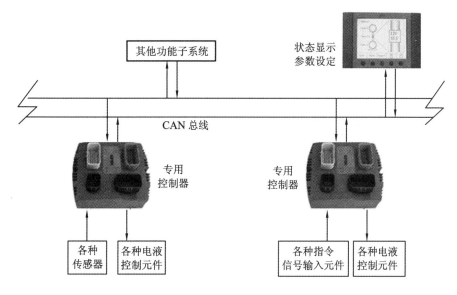

图 6-4　液压控制系统构建实例

6.2　液压控制系统的分析

对液压控制系统进行分析是液压控制系统设计过程中必不可少的工作,它的主要思路是:详细了解、分析液压控制系统的构成及工作原理,在此基础上建立系统的数学模型,并进行必要的简化,将工程中实际的液压控制系统转化为以传递函数形式呈现的数学表达式。运用控制理论的方法(如频域法、时域法等),对上述数学表达式进行相关的运算、分析,进而得出该液压控制系统在稳定性、快速性和准确性三个方面的性能参数,根据所得结论对该系统的性能做出评估,并结合系统的性能指标,决定是否需要对系统进行校正。

液压控制系统的控制方式虽然只有"阀控"和"泵控"两种基本形式,但由于所采用的指令元件、反馈测量元件和相应的放大器、校正环节的电子装置不同,就构成了形态、特点、性能各异的液压控制系统。如第 1 章所述,根据液压控制系统最终控制的输出物理量的不同,液压控制系统可分为位置控制系统、速度控制系统和力(力矩)控制系统。无论是位置控制系统还是速度控制系统,液压控制系统中的核心控制元件(圆柱滑阀或变量泵)需要控制的均为进入液压执行元件的液体流量。而在力(力矩)控制系统中,核心控制元件(圆柱滑阀)需要控制的是液压执行元件两腔的压力差。因此,力(力矩)控制系统无论是建模的结果还是分析的过程,与前两类系统有较大的差别(详见 6.2.6 及 6.4.3 小节)。

液压控制系统的分析一般包括系统的工作原理分析及数学建模、系统的稳定性分析、系统的响应特性分析、系统的稳态误差分析等几部分具体的内容。

6.2.1　系统的工作原理分析及数学模型的建立

1. 液压位置控制系统的数学模型

如果液压位置控制系统采用阀控方式,当考虑电液伺服阀(或高性能电液比例方向阀)的动特性,且没有弹性负载时,其开环传递函数一般由式(6-1)表示:

$$G(s)H(s) = \frac{K_v G_{sv}(s)}{s\left(\dfrac{s^2}{\omega_h^2} + \dfrac{2\zeta_h}{\omega_h}s + 1\right)} \tag{6-1}$$

式中：K_v——系统的开环增益；

　　$G_{sv}(s)$——电液伺服阀（或高性能电液比例方向阀）的传递函数。

通常情况下，电液伺服阀（或高性能电液比例方向阀）的响应速度较快，与液压动力元件相比，其动态特性可以忽略不计，可将阀的传递函数看成比例环节。这样，在没有弹性负载时，系统的开环传递函数可以进一步简化为

$$G(s)H(s) = \frac{K_v}{s\left(\dfrac{s^2}{\omega_h^2} + \dfrac{2\zeta_h}{\omega_h}s + 1\right)} \tag{6-2}$$

式中：K_v 为系统的开环增益，其中包含电液伺服阀（或高性能电液比例方向阀）的流量增益。

液压固有频率通常总是液压控制系统中最低的，系统的动态特性一般由它决定。式（6-2）表示的简化后的开环传递函数很有代表性，除特殊情况外，一般的液压位置控制系统的数学模型都可以简化为这种形式。

2. 液压速度控制系统的数学模型

常见的液压速度控制系统按控制方式的不同，可分为阀控液压马达速度控制系统和泵控液压马达速度控制系统。阀控马达系统一般用于小功率场合，而泵控马达系统一般用于大功率场合。如果采用阀控方式，当忽略电液伺服阀（或高性能电液比例方向阀）及其放大器的动特性，并假定负载为简单的惯性负载时，液压速度控制系统的开环传递函数一般由式（6-3）表示：

$$G(s)H(s) = \frac{K_0}{\dfrac{s^2}{\omega_h^2} + \dfrac{2\zeta_h}{\omega_h}s + 1} \tag{6-3}$$

式中：K_0 为系统的开环增益，其中包含电液伺服阀（或高性能电液比例方向阀）的流量增益。

6.2.2　系统的稳定性分析

根据古典控制理论中关于系统稳定性分析的相关内容可知，可以采用代数判据（罗斯判据、霍尔维茨判据等）或几何判据（借助系统的开环伯德图）对液压控制系统进行稳定性分析。如果采用几何判据，则不但能判断系统的绝对稳定性（系统是否稳定），还能确定系统的相对稳定性（系统稳定裕量的大小）。为保证系统能够稳定可靠地工作，液压控制系统需要具有适当的稳定裕量。通常相位裕量应在 $30° \sim 60°$ 之间，幅值裕量应大于 6 dB。

1. 液压位置控制系统的稳定性分析

未加校正的液压位置控制系统的开环传递函数通常可以简化为一个积分环节和一个振荡环节，是典型的 Ⅰ 型系统，它的性能主要由动力元件的参数 ω_h 和 ξ_h 所决定。而液压阻尼比 ξ_h 一般都比较小，会使得幅值裕量不足，但相位裕量（$70° \sim 80°$）较大。另一个特点是参数变化较大，特别是阻尼比 ξ_h 随着工作点的改变，会在很大的范围内变化。

　　单纯靠调整增益往往满足不了系统的全部性能指标，这时就要对系统进行校正。一般是在系统的前向通道上串联一个由电阻和电容构成的低通滤波器。利用它的高频衰减特性，可以在保持系统稳定的条件下，提高系统的低频增益，改善系统的稳态性能；或者在保证系统稳态精度的条件下，降低系统的高频增益，以保证系统的稳定性。该校正利用的是高频衰减特性，而不是相位滞后。在阻尼比偏小的液压位置控制系统中，提高放大系数的限制因素是幅值裕量，而不是相位裕量，因此采用该校正方法是合适的。

　　另外，也可以采用在液压位置控制系统中通过增设速度反馈和加速度反馈的方式对系统进行校正。速度反馈校正的主要作用是提高主回路的静态刚度，减少速度反馈回路内的干扰和非线性的影响，提高系统的静态精度，而加速度反馈的主要作用则是提高系统的阻尼比。低阻尼比是限制液压控制系统性能指标的主要原因，如果能将阻尼比提高到 0.4 以上，系统的性能可以得到显著的改善。根据液压位置控制系统校正的需要，速度反馈与加速度反馈可以单独使用，也可以联合使用。

　　速度反馈校正在液压执行元件不运动时不起作用，系统的开环增益等于未校正时的开环增益；当液压执行元件运动时才有反馈信号，并使系统开环增益大幅度降低，这有利于系统的稳定。因此，液压执行元件不运动时的开环增益可取值较高，使系统具有很高的静态刚度。另外，由于速度反馈回路包围了放大器、电液伺服阀（或高性能的电液比例方向阀）和液压执行元件等，而速度反馈回路的开环增益又比较高，所以被速度反馈回路所包围的元件的非线性，如死区、间隙、滞环，以及元件参数的变化、零漂等都将受到抑制。

2. 液压速度控制系统的稳定性分析

　　未加校正的速度控制系统是个 0 型系统，它的开环伯德图如图 6-5 所示，在幅值穿越频率 ω_c 处的斜率为 -40 dB/dec，因此相位裕量很小，特别是在阻尼比 ξ_h 较小时更是如此。这个系统虽然稳定，但此结论是在简化条件下得出的。如果在 ω_c 和 ω_h 之间存在其他被忽略的环节，这时穿越频率 ω_c 处的斜率将变为 -60 dB/dec 或 -80 dB/dec，系统将不再稳定。即使开环增益 $K_0 = 1$，系统也不易稳定，因此速度控制系统必须加校正才能稳定工作。

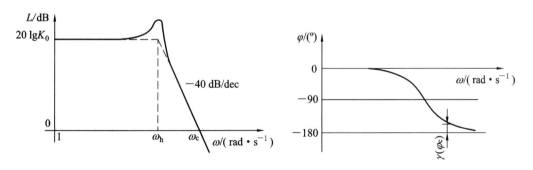

图 6-5　未加校正的速度控制系统开环伯德图

　　实现校正的最简单办法是在电液伺服阀（或高性能的电液比例方向阀）前的电子放大器电路中串接一个 RC 滞后网络。RC 滞后网络见图 6-6，其传递函数为

$$\frac{u_o}{u_i} = \frac{1}{T_c s + 1} \qquad (6-4)$$

式中：$T_c = RC$，称为时间常数。

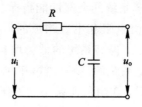

图 6-6 RC 滞后网络

校正后的速度控制系统开环伯德图如图 6-7 所示,图中幅值穿越频率 ω_c 处的斜率为 -20 dB/dec,有足够的相位裕量。为保证系统稳定,谐振峰值不应超过 0 分贝线,应满足下式:

$$\omega_c < 2\xi_h\omega_h \approx (0.2 \sim 0.4)\omega_h \qquad (6-5)$$

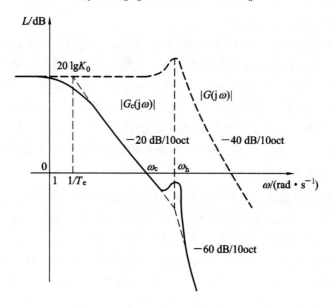

图 6-7 校正后的速度控制系统开环伯德图

由校正后的速度控制系统开环伯德图可求出滞后网络的时间常数为

$$T = \frac{K_0}{\omega_c} \qquad (6-6)$$

这类系统的动态、静态特性是由动力元件参数 ω_h、ξ_h 和开环增益 K_0 决定的。ω_h 和 ξ_h 一定时,可根据式(6-5)确定穿越频率 ω_c,根据误差要求确定开环增益 K_0,最后由式(6-6)确定校正环节的时间常数 T,再根据 T 确定 R 和 C。

由图 6-7 可以看出,校正后的穿越频率比未校正时的穿越频率低得多。但为了保证系统的稳定性,不得不牺牲一些响应速度和控制精度。

采用 RC 滞后网络校正的速度控制系统仍是 0 型系统。为了提高精度,可采用积分放大器校正,使它变成 I 型系统。但需要注意的是,位置控制系统对指令信号是 I 型的,对负载干扰是 0 型的;由于积分环节的位置不一样,速度控制系统对指令信号和负载干扰都是 I 型的。

6.2.3 系统的响应特性分析

系统的闭环响应特性包括对指令信号和对外负载力（或力矩）干扰的闭环响应两个方面。在系统设计时，通常只考虑对指令信号的响应特性，而对外负载力（力矩）干扰只考虑系统的闭环刚度。下面以液压位置控制系统为例，对系统的响应特性进行分析。

1. 对指令输入的闭环频率响应

根据系统的数学模型（传递函数），可以分别画出液压位置控制系统的开环和闭环频率特性曲线（即开环和闭环伯德图），如图 6-8 所示，该曲线反映了位置控制系统的响应能力。在系统闭环伯德图中，度量的幅频宽或相频宽可以表示系统响应的快慢。

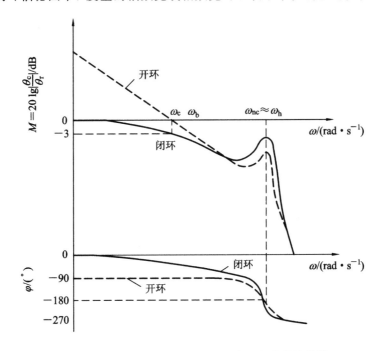

图 6-8　液压位置控制系统开环和闭环频率特性曲线

幅频宽是指系统的输出与输入的幅值比下降到 0.707（即下降至 -3 dB）时所对应的频率范围。此外，还可以用相频宽来度量响应的快速性。相频宽是指系统的输出量相对于输入量相位滞后 90°时所对应的频率范围。由古典控制理论可知，当液压阻尼比 ξ_h 较小时，ω_b / K_v 略大于 1，又因为 $\omega_c \approx K_v$，所以闭环系统的频宽 ω_b 略大于系统开环伯德图中的幅值穿越频率 ω_c，相频宽也略大于 ω_c。虽然液压控制系统的频宽 ω_b 应该在系统的闭环伯德图中度量，但由于系统的闭环伯德图绘制远比系统的开环伯德图复杂的多，因此，实际工程中一般用 ω_c 近似地估计 ω_b，所得到的液压控制系统快速性的结论是偏保守的。

2. 系统的闭环刚度特性

根据建立的系统对外负载力（或力矩）的传递函数，其倒数即为系统的闭环刚度特性。

图 6-9 所示，系统的闭环刚度与开环放大系数（即开环增益）K_v 成正比。为了减小由外负载力矩所引起的位置误差，希望提高开环放大系数，但 K_v 的提高受系统稳定性的限制。为了得到较高的闭环刚度，可以在系统中加入校正装置，如滞后校正或在小回路中加

入速度反馈校正等。

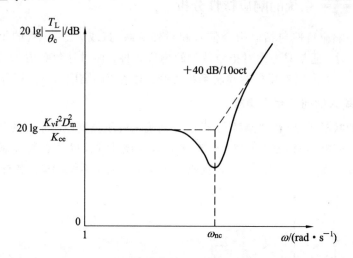

图 6-9　液压位置控制系统闭环动态刚度特性

此处所讨论的闭环刚度，完全是液压位置控制系统本身的刚度，不包括连接件、机械传动装置和机架、机座等部件的刚度。如果这些部件的刚度比液压控制系统的刚度还要低，则提高液压控制系统的刚度也不会对增加总刚度有明显的影响，此时就必须设法提高机械部件的机械刚度。

6.2.4　系统的稳态误差分析

稳态误差用来表示系统的控制精度，是液压控制系统的一个重要指标。稳态误差是输出量的希望值与稳态时的实际输出值之差。稳态误差受到输入指令信号、外负载力（或外负载力矩）干扰，以及系统中的零漂、死区等内干扰的共同影响。

1. 跟随误差

由输入信号引起的误差称为跟随误差。跟随误差与输入信号的形式有关，也与系统本身的结构和参数有关。

由古典控制理论可知，控制系统典型的输入信号一般有阶跃信号（阶跃输入）、斜坡信号（等速输入）和加速度信号（等加速输入）等几种形式。而根据控制系统开环传递函数中所包含的积分环节的个数，可将系统分为不同的类型。

0 型系统表示系统开环传递函数中没有积分环节。0 型系统对于阶跃信号可实现有差跟踪，有差跟踪时的稳态误差与 $1+K_v$（系统的开环增益）成反比。而对于斜坡信号和加速度信号则无法跟踪。未加校正的液压速度控制系统就是 0 型系统，它只能对阶跃输入实现有差跟踪。

Ⅰ型系统表示系统开环传递函数中包含一个积分环节。Ⅰ型系统对于阶跃信号可实现无差跟踪（即稳态误差为零），对于斜坡信号可实现有差跟踪，有差跟踪时的稳态误差与系统的开环增益 K_v 成反比，对于加速度信号则无法跟踪。未加校正的液压位置控制系统就是Ⅰ型系统，它对于斜坡输入是有差跟踪。

Ⅱ型系统表示系统开环传递函数中有两个积分环节。Ⅱ型系统对于阶跃信号及斜坡信号均可实现无差跟踪，对于加速度信号可实现有差跟踪，有差跟踪时的稳态误差与系统的开环增益 K_v 成反比。

2. 负载误差

由负载干扰引起的误差称为负载误差。负载误差与外负载力(或外负载力矩)成正比，与系统的闭环静刚度成反比。

从前面的分析可以看出，提高系统的开环增益 K_v 对于减小跟随误差和负载误差都是有利的。而且还能减小由库伦摩擦、滞环、间隙等引起的非线性作用，从而改善系统的准确性。但提高开环增益 K_v 会受到系统稳定性的限制。另外，还可看出，要减小负载误差就应减小液压动力机构的总流量-压力系数 K_{ce}，但这将导致阻尼比减小。因此，减小负载误差和增大阻尼比是矛盾的，解决这些矛盾的方法就是对系统进行必要的校正。

3. 静态误差

除了跟随误差和负载误差外，放大器、电液伺服阀(或高性能电液比例方向阀)的零漂、死区，以及使负载运动时的静摩擦都会引起稳态位置输出的误差。为了与上述的稳态误差进行区别，将零漂、死区等在系统中造成的误差称为系统的静态误差，也称静差。

在计算液压控制系统的总静差时，可以将系统中各元件的零漂和死区都折算到电液伺服阀(或高性能电液比例方向阀)的输入端，以阀的输入电流值表示。假设总的零漂和死区电流为 $\sum \Delta I$，则对于液压位置控制系统而言，只有当电液伺服阀(高性能电液比例方向阀)的输入电流大于 $\sum \Delta I$ 时，系统才能有对应的输出。$\sum \Delta I$ 与干扰作用点(阀的输入端)之前的回路增益之比被称为系统的位置分辨率。在设计系统时，考虑适当地增大干扰作用点之前的回路增益，对减小静态误差是有利的。

反馈测量元件自身的误差在控制回路之外，与回路的增益无关，它的误差直接反映到系统的输出端，从而直接影响系统的精度。显然，液压控制系统的精度无论如何也不会超过反馈测量元件自身的精度。因此，在高精度的液压控制系统中，要注意反馈测量元件的选择。

6.2.5　液压位置控制系统分析实例

电液位置控制系统的方框图如图 6-10 所示。已知液压缸有效面积 $A_p = 1.68 \times 10^{-2}$ m²，系统总流量-压力系数 $K_{ce} = 1.2 \times 10^{-11}$ m³/s·Pa，最大工作速度 $V_m = 2.2 \times 10^{-2}$ m/s，最大静摩擦力 $F_f = 1.75 \times 10^4$ N，伺服阀零漂和死区电流总计为 15 mA。取增益裕量为 6 dB，试确定放大器增益、穿越频率和相位裕量，并分析系统的跟随误差和静态误差。

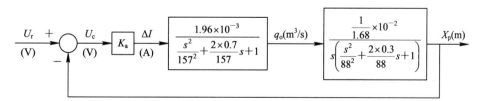

图 6-10　电液位置控制系统的方框图

根据图 6-10 可写出系统的开环传递函数为

$$G(s)H(s) = \frac{K_v}{s\left(\dfrac{s^2}{157^2} + \dfrac{2 \times 0.7}{157}s + 1\right)\left(\dfrac{s^2}{88^2} + \dfrac{2 \times 0.3}{88}s + 1\right)}$$

式中：开环增益为

$$K_v = \frac{K_a K_{sv}}{A_p} = \frac{1.96 \times 10^{-3}}{1.68 \times 10^{-2}}K_a$$

其中：光电检测器与放大器增益 K_a 待定。

绘制 $K_v = 1$ 时的开环伯德图，如图 6-11 所示。图中相位曲线 1、2、3 分别是积分环节、伺服阀和阀控液压缸的相位曲线，其代数和为总相位曲线 4。为了满足系统的幅值裕量为 6 dB，可将图 6-11 中的零分贝线由 0′ 移至 0。由图可查得穿越频率 $\omega_c = 26.7$ rad/s，对应的相位裕量为 $\gamma = 78.7°$。由新、老零分贝线的距离可得系统的开环放大系数 $K_v = 24.7$ L/s。

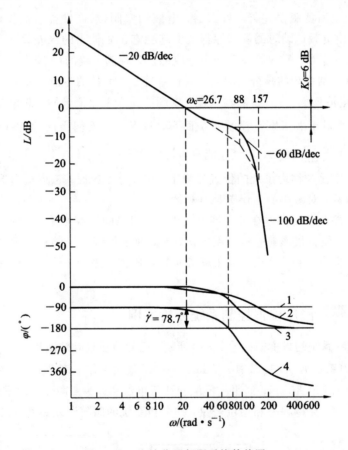

图 6-11　电液位置伺服系统伯德图

光电检测器与伺服放大器增益为

$$K_a = \frac{K_v}{1.96 \times 10^{-3} \times 59.5} = 211.8 \text{ A/m}$$

系统的跟随误差为

$$e_r(\infty) = \frac{V_m}{K_v} = \frac{2.2 \times 10^{-2}}{24.7} \text{m} = 0.89 \times 10^{-3} \text{m}$$

静摩擦力引起的死区电流为

$$\Delta I_{\mathrm{D1}} = \frac{K_{\mathrm{ce}}}{K_{\mathrm{sv}} A_{\mathrm{p}}} F_{\mathrm{f}} = \frac{1.2 \times 10^{-11} \times 1.75 \times 10^{4}}{1.96 \times 10^{-3} \times 1.68 \times 10^{-2}} \text{ A} = 6.38 \times 10^{-3} \text{ A}$$

零漂和死区引起的总静态误差为

$$\Delta x_{\mathrm{p}} = \frac{\sum \Delta I}{K_{\mathrm{a}}} = \frac{(15 + 6.38) \times 10^{-3}}{211.8} \text{ m} = 0.1 \times 10^{-3} \text{ m}$$

系统的总误差为跟随误差与总静态误差之和，即

$$(0.89 + 0.1) \times 10^{-3} \text{ m} = 0.99 \times 10^{-3} \text{ m}$$

■■■ 6.2.6 ■■■ 液压力(力矩)控制系统的分析

以力(力矩)为被控量的液压控制系统称为力(力矩)控制系统。在工程实际中，力控制系统的应用有很多，如材料试验机、结构物疲劳试验机、轧机张力控制系统、车轮刹车装置等。在力(力矩)控制系统中，核心控制元件(一般是圆柱滑阀)需要控制的是执行元件两腔的压力差，以此来控制液压缸输出的力(或液压马达输出的力矩)大小。因此，力(力矩)控制系统无论是系统的构成、建模的结果，还是分析的过程，其与位置控制系统、速度控制系统均有较大的差别。

1. 系统组成及工作原理

力(力矩)控制系统主要由放大器、电液伺服阀(或高性能电液比例方向阀)、液压缸(液压马达)以及力(力矩)传感器等组成(见图 6 - 12)。

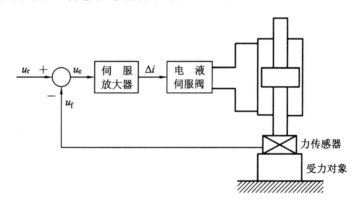

图 6 - 12　电液力控制系统原理图

当指令装置发出的指令电信号作用于系统时，液压缸便有输出力，该力由力传感器检测后转换为反馈电压信号与指令电压信号相比较，得出偏差电压信号。此偏差信号经放大器放大后输入到电液伺服阀(或高性能电液比例方向阀)，使电液伺服阀(或高性能电液比例方向阀)内圆柱滑阀的阀芯产生位移，控制阀口的开度大小。在负载流量几乎为零的条件下，即可控制圆柱滑阀两个负载口的压力差(即负载压力)，负载压力作用于液压缸活塞上，使输出力向减小误差的方向变化，直至输出力等于指令信号所规定的值为止。在稳态情况下，输出力与指令信号对应。由于要保持一定的输出力，就要求电液伺服阀(或高性能电液比例方向阀)的主阀芯有一定的开度，因此这个系统是 0 型有差系统。

需要注意的是，在力控制系统中的被控物理量是力。虽然在位置或速度控制系统中，

要驱动负载运动也需要有力的输出,但这个力不是被控量,它的大小取决于被控量(位置或速度)和外负载力。而在力控制系统中,输出力是被控量,此时的位置、速度等则取决于输出力和受力对象本身的状态。

在下面的讨论中,假定力传感器的刚度远大于负载刚度,则可以忽略力传感器的变形,认为液压缸活塞的位移就等于负载的位移。

2. 力控制系统的建模

偏差电压信号为

$$U_e = U_r - U_f \tag{6-7}$$

式中:U_r——指令电压信号;

U_f——反馈电压信号。

力传感器方程为

$$U_f = K_{fF} F_g \tag{6-8}$$

式中:K_{fF}——力传感器增益;

F_g——液压缸输出力。

放大器的动态可以忽略,其输出电流为

$$\Delta I = K_a U_e \tag{6-9}$$

式中:K_a——放大器增益。

电液伺服阀(或高性能电液比例方向阀)传递函数可表示为

$$\frac{X_v}{\Delta I} = K_{xv} G_{sv}(s) \tag{6-10}$$

式中:X_v——电液伺服阀(或高性能电液比例方向阀)阀芯位移;

K_{xv}——电液伺服阀(或高性能电液比例方向阀)的增益;

$G_{sv}(s)$——$K_{xv}=1$ 时,电液伺服阀(或高性能电液比例方向阀)的传递函数。

假定负载为质量、弹性和阻尼,则阀控液压缸的动态可用下面三个方程描述为

$$Q_L = K_q X_v - K_c P_L$$

$$Q_L = A_p s X_p + C_{tp} P_L + \frac{V_t}{4\beta_e} s P_L \tag{6-11}$$

$$F_g = A_p P_L = m_t s^2 X_p + B_p s X_p + K X_p$$

式中:m_t——负载质量;

B_p——负载阻尼系数;

K——负载弹簧刚度;

C_{tp}——液压缸总泄漏系数。

由式(6-7)～式(6-11)可画出力控制系统的方框图,见图 6-13。图中 $K_{ce}=K_c+C_{tp}$。

由式(6-11)中的三个基本方程消去中间变量 Q_L 和 X_p,或对图 6-13 所示的方框图进行简化,可以得到阀芯位移 X_v 至液压缸活塞杆输出力 F_g 的传递函数为

$$\frac{F_g}{X_v} = \frac{\dfrac{K_q}{A_p} K \left(\dfrac{m_t}{K} s^2 + \dfrac{B_p}{K} s + 1 \right)}{\dfrac{V_t m_t}{4\beta_e A_p^2} s^3 + \left(\dfrac{K_{ce} m_t}{A_p^2} + \dfrac{V_t B_p}{4\beta_e A_p^2} \right) s^2 + \left(1 + \dfrac{K_{ce} B_p}{A_p^2} + \dfrac{V_t K}{4\beta_e A_p^2} \right) s + \dfrac{K_{ce} K}{A_p^2}} \tag{6-12}$$

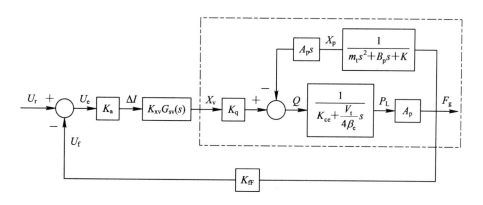

图 6-13　力控制系统的方框图

式(6-12)与式(3-13)阀控缸的传递函数相比较,其分母的形式相同,不同的是分子多了一个二阶微分环节。式(6-12)的分母可以按式(3-13)的简化方法进行简化。通常,负载的阻尼系数 B_p 很小,可以忽略不计。则式(6-12)可以简化为

$$\frac{F_g}{X_v} = \frac{\dfrac{K_q}{K_{ce}} A_p \left(\dfrac{m_t}{K} s^2 + 1 \right)}{\dfrac{A_p^2 m_t}{K_{ce} K_h K} s^3 + \dfrac{m_t}{K} s^2 + \left(\dfrac{A_p^2}{K_{ce} K_h} + \dfrac{A_p^2}{K_{ce} K} \right) s + 1} \qquad (6-13)$$

式中:K_h 为液压弹簧刚度,$K_h = \dfrac{4\beta_e A_p^2}{V_t}$。

如果满足条件:

$$\left[\frac{K_{ce} \sqrt{K m_t}}{A_p^2 (1 + K/K_h)} \right]^2 \ll 1$$

则式(6-13)可近似写为

$$\frac{F_g}{X_v} = \frac{\dfrac{K_q}{K_{ce}} A_p \left(\dfrac{s^2}{\omega_m^2} + 1 \right)}{\left(\dfrac{s}{\omega_r} + 1 \right) + \left(\dfrac{s^2}{\omega_0^2} + \dfrac{2\xi_0}{\omega_0} s + 1 \right)} \qquad (6-14)$$

式中:ω_m——负载的固有频率,$\omega_m = \sqrt{\dfrac{K}{m_t}}$;

ω_r——液压弹簧与负载弹簧串联耦合的刚度与阻尼系数之比,$\omega_r = \dfrac{K_{ce}}{A_p^2} \Big/ \left(\dfrac{1}{K_h} + \dfrac{1}{K} \right)$;

ω_0——液压弹簧与负载弹簧并联耦合的刚度与负载质量形成的固有频率,$\omega_0 = \omega_h \sqrt{1 + \dfrac{K}{K_h}} = \omega_m \sqrt{1 + \dfrac{K_h}{K}}$;

ζ_0——阻尼比,$\zeta_0 = \dfrac{1}{2\omega_0} \dfrac{4\beta_e K_{ce}}{V_t \left[1 + \left(\dfrac{K}{K_h} \right) \right]}$;

K_q / K_{ce}——总压力增益。

根据式(6-14),图 6-13 所示的方框图可简化为图 6-14。

由图 6-14 可得力控制系统的开环传递函数为

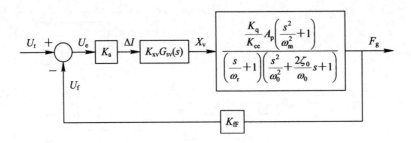

图 6-14　力控制系统简化后的方框图

$$G(s)H(s) = \frac{K_0 G_{sv}(s)\left(\dfrac{s^2}{\omega_m^2}+1\right)}{\left(\dfrac{s}{\omega_r}+1\right)\left(\dfrac{s^2}{\omega_0^2}+\dfrac{2\xi_0}{\omega_0}s+1\right)} \tag{6-15}$$

式中：K_0 为系统的开环增益。

$$K_0 = K_a K_{xv}\frac{K_q}{K_{ce}}A_p K_{fF} \tag{6-16}$$

如果电液伺服阀（或高性能电液比例方向阀）的固有频率远大于 ω_m 和 ω_0，可以将其看成比例环节。此时，力控制系统的开环伯德图如图 6-15 所示。

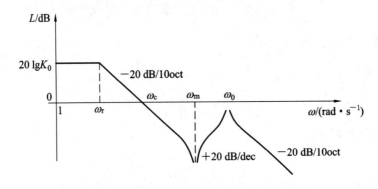

图 6-15　力控制系统开环伯德图

下面讨论两种特殊的情况：

（1）$K \gg K_h$，即负载刚度远大于液压弹簧刚度。此时，$\omega_r \approx K_{ce}K_h/A_p^2$，$\omega_0 \approx \omega_m$。二阶振荡环节与二阶微分环节近似对消，系统动态特性主要由液体的可压缩性所形成的惯性环节所决定。

（2）$K \ll K_h$，即负载刚度远小于液压弹簧刚度。此时，$\omega_r \approx K_{ce}K/A_p^2$，$\omega_0 \approx \omega_h \approx \omega_m$。随着 K 降低，ω_r、ω_m 和 ω_0 都要降低，但 ω_r 和 ω_m 降低的更多，使 ω_m 和 ω_0 之间的距离增大，ω_0 处的谐振峰值抬高。

3. 力控制系统的性能分析

当 $G_{sv}(s)=1$ 时，由传递函数式（6-15）和图 6-15 所示的开环伯德图可以看出，系统的最大相位滞后为 90°，因此只考虑液压缸和负载的动态特性时，系统是稳定的。但如果考虑到反馈传感器、放大器和电液伺服阀（或高性能电液比例方向阀）的相位滞后时，系统有可能不稳定。为了保证系统的稳定，应使 ω_0 处的谐振峰值不超过零分贝线，并使增益裕量大于 6 dB。

力控制系统的稳定性受负载刚度的影响很大，负载刚度越小，系统越不易稳定。负载刚度变小时，$\omega_0(\omega_h)$处的谐振峰值可能超过零分贝线，系统变为不稳定系统。故一般用最小的负载刚度来分析和设计系统的稳定性。

为使系统在低负载刚度时仍能稳定工作，而又不降低响应速度，可在 ω_c 与 ω_m 之间加校正环节，校正环节的传递函数为

$$G_c(s) = \frac{1}{\left(\dfrac{s}{\omega_1} + 1\right)^2}$$

校正后的力控制系统开环伯德图如图 6-16 所示。

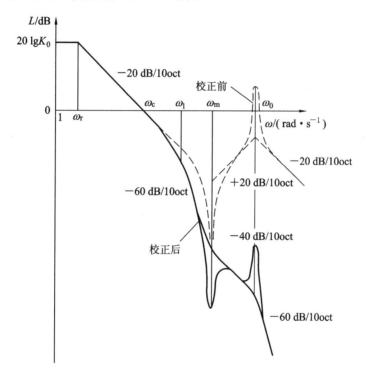

图 6-16　校正后的力控制系统开环伯德图

幅值穿越频率 ω_c 基本确定了系统的闭环频宽。由系统开环伯德图可求出：

$$\omega_c = \omega_r K_0 \tag{6-17}$$

当 $K/K_h \gg 1$ 时，

$$\omega_c \approx \frac{K_h K_a K_{xv} K_q K_{fF}}{A_p} \tag{6-18}$$

当 $K/K_h \ll 1$ 时，

$$\omega_c \approx \frac{K K_a K_{xv} K_q K_{fF}}{A_p} \tag{6-19}$$

在 $K/K_h \ll 1$ 时，穿越频率 ω_c 受负载刚度的限制，随负载刚度变化而变化，这种系统的快速性(即频宽)需要较全面地校正才能有较大幅度的提高。

在系统的穿越频率 ω_c 确定后，可根据转折频率 ω_r 式(6-17)求出开环增益 K_0。根

据稳态误差的计算方法可求出系统的最大稳态误差。如果满足精度要求，就可按式(6-16)进行增益分配。为了减小电液伺服阀(或高性能电液比例方向阀)的零漂和死区等影响，并使系统具有较大的增益调整余地，希望增大电气部分的增益 $K_{fF}K_a$，减小液压部分的增益 $K_{xv}(K_q/K_{ce})A_p$。为此，常采用正开口阀或零开口阀加泄漏通道的方式，以减小总压力增益 K_q/K_{ce}。在满足输出力的条件下，希望液压缸的面积小一些，这也有利于提高系统的频宽，这一点和位置控制系统不一样。在力控制系统中，一般不采用 $p_L \leqslant 2p_s/3$ 的设计限制。而是在阀流量允许的情况下(采用大一些的阀)，使 p_L 接近 p_s。这将有利于提高工作点处的 K_c 值和减小液压缸面积 A_p 值。如果精度不满足要求时，可加积分校正环节，使系统变为 I 型系统。

在力控制系统中，也可以采用压力控制伺服阀。压力控制伺服阀本身带有压力反馈，其压力增益特性平缓且呈线性。这种阀常用于开环压力控制，作为闭环控制中的一个元件使用也较理想。但由于这种阀的制造和调试较为复杂，所以在一般情况下应用的较少。

6.3 液压控制系统的设计

工程上常用频率法设计液压控制系统，这是一种试探性的设计方法。根据技术要求设计出液压控制系统后，需要检查所设计的系统是否满足所有的性能指标。如果不能满足，可通过调整参数或改变系统结构(加校正)等方法，重复设计过程，直至满足设计要求为止。因为设计是试探性的，所以设计方法有较大的灵活性。

6.3.1 液压控制系统的一般设计步骤

液压控制系统的设计一般包含以下几个步骤：
(1) 明确设计要求。
(2) 拟定控制方案并画出系统原理图。
(3) 静态设计计算。确定动力元件参数，选择系统的组成元件。
(4) 动态设计计算。确定系统组成元件的动态特性，画出系统的方框图，建立系统的数学模型，计算系统的稳定性、响应特性和静态精度。
(5) 校验系统的动态、静态品质，需要时对系统进行校正。
(6) 如选择阀控方式，则需要设计独立的液压油源。
(7) 整理、完善设计文件。

在设计过程中，以上各步骤实际上是根据需要反复交叉进行的，直至获得满意的结果为止。

1. 明确设计要求

在液压控制系统设计时，首先要根据系统的工作要求，明确设计任务以及指标，主要包括：
(1) 明确被控制的物理量及其控制规律。确定被控制的是位置、速度、力还是其他物理量，控制规律是恒值控制，还是随动控制？
(2) 明确负载特性。即需要详细分析负载的类型、大小以及运动规律，确定负载的最大位移、最大速度、最大加速度、最大消耗功率以及控制范围等。

(3) 明确控制精度的要求。需要分析由指令信号、外负载干扰引起的稳态误差，由参数变化和元件零位漂移引起的静差，由非线性因素（执行元件和负载的摩擦力，放大器和电液伺服阀或高性能电液比例方向阀的滞环、死区，传动机构的间隙等）引起的误差等。上述各项误差对最终的系统控制精度的影响权重分别是多少？

(4) 明确动态品质的要求。相对稳定性可用相位裕量和幅值裕量、谐振峰值或超调量等来规定。响应的快速性可用穿越频率、频宽、上升时间和调整时间等进行规定。

(5) 明确工作环境。如环境温度、周围介质、环境湿度、外界冲击和振动噪声的干扰等。

(6) 明确是否还有其他方面的要求。如尺寸、质量、可靠性、寿命以及成本等。

2. 拟定控制方案并画出液压控制系统原理图

液压控制系统的控制方案主要是根据被控物理量类型、控制功率大小、执行元件运动方式、各种静态和动态性能指标值，以及环境条件和价格等因素综合考虑决定的。在确定控制方案时应考虑以下几个方面：

(1) 采用开环控制还是闭环控制。一般要求结构简单、造价低、控制精度不需很高的系统可采用开环控制。反之，对外界干扰敏感、控制精度要求高的系统应采用闭环控制。

(2) 采用阀控还是泵控。凡是要求响应快、精度高、结构简单，可不计较效率低、发热量大、参数变化范围大的小功率系统可采用阀控方式。反之，追求效率高、发热量小、温升有严格限制、参数量值比较稳定，且容许结构比较复杂、价格稍高、响应速度稍低的大功率系统可采用泵控方式。

(3) 执行元件采用液压缸还是液压马达。在选择执行元件时，除了要考虑系统的运动形式以外，还需要考虑其行程和负载。例如，直线位移式的液压控制系统在行程短、作用力大时宜采用液压缸，而行程长、作用力小时宜采用液压马达。

(4) 核心控制元件采用电液伺服阀还是高性能的电液比例方向阀。目前，高性能的电液比例方向阀（比例伺服阀、伺服比例阀、闭环比例阀等，详见第 5 章）与工业级的电液伺服阀具有相似的动态性能，可以满足绝大多数民用工业领域中液压控制系统的应用需求。尤其是高性能的电液比例方向阀对油液污染的敏感度要低于电液伺服阀。因此，除了一些对动态性能要求很高的液压控制系统仍使用电液伺服阀外，大多数工业领域，特别是工作环境比较恶劣的领域，首选高性能的电液比例方向阀。

3. 静态设计计算

静态设计计算主要是确定液压动力元件的参数，以此来选择构成系统的各个元件。动力元件参数选择包括系统的供油压力 p_s，液压执行元件的主要规格尺寸，即液压缸的有效面积 A_p 或液压马达的排量 D_m，电液伺服阀（或高性能电液比例方向阀）的最大空载流量 Q_{0m}。当选择液压马达作执行元件时，还应包括齿轮传动比 i 的选择。

1) 供油压力的选择

选择较高的供油压力，可以减小液压执行元件、液压油源和连接管道等部件的重量和尺寸；减小可压缩性容积、减小油液中所含空气对油液体积弹性模量的影响，这有利于提高液压的固有频率。但执行元件主要规格尺寸（液压缸活塞面积和液压马达排量）的减小，又不利于动力机构液压固有频率的提高。

选择较低的供油压力，可以降低成本、减小泄漏、减小能量损失和温升，延长使用寿命、易于维护、噪声较低。在条件允许时，通常选用较低的供油压力。

在民用工业领域应用的液压控制系统，供油压力可在 2.5～14 MPa 的范围内选取；在特殊领域的液压控制系统，供油压力可在 21～32 MPa 的范围内选取。

2）液压执行元件主要规格尺寸和电液伺服阀（或高性能电液比例方向阀）空载流量的确定

（1）按负载匹配确定。有负载匹配的图解法和负载最佳匹配的解析法两种方法（详见3.4 节）。按负载匹配确定执行元件的主要规格尺寸和电液伺服阀（或高性能电液比例方向阀）空载流量，系统效率较高，适用于较大功率的液压控制系统。

（2）按最大负载力和最大负载速度确定。工程上常用近似计算的方法确定执行元件的主要规格尺寸和电液伺服阀（或高性能电液比例方向阀）空载流量。

按最大负载力 F_{Lmax} 确定执行元件的规格尺寸，并限定电液伺服阀（或高性能电液比例方向阀）的负载压力 $p_L \leqslant 2p_s/3$，则液压缸的有效面积为

$$A_p = \frac{F_{Lmax}}{p_L} = \frac{3F_{Lmax}}{2p_s} \qquad (6-20)$$

对系统的典型工作循环加以分析，可以确定系统的最大负载力 F_{Lmax}。但工程实际中有时工作循环图难以完全确定。作为近似计算，可以认为各类负载力同时存在，且为最大值。

电液伺服阀（或高性能电液比例方向阀）空载流量可按最大负载速度确定，并认为最大负载速度和最大负载力是同时出现的。则电液伺服阀（高性能电液比例方向阀）空载流量为

$$q_{0m} = \sqrt{3} A_p \dot{x}_{pmax} \qquad (6-21)$$

这种近似的计算方法偏于保守，计算出的液压缸活塞面积和电液伺服阀（高性能电液比例方向阀）空载流量均偏大，所设计系统的功率储备较大。

另一种方法是按最大负载力确定液压缸活塞面积，然后按负载最大功率点的速度或最大负载速度确定电液伺服阀（或高性能电液比例方向阀）的空载流量，根据两者中的较大值选择电液伺服阀（或高性能电液比例方向阀）。

（3）按液压固有频率确定执行元件的主要规格尺寸。在负载很小并要求系统具有较高的频率响应时，可按液压固有频率确定执行元件的规格尺寸。液压缸活塞面积为

$$A_p = \sqrt{\frac{V_t m_t}{4\beta_e}} \omega_h \qquad (6-22)$$

液压固有频率可按控制系统要求频宽的 5～10 倍来确定。按液压固有频率确定的执行元件规格尺寸一般偏大，系统的功率储备也较大。

选择阀控液压马达的参数时，只要将式（6-20）～式（6-22）中的 F_{Lmax}、$\dot{x}_{pmax}$、A_p、m_t 换成 T_{Lmax}、$\dot{\theta}_m$、D_m、J_t，就可以得到相应的计算公式。

3）电液伺服阀的选择

电液伺服阀（或高性能电液比例方向阀）压力-流量特性曲线族最外侧的一条（对应阀芯最大位移）应包围所有的负载工况点，并使 $p_L \leqslant 2p_s/3$（适用于位置或速度控制系统）。电液伺服阀的额定流量应留有一定的余量，通常取该余量为负载所需流量的 15% 左右，在要求快速性高的系统中可取到 30%。根据选定的供油压力 p_s 和计算出的阀的空载流量 q_{0m}，可从样本中选出合适的电液伺服阀（或高性能的电液比例方向阀）的型号规格。

除了流量规格之外，在选择电液伺服阀（或高性能电液比例方向阀）时还应考虑以下因素：

（1）流量增益的线性要好，压力灵敏度较大。但如果用于力控制系统，则要求压力灵敏度较低为好。

（2）有较高的分辨率，温度和压力零漂尽量小，泄漏较小。

（3）电液伺服阀（或高性能电液比例方向阀）的频宽应满足系统要求，频宽过低将限制系统的响应特性，过高将损坏系统的抗干扰能力。电液伺服阀的频宽应高出液压固有频率的 3～5 倍。

（4）其他。如对污染的敏感性、是否加颤振信号、可靠性、价格等。

4）齿轮传动比的选择

（1）直接驱动。采用液压马达直接驱动负载，能获得较大的负载加速度，且负载加速特性好；不存在齿轮传动间隙的非线性，避免了传动机构柔度的影响，可以提高连接的刚度；但要求液压马达的低速性能好，而适用于液压控制系统的低速液压马达较少。

（2）齿轮传动。选择齿轮传动比应考虑以下几点：

① 首先必须满足负载速度的要求，即

$$\frac{\omega_{mmax}}{i} \geqslant \omega_{Lmax}$$

$$\frac{\omega_{mmin}}{i} \leqslant \omega_{Lmin}$$

式中：i——齿轮传动比；

　　ω_{mmax}——液压马达最高额定转速；

　　ω_{mmin}——液压马达最低稳定转速；

　　ω_{Lmax}——负载最高转速；

　　ω_{Lmin}——负载最低转速。

最高转速和最低转速所要求的传动比可能是不一样的，两者之间必须满足：

$$\frac{\omega_{mmin}}{\omega_{Lmin}} \leqslant i \leqslant \frac{\omega_{mmax}}{\omega_{Lmax}} \tag{6-23}$$

式中：i 为可取的传动比。

② 为获得高的液压固有频率，齿轮传动比应足够大。提高齿轮减速比可以减小负载惯量的影响，提高液压固有频率。在极端的情况下，液压固有频率将由液压马达和第一级齿轮的惯量所决定。

③ 应使负载加速度尽量大，提高负载的加速能力。负载轴上的力矩平衡方程为

$$iT_m = (i^2 J_m + J_L)\ddot{\theta}_L$$

式中：T_m——液压马达产生的力矩；

　　J_m——液压马达和第一级齿轮的转动惯量；

　　J_L——末级齿轮和负载的转动惯量；

　　$\ddot{\theta}_L$——负载的加速度。

由上式可得负载加速度为

$$\ddot{\theta}_L = \frac{iT_m}{i^2 J_m + J_L}$$

将上式对 i 求导，令其等于零，求得最佳传动比为

$$i = \sqrt{\frac{J_L}{J_m}} \qquad (6-24)$$

此时，负载最大加速度为

$$\ddot{\theta}_{Lmax} = \frac{T_m}{2\sqrt{J_m J_L}} \qquad (6-25)$$

当负载惯量 J_L 一定时，为了增大 $\ddot{\theta}_{Lmax}$，应使液压马达的 $T_m/\sqrt{J_m}$ 尽量大。

若采用齿轮传动减速，可用于液压控制系统的高速液压马达较多，价格也相对便宜，同时改善了系统低速平稳性，但会存在齿隙非线性。

5）其他元件的选择

反馈传感器或偏差检测器、放大器等元件可从有关资料、产品样本中选取。

在选择这些元件时，需要考虑系统在增益和精度上的要求。根据系统总误差的分配情况，看它们的精度（如零漂、不灵敏度等）是否满足要求。反馈传感器或偏差检测器的选择特别重要，偏差检测器的精度应高于液压控制系统所要求的精度，反馈传感器或偏差检测器的精度、线性度、测量范围、测量速度等要满足液压控制系统的要求。放大器的增益也应满足液压控制系统的要求，而且希望增益有可调节的范围。

4. 动态设计计算

液压控制系统的动态设计计算主要是根据控制理论的方法、步骤，对所设计系统的快、准、稳三个方面作出详细的分析。从满足设计要求方面来说，液压控制系统的动态设计计算更为重要。"静态、动态设计相结合，以动态设计为主"这也是液压控制系统在设计理念上与液压传动系统最大的区别。动态设计计算一般包括下列内容：

（1）确定液压控制系统中各组成元件的动态特性（传递函数、频率特性等），画出系统的方框图，求出系统的开环传递函数，并合理地简化，画出系统的开环伯德图。电液伺服阀（或高性能电液比例方向阀）和一些元件的动态特性可从样本中查到。通常，反馈传感器、放大器的动态特性可以忽略，将其近似成比例环节。

（2）根据系统的稳定性要求确定开环增益和放大器增益。

（3）借助尼柯尔斯图，将系统的开环伯德图转化为系统闭环伯德图，进而确定系统的频宽等闭环参数。

（4）根据求出的开环增益值计算系统的稳态误差和静态误差。

5. 检验系统的静态、动态品质

检验液压控制系统的静态、动态性能指标是否满足设计要求，如不满足要求，则需按照控制理论的方法对系统进行校正，或者重新选择动力元件参数，甚至重新选择控制方案。

6.3.2 阀控式液压控制系统独立油源的设计要点

如果液压控制系统的控制方式选择了阀控式，那么除了完成上述设计任务之外，还需

要设计独立的液压油源,并且油源一般要求是恒压源。

1. 阀控式液压控制系统对液压油源的要求

阀控式液压控制系统的油源除了满足系统的压力和流量要求外,还应满足以下要求:

(1) 保证油液的清洁度。这是保证液压控制系统可靠工作的关键。据统计,液压控制系统的故障约 80% 是由于液压油被污染造成的。通常采用电液伺服阀的液压控制系统要求在阀前设置名义过滤精度至少 $10~\mu m$ 的过滤器,对要求比较高的系统,则应设置名义过滤精度 $3\sim5~\mu m$ 的过滤器。采用高性能的电液比例方向阀的液压控制系统则要求在阀前设置名义过滤精度 $20\sim25~\mu m$ 的过滤器。

(2) 防止空气混入。空气混入液压液将造成系统工作不稳定并使系统的快速性降低,因此液压油中的空气含量不能超过规定值,一般液压油中的空气含量不应超过油液总体积的 $2\%\sim3\%$。工程上可采用加压油箱(一般设置压力为 $0.15~MPa$)来避免空气混入。

(3) 保持油温恒定。温度过高,会降低液压元件的寿命,也会降低液压油的黏度,增大泄漏;而系统油温变化过大,会使电液伺服阀(或高性能电液比例方向阀)的温度零漂加大;影响液压控制系统的性能。因此,阀控式液压控制系统的油源应设立油温控制系统,将油温控制在 $35\sim45℃$ 之间。

(4) 保持油源压力稳定,减小油源压力波动。一般在液压控制系统的油源中,都设有蓄能器吸收回路中的压力脉动,以提高系统的响应能力。

2. 液压油源的形式

阀控式液压控制系统通常采用恒压式液压油源,以满足电液伺服阀(或高性能电液比例方向阀)输入恒值压力的要求。常用的恒压油源有以下三种形式:

1) 定量泵+定压阀构成的恒压源

这种液压油源的构成及原理如图 6-17 所示。油源的输出压力由泵出口处起定压阀作

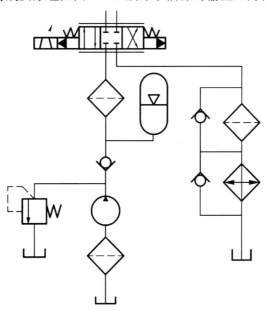

图 6-17　定量泵+定压阀恒压源

用的溢流阀调定，并保持恒定。液压泵出口处的压力与负载流量之间的动态关系取决于溢流阀的动态特性。这种油源的优点是结构简单、反应迅速、压力波动小，缺点是效率低、油的温升大。在这种系统中，液压泵的流量是按负载所需的最大峰值流量选择的。当负载流量需求较小时，多余的流量需要从溢流阀溢流回油箱；当系统的负载流量为零时，液压泵的输出流量全部经溢流阀溢流回油箱，功率损失很大。所以，这种恒压源只适用于小功率的液压控制系统。如果系统所要求的最大峰值流量持续时间很短，又允许供油压力有些波动，则可以在液压泵的出口设置蓄能器，用以贮存足够的油量来满足短时最大峰值流量的要求。这样可选用排量规格较小的定量泵，从而降低功率损失和温升。蓄能器还可以减小压力脉动和冲击。

2）定量泵＋蓄能器＋卸荷阀构成的恒压源

图 6-18 所示液压油源的供油压力变动范围由压力继电器和带远控卸荷电磁换向阀的先导型溢流阀控制。当系统压力达到一定值时，压力继电器发出电信号，两位两通电磁换向阀将溢流阀的远控口与油箱接通，溢流阀的主阀芯在很低的压力下打开，起卸荷阀的作用，使液压泵卸荷，油源输出压力由蓄能器保持。当油源输出压力降到某一设定值时，压力继电器发出反向信号，两位两通电磁换向阀失电，阀芯复位，关闭溢流阀的远控口，使溢流阀的主阀芯处于关闭状态，液压泵又向系统供油，同时向蓄能器充油。为了保证液压泵能有一定的卸荷时间，允许供油压力在一定的范围内变动是该油源的特点，否则由于液压泵的载荷频繁变化会降低液压泵的寿命。这种恒压油源结构简单、能量损失少、效率较高。

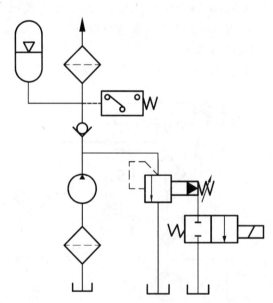

图 6-18　定量泵＋蓄能器＋卸荷阀恒压源

3）恒压式变量泵构成的恒压源

采用恒压式变量泵构成的油源(见图 6-19)由变量泵和恒压控制变量机构组成，恒压控制变量机构由恒压阀(滑阀)和变量活塞组成，液压泵输出压力由恒压阀弹簧调定。当液压泵出口处的压力与恒压阀弹簧调定值不同时，恒压阀动作，改变变量活塞控制腔的压力,推动变量活塞移动,改变泵的排量,直到泵出口处的压力恢复到设定值为止。这种液压油源的特点是液压泵的输出流量取决于系统的实际需要,因此效率高,适合于高压、大流量系统,也适用于流量变化大和间歇工作的系统。但是,恒压式变量泵的结构复杂,变量机构惯性大,流量变化的响应不如采用溢流阀控制的快。当系统所需负载流量变化较大时,由于变量机构响应跟不上,会引起较大的压力变化。因此,系统中常配有蓄能器,用来满足系统峰值流量的要求。另外,这种泵在系统需要的负载流量很小,特别是当系统不需要流量时,泵的输出流量很小,但此时泵仍在高压下运转。泵由于运动所产生的热量不能被液压油带走,因此泵的温升较高,不利于泵的寿命,所以在使用时要解决好泵的发热问题。

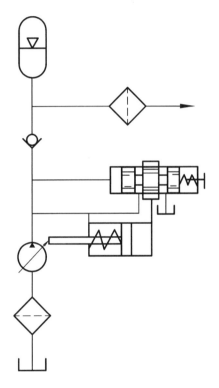

图 6 - 19　恒压式变量泵液压油源

3. 液压油源与负载的匹配

液压油源与负载匹配的原则是:液压油源的压力和流量应满足液压控制系统驱动负载所需要的压力和流量,同时又不造成能量以及设备的浪费。当液压油源的压力-流量特性曲线完全包围负载的压力-流量曲线,并留有一定余量时(见图 6 - 20),液压油源的选择就是合理的。在图 6 - 20 中,对于负载特性曲线①,表示液压油源的流量不足;对负载特性曲线②,表示液压油源的压力不足。为了充分发挥油源的作用,提高效率,液压油源的最大功率点应尽量接近负载特性曲线的最大功率点。

阀控系统液压油源的选择如图 6 - 21 所示。图中液压油源特性曲线虽未完全包围电液伺服阀(或高性能电液比例方向阀)的特性曲线,但完全包围了负载特性曲线,可以满足负载的要求。这样选择液压油源可以提高系统的效率。

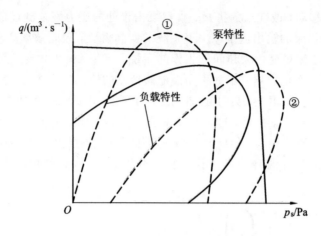

图 6 - 20　液压油源与负载的匹配

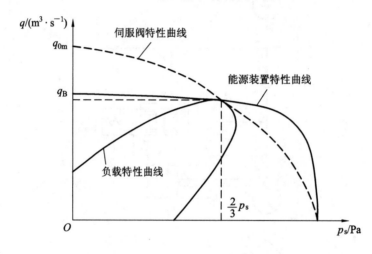

图 6 - 21　液压油源与阀及负载的匹配

6.3.3　泵控式液压控制系统的设计要点

泵控式液压控制系统的控制元件是变量泵,其核心是变量泵的变量机构,执行元件一般为液压马达。该系统的动力机构就是 3.3 节所述的泵控马达,它的输入量是变量泵的斜盘角度。变量泵的变量机构一般是一个小型的阀控缸位置控制系统,依靠一个小规格的电液伺服阀(或高性能电液比例方向阀)控制变量液压缸(变量活塞)的位移,通过位置传感器反馈变量活塞的位移,对变量泵斜盘的角度进行闭环控制,进而实现对于变量泵排量以及输出流量的精确控制。

1. 泵控式液压控制系统的构成

在实际工程中,泵控式液压控制系统主要的控制对象一般为液压马达的转速(即构成泵控马达速度控制系统)。根据系统具体的构成形式不同,可分为以下几种。

1) 带位置环的泵控马达开环速度控制系统

图 6 - 22 所示为变量泵的斜盘角度由比例放大器(强调在整个系统的构成中,放大器被近似成一个比例环节)、电液伺服阀(或高性能的电液比例阀)、液压缸(变量活塞)和位

移传感器组成的位置闭环回路控制。通过改变变量泵斜盘角度来控制供给液压马达的流量，以此来调节液压马达的转速。马达的输出转速是开环控制，受负载和温度变化的影响较大，其控制精度较差。

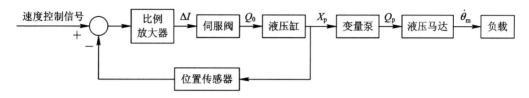

图 6-22　带位置环的泵控马达开环速度控制系统

　2）带位置环的泵控马达闭环速度控制系统

　图 6-23 所示为在图 6-22 所示开环速度控制系统的基础上，增加速度传感器将液压马达的输出转速进行反馈，构成闭环速度控制系统。速度反馈信号与速度指令信号的差值经积分放大器加到变量机构的输入端，使泵的流量向减小速度误差的方向变化。采用积分放大器是为了使开环系统具有积分特性，构成 I 型无差系统。通常情况下，变量机构中的惯性负载很小，液压缸-负载的固有频率很高，阀控液压缸可以看成积分环节，由位置环构成的变量机构基本上可以看成是比例环节，系统的动态特性主要由泵控液压马达的动态所决定。

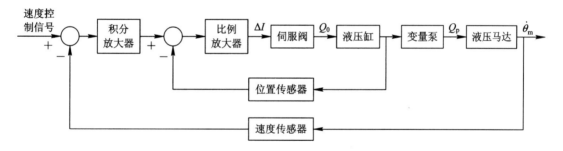

图 6-23　带位置环的泵控马达闭环速度控制系统

　3）不带位置环的泵控马达闭环速度控制系统

　如果将图 6-23 所示变量机构的位置反馈环去掉，并将积分放大器改为比例放大器，就可以构成图 6-24 所示的闭环速度控制系统。变量机构中的液压缸本身含有积分环节，因此放大器应采用比例放大器，系统仍是 I 型系统。由于积分环节是在电液伺服阀（或高性能的电液比例阀）和变量泵斜盘力的后面，因此电液伺服阀零漂和斜盘力等引起的静差仍然存在。变量机构为开环控制，抗干扰能力差，易受零漂、摩擦等影响。

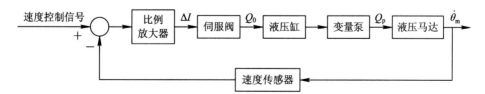

图 6-24　不带位置环的泵控马达闭环速度控制系统

2. 泵控式液压控制系统的控制方式

泵控式液压控制系统的控制元件是变量泵，泵的本体一般采用轴向柱塞变量泵。泵控式液压控制系统的控制方式集中体现在对变量泵斜盘的角度如何进行控制，进而实现对变量泵排量及其输出流量的控制。即不同的变量机构，对应着不同的变量控制方式。

1) 采用电液伺服阀进行排量控制的变量机构

图 6-25 所示为变量机构通过内置的电液伺服阀 2 驱动变量活塞（变量液压缸）1 移动，进而推动斜盘角度变化，使输入电压 U 与变量泵的排量 V_g 成线性关系（见图 6-26）。变量活塞可带或不带对中弹簧。带有对中弹簧的变量活塞是标准配置，用于在活塞两腔卸压时，将斜盘角度推回零度（零排量）位置，但当系统在高压下工作时不能确保复位。变量活塞 1 的实际位移通过位置传感器 3 反馈，进而控制斜盘摆角的大小。

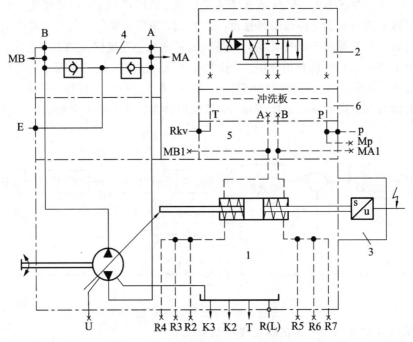

1—变量活塞；2—电液伺服阀；3—位移传感器；4—供油阀；5—叠加板；6—冲洗板。

图 6-25 采用电液伺服阀的变量机构

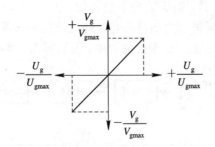

图 6-26 输入电信号与变量泵排量的关系

图 6-25 中，A、B 为变量泵的主油口，K1、K2、K3 为冲洗口（封堵），MA、MB 为工

作压力检测口(封堵)，R(L)为加油和排气口(壳体油口)，T为泄漏油(封堵)，U为冲洗口(封堵)，P为控制压力入口，Rkv为控制油回油口，E为补油口，R2~R7为排气口(封堵)，MA1、MB1为控制压力检测口(封堵)。

该变量机构的性能参数(在50℃恒定工作温度下)：

最大滞环 $\Delta V_g \leqslant \pm 1\% V_{gmax}$，最小可重复性 $\leqslant \pm 0.5\% V_{gmax}$，线性度偏差 $\leqslant \pm 2\% V_{gmax}$，最高控制压力31.5 MPa。

变量活塞带有对中弹簧时，最低控制压力10~15 MPa。根据泵排量的规格从40~750 cm³，变量活塞对应8.1~56.8 cm²不同的有效作用面积。

变量活塞无对中弹簧时，最低控制压力20~25 MPa。根据泵排量的规格从40~750 cm³，变量活塞对应4.2~28.3 cm³不同的有效作用面积。由于提高了变量机构的控制压力，使得变量活塞的有效作用面积减小了一半。

根据泵排量的规格从40~750 cm³，变量活塞对应14.2~37 mm不同的最大控制位移量；在最低控制压力下，具有0.04~0.2 s不同的控制时间。

为了保护电液伺服阀，还带有中间冲洗板6(见图6-25)，完成冲洗后拆下冲洗板6，把电液伺服阀2用螺钉直接安装在叠加板5上。

2) 采用高性能电液比例方向阀进行排量控制的变量机构

图6-27所示为变量机构采用带阀芯位移反馈的直动式电液比例方向阀2(见5.6.2小节)驱动变量活塞(变量液压缸)1移动，进而推动斜盘角度变化，使输入电压 U 与排量 V_g 成线性关系(见图6-26)。带有对中弹簧的变量活塞是标准配置，用于在活塞两腔卸压时，将斜盘角度推回零度(即零排量)位置，但当系统在高压下工作时不能确保复位。变量活塞1的实际位移通过位置传感器3反馈，进而控制斜盘摆角的大小。

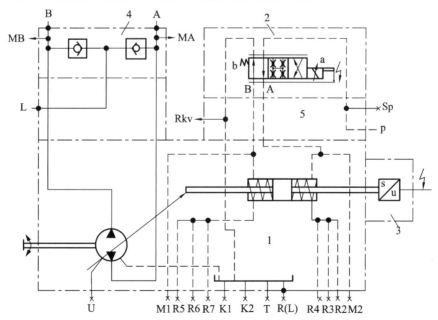

1—变量活塞；2—带阀芯位置反馈的电液比例方向阀；3—位移传感器；4—供油阀；5—叠加板。

图6-27　采用高性能电液比例方向阀的变量机构

该变量机构的性能参数(在 50℃恒定工作温度下):

最大滞环 $\Delta V_g \leqslant \pm 1\% V_{gmax}$,最小可重复性$\leqslant \pm 0.5\% V_{gmax}$,线性度偏差$\leqslant \pm 2\% V_{gmax}$。最高控制压力 31.5 MPa,最低控制压力(带中弹簧的变量活塞)10～15 MPa。

根据泵排量的规格从 40～750 cm³,变量活塞对应 8.1～56.8 cm² 不同的有效作用面积,以及 14.2～37 mm 不同的最大控制位移量;在最低控制压力下,具有 0.04～0.2 s 不同的控制时间。

从上述性能参数中可以看出,采用高性能电液比例方向阀的变量机构,与采用电液伺服阀的变量机构具有相同的性能参数。

3)采用普通电液比例方向阀进行排量控制的变量机构

图 6-28 所示为变量机构采用不带阀芯位置反馈的三位四通电液比例方向阀 2(见5.4.2 节)驱动变量活塞(变量液压缸)1 移动,进而推动斜盘角度变化,使输入电压 U 与排量 V_g 成线性关系(见图 6-26)。带有对中弹簧的变量活塞是标准配置,用于在活塞两腔卸压时,将斜盘角度推回零度(零排量)位置,但当系统在高压下工作时不能确保复位。变量活塞 1 的实际位移通过位置传感器 3 反馈,进而控制斜盘摆角的大小。

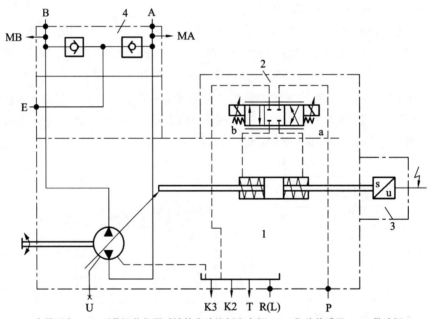

1—变量活塞;2—不带阀芯位置反馈的电液比例方向阀;3—位移传感器;4—供油阀。

图 6-28　采用普通电液比例方向阀的变量机构(低压控制油)

该变量机构的性能参数(在 50℃恒定工作温度下):

最大滞环 $\Delta V_g \leqslant \pm 1\% V_{gmax}$,最小可重复性$\leqslant \pm 0.5\% V_{gmax}$,线性度偏差$\leqslant \pm 2\% V_{gmax}$。最高控制压力 10 MPa;最低控制压力(带对中弹簧的变量活塞)2 MPa。

根据泵排量的规格从 40～250 cm³,变量活塞对应 16.6～56.7 cm² 不同的有效作用面积,由于采用了低压控制,使得变量活塞的有效作用面积增大了一倍。

根据泵排量的规格从 40～250 cm³,变量活塞对应 14.2～25.9 mm 不同的最大控制位移量；在最低控制压力下，具有 $0.12\sim0.4\ s$ 不同的控制时间。

图 6-29 所示的变量机构与图 6-28 所示类似，仅增加了一个叠加板 5，但采用了与图 6-27 所示变量机构相同的控制压力。图中各油口的功能标注与图 6-28 所示相同。

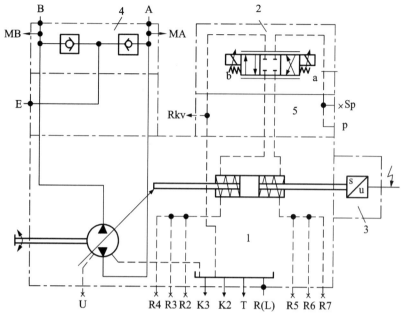

1—变量活塞；2—不带阀芯位置反馈的电液比例方向阀；3—位移传感器；4—供油阀；5—叠加板。

图 6-29　采用普通电液比例方向阀的变量机构

该变量机构的性能参数（在 50℃ 恒定工作温度下）：

最大滞环 $\Delta V_g\leqslant\pm1\%V_{gmax}$，最小可重复性 $\leqslant\pm0.5\%V_{gmax}$，线性度偏差 $\leqslant\pm2\%V_{gmax}$，最高控制压力 31.5 MPa；最低控制压力（带中弹簧的变量活塞）10～15 MPa。

根据泵排量的规格从 $40\sim750\ cm^3$，变量活塞对应 $8.1\sim56.8\ cm^2$ 不同的有效作用面积，以及 $14.2\sim37\ mm$ 不同的最大控制位移量；在最低控制压力下，具有 $0.1\sim0.5\ s$ 不同的控制时间。

从性能参数上可以看出，采用普通型电液比例方向阀的变量机构，比采用高性能电液比例方向阀的变量机构响应速度要慢。

4）变量机构控制功能的扩展

上面三种变量机构可以看成泵控式液压控制系统最基本的控制方式，在此基础上可通过增加液压阀或者传感器来扩展变量机构的控制功能。图 6-30 所示的变量机构就是在图 6-27 所示变量机构的基础上增加了两处变化：一是增加了一个两位四通电磁换向阀 1，当电磁铁通电时，变量活塞由高性能的电液比例方向阀控制移动；当电磁铁断电时，阀 1 将变量活塞两腔短路，变量活塞在对中弹簧的作用下回到中位，使排量为零。阀 1 无急停功能，当系统在高压下工作时，仅靠对中弹簧无法确保可靠的回到中位。二是在泵的高压油路上增加了压力传感器，与原有的变量活塞位移-斜盘角度-排量-流量控制相结合，可对变量泵进行功率控制。

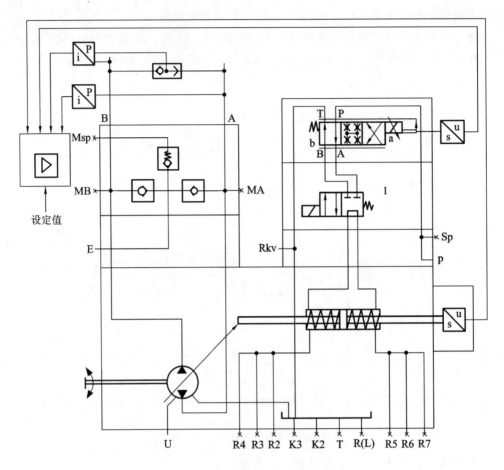

图 6-30　多控制功能变量机构

6.4　液压控制系统的设计实例

6.4.1　电液位置控制系统设计实例

设计一个用于数控机床工作台的电液位置控制系统,设计要求和参数如下:

工作台质量:$m_t = 1000$ kg;

工作台最大摩擦力:$F_f = 2000$ N;

最大切削力:$F_c = 500$ N;

工作台最大行程:$S_{max} = 0.5$ m;

工作台最大速度:$V_{max} = 8 \times 10^{-2}$ m/s;

工作台最大加速度:$a_{max} = 1$ m/s^2;

静态位置误差(位置分辨率)$e_f < \pm 0.05$ mm;

速度误差:$e_r < 1$ mm;

系统频宽:$f_{-3\,dB} > 10$ Hz。

电液位置控制系统设计步骤如下。

（1）绘制工作台液压位置控制系统原理方框图。

由于该系统的控制功率比较小、工作台行程比较大，因此采用阀控液压马达系统。系统方框图如图 6-31 所示。

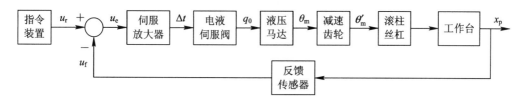

图 6-31　工作台液压位置控制系统方框图

（2）确定动力元件参数。

① 绘制负载轨迹图。

负载力由切削力 F_c、摩擦力 F_f 和惯性力 F_a 组成，这些力的图解见图 6-32。摩擦力具有"下降"特性，如图 6-32(b) 中的虚线所示。为了简化，可认为它是与速度无关的定值，取最大值 $F_f = 2000$ N，如图 6-32(b) 所示的实线。惯性力按最大加速度考虑，可得：

$$F_a = m_t a_{max} = 1000 \times 1 \text{ N} = 1000 \text{ N}$$

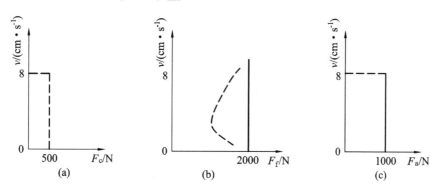

图 6-32　各种负载力图解

假定系统是在最恶劣的负载条件（即所有负载力都存在，且速度最大）下工作，则总负载力为

$$F_{Lmax} = F_c + F_f + F_a = (500 + 2000 + 1000) \text{ N} = 3500 \text{ N}$$

该系统的负载区域图如图 6-33 所示。

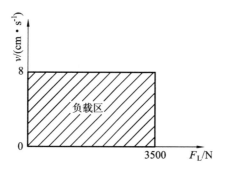

图 6-33　工作台的负载区域

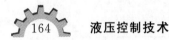

② 选取供油压力 $p_s = 6.3 \times 10^6$ Pa。

③ 求液压马达排量。

设齿轮减速比 $i=2$，丝杠导程 $t=1.2 \times 10^{-2}$ m/r，则所需液压马达力矩为

$$T_L = \frac{F_L t}{2\pi i} = \frac{3500 \times 1.2 \times 10^{-2}}{2\pi \times 2} \text{N} \cdot \text{m} = 3.34 \text{ N} \cdot \text{m}$$

取 $p_L = 2p_s/3$，则液压马达弧度排量为

$$D_m = \frac{3T_L}{2p_s} = \frac{3 \times 3.34}{2 \times 6.3 \times 10^6} = 0.8 \times 10^{-6} \text{ m}^3/\text{rad}$$

液压马达每转排量为

$$Q_m = 2\pi D_m = 2\pi \times 0.8 \times 10^{-6} \text{ m}^3/\text{r} = 5 \times 10^{-6} \text{ m}^3/\text{r}$$

计算出的液压马达排量需标准化。按选取的标准化值再计算负载压力 p_L 值。本例液压马达排量计算值符合标准。

④ 确定电液伺服阀规格。

液压马达最大转速为

$$n_{max} = \frac{i v_{max}}{t} = \frac{2 \times 8 \times 10^{-2}}{1.2 \times 10^{-2}} \text{ r/s} = 13.3 \text{ r/s} = 800 \text{ r/min}$$

所以负载流量为

$$q_L = Q_m n_{max} = 5 \times 10^{-6} \times 13.3 \text{ m}^3/\text{s} = 6.67 \times 10^{-5} \text{ m}^3/\text{s} = 4 \text{ L/min}$$

此时电液伺服阀压降为

$$p_v = p_s - p_{Lmax} = p_s - \frac{T_L}{D_m} = \left(6.3 \times 10^6 - \frac{3.34}{0.8 \times 10^{-6}}\right)\text{Pa} = 2.125 \times 10^6 \text{ Pa}$$

考虑到泄漏等影响，将负载流量增大 15%，取 $q_L = 4.6$ L/min。根据 q_L 和 p_v，由图 6-34 查得额定流量（阀压降为 7.0×10^6 Pa 时的输出流量）为 8 L/min 的阀可以满足要求，该阀额定电流为 $I_n = 3.0 \times 10^{-2}$ A。

⑤ 选择参数 K_f。

选择位移传感器增益 $K_f = 100$ V/m，放大器增益 K_a 待定。

（3）计算系统的动态品质。

① 确定系统各组成元件的传递函数，画出系统方块图。因为负载特性没有弹性负载，因此液压马达和负载的传递函数为

$$\frac{\theta_m}{Q_0} = \frac{1/D_m}{s\left(\dfrac{s^2}{\omega_h^2} + \dfrac{2\zeta_h}{\omega_h} + 1\right)}$$

工作台质量折算到液压马达轴的转动惯量为

$$J_t = \frac{m_t t^2}{4\pi^2 i^2} = \frac{1000 \times (1.2 \times 10^{-2})^2}{4\pi^2 \times 2^2} \text{ kg} \cdot \text{m}^2 = 9.12 \times 10^{-4} \text{ kg} \cdot \text{m}^2$$

考虑到齿轮、丝杠和液压马达的惯量，取 $J = 1.2 \times 10^{-3}$ kg·m²，并取液压马达的容积 $V_t = 1.0 \times 10^{-5}$ m³。则液压固有频率为

$$\omega_h = \sqrt{\frac{4\beta_e D_m^2}{V_t J_t}} = \sqrt{\frac{4 \times 7 \times 10^8 \times (0.8 \times 10^{-6})^2}{1.0 \times 10^{-5} \times 1.2 \times 10^{-3}}} \text{ rad/s} = 388 \text{ rad/s}$$

假定阻尼比仅由阀的流量-压力系数产生。零位流量-压力系数 K_{c0} 可按第 2 章的相关

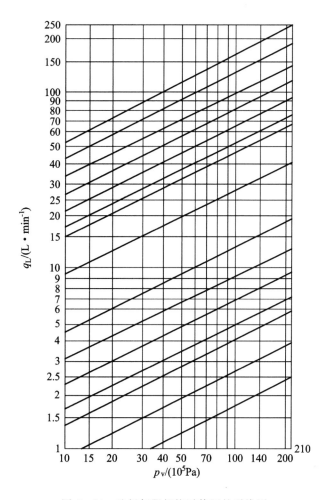

图 6-34　选择伺服规格时使用的列线图

公式近似计算，取 $W = 2.51 \times 10^{-2}$ m，$r_c = 5 \times 10^{-6}$ m，$\mu = 1.8 \times 10^{-2}$ Pa，得

$$K_{c0} = \frac{\pi W r_c^2}{32\mu} = \frac{\pi \times 2.51 \times 10^{-2} \times (5 \times 10^{-6})^2}{32 \times 1.8 \times 10^{-2}} \text{ m}^3/\text{s} \cdot \text{Pa} = 3.42 \times 10^{-12} \text{ m}^3/\text{s} \cdot \text{Pa}$$

液压阻尼比为

$$\zeta_h = \frac{K_{c0}}{D_m} \sqrt{\frac{\beta_e J_t}{V_t}} = \frac{3.42 \times 10^{-12}}{0.8 \times 10^{-6}} \sqrt{\frac{7 \times 10^8 \times 1.2 \times 10^{-3}}{1.0 \times 10^{-5}}} = 1.24$$

将 D_m、ω_h 和 ξ_h 值代入上述传递函数，可得

$$\frac{\theta_m}{Q_0} = \frac{1.25 \times 10^6}{s\left(\dfrac{s^2}{388^2} + \dfrac{2 \times 1.24}{338}s + 1\right)}$$

电液伺服阀的传递函数由样本查得

$$\frac{Q_0}{\Delta I} = \frac{K_{sv}}{\dfrac{s^2}{600^2} + \dfrac{2 \times 0.5}{600}s + 1}$$

额定流量 $q_n = 8$ L/min 的阀在供油压力 $p_s = 6.3 \times 10^6$ Pa 时，空载流量为

$$q_{0\mathrm{m}} = 8 \times \sqrt{\frac{6.3 \times 10^6}{7.0 \times 10^6}} \text{ L/min} = 7.59 \text{ L/min} = 1.265 \times 10^{-4} \text{ m}^3/\text{s}$$

所以，电液伺服阀的额定流量增益为

$$K_{\mathrm{sv}} = \frac{q_{0\mathrm{m}}}{\Delta I_n} = \frac{1.265 \times 10^{-4}}{0.03} \text{ m}^3/\text{s} \cdot \text{A} = 4.216 \times 10^{-3} \text{ m}^3/\text{s} \cdot \text{A}$$

则电液伺服阀的传递函数为

$$\frac{Q_0}{\Delta I} = \frac{4.216 \times 10^{-3}}{\frac{s^2}{600^2} + \frac{2 \times 0.5}{600}s + 1}$$

位移传感器和放大器的动态特性可以忽略，其传递函数可以用它们的增益表示。传感器增益为

$$\frac{U_{\mathrm{f}}}{X_{\mathrm{p}}} = K_{\mathrm{f}} = 100 \text{ V/m}$$

放大器增益为

$$\frac{\Delta I}{U_{\mathrm{e}}} = K_{\mathrm{a}} \text{ A/V}$$

减速齿轮与丝杠的传递函数为

$$K_{\mathrm{s}} = \frac{X_{\mathrm{p}}}{\theta_{\mathrm{m}}} = \frac{t}{2\pi i} = \frac{1.2 \times 10^{-2}}{2\pi \times 2} \text{ m/rad} = 9.56 \times 10^{-4} \text{ m/rad}$$

根据以上确定的传递函数，可画出数控机床工作台液压控制系统的方框图，如图 6-35 所示。

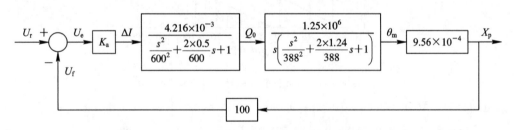

图 6-35　数控机床工作台液压位置控制系统的方框图

② 绘制系统开环伯德图并根据稳定性确定开环增益。

由方框图 6-35 绘制 $k_{\mathrm{v}} = 1$ 时的开环伯德图（见图 6-36），然后将图中零分贝线下移至 $0'$，使相位裕量 $\gamma = 50°$，此时幅值裕量 $K_{\mathrm{g}} = 11$ dB，穿越频率 $\omega_{\mathrm{c}} = 84$ rad/s，开环增益 $K_{\mathrm{v}} = 39$ dB $= 90$ 1/s。由图 6-35 得开环增益为

$$K_{\mathrm{v}} = K_{\mathrm{a}} \times 4.216 \times 10^{-3} \times 1.25 \times 10^6 \times 9.56 \times 10^{-4} \times 100 \text{ 1/s} = 504 K_{\mathrm{s}} \text{ 1/s}$$

所以，放大器增益为

$$K_{\mathrm{a}} = \frac{K_{\mathrm{v}}}{504} = \frac{90}{504} \text{ A/V} = 0.179 \text{ A/V}$$

③ 求闭环系统的频宽。

图 6-36 所示为开环伯德图，通过尼柯尔斯图可以求得系统的闭环伯德图，如图 6-37 所示。由该图可得到闭环系统的频宽为

$$f_{-3\text{ dB}} = \frac{\omega_{-3\text{ dB}}}{2\pi} = \frac{165}{2\pi}\text{ Hz} = 26.3\text{ Hz}$$

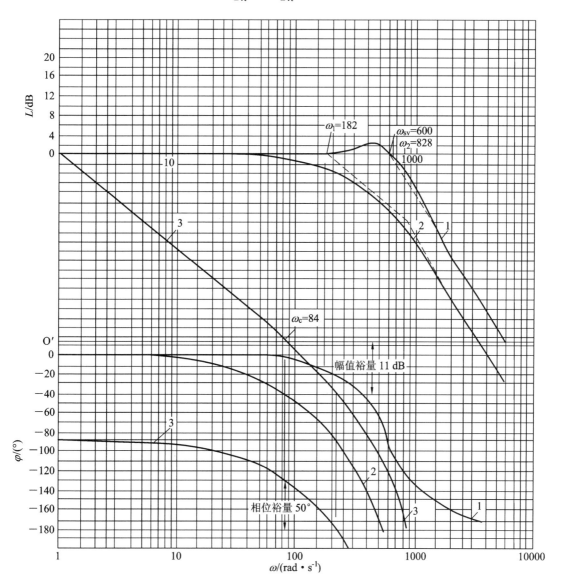

图 6-36　工作台液压位置控制系统开环伯德图

（4）计算系统的稳态误差。

对于干扰来说，系统是 0 型的。由于启动和切削不在同一动作阶段，静摩擦干扰可不必考虑。伺服放大器的温度零漂$(0.5\%\sim1\%)I_\text{n}$、电液伺服阀零漂和滞环$(1\%\sim2\%)I_\text{n}$、液压执行元件的不灵敏区$(0.5\%\sim1\%)I_\text{n}$。假定上述干扰量之和为$\pm2\%I_\text{n}$，由此引起的位置误差为

$$e_\text{f} = \frac{\pm0.02I_\text{n}}{K_\text{a}K_\text{f}} = \frac{\pm0.02\times0.03}{0.179\times100}\text{m} = \pm3.35\times10^{-5}\text{ m}$$

对指令输入来说，系统是Ⅰ型的，最大速度$v_\text{max}=8.0\times10^{-2}$ m/s 时的速度误差为

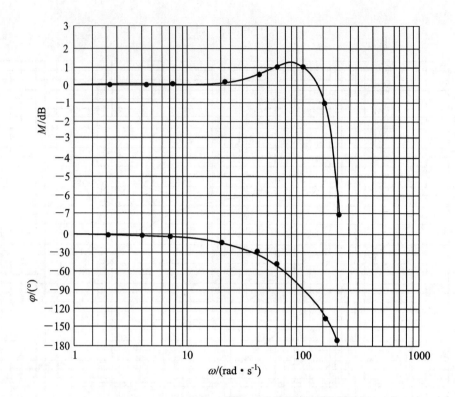

图 6-37　工作台液压位置控制系统闭环伯德图

$$e_{\mathrm{r}} = \frac{v_{\max}}{K_{\mathrm{v}}} = \frac{8.0 \times 10^{-2}}{90}\ \mathrm{m} = 8.9 \times 10^{-4}\ \mathrm{m}$$

由上面的计算可知，所设计的系统能达到的性能指标为

静态位置误差为

$$e_{\mathrm{f}} = \pm 3.35 \times 10^{-5}\ \mathrm{m} = \pm 0.035\ \mathrm{mm}$$

速度误差为

$$e_{\mathrm{r}} = 8.9 \times 10^{-4}\ \mathrm{m} = 0.89\ \mathrm{mm}$$

系统频宽 $f_{-3\,\mathrm{dB}} = 26.3\ \mathrm{Hz}$。

由此可见，可以满足设计指标的要求。

6.4.2　电液速度控制系统设计实例

设计一个电液速度控制系统，设计要求和参数如下：

负载转动惯量：$J_{\mathrm{L}} = 0.03\ \mathrm{kg \cdot m^2}$；

最大负载力矩：$T_{\mathrm{Lmax}} = 12\ \mathrm{N \cdot m}$；

转速范围：$50 \sim 1000\ \mathrm{r/min}$；

转速误差：$e_{\mathrm{v}} \leqslant 5\ \mathrm{r/min}$；

幅频宽：$f_{-3\,\mathrm{dB}} > 20\ \mathrm{Hz}$；

幅频正峰值小于 6 dB。

电液速度控制系统设计步骤如下。

（1）绘制速度控制系统原理方框图。

由于系统的控制功率较小，因此采用阀控液压马达系统，系统的方框图如图 6 – 38 所示。

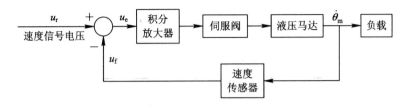

图 6 – 38　阀控马达速度控制系统的方框图

（2）确定动力元件参数及其他组成元件参数。

① 选择系统供油压力。

$$p_s = 7.0 \times 10^6 \text{ Pa}$$

② 确定液压马达排量。

取 $p_L = 2p_s/3$，则液压马达排量为

$$D_m = \frac{T_{Lmax}}{p_L} = \frac{3T_{Lmax}}{2p_s} = \frac{3 \times 12}{2 \times 7.0 \times 10^6} \text{ m}^3/\text{rad} = 2.57 \times 10^{-6} \text{ m}^3/\text{rad}$$

选取液压马达排量 $D_m = 2.5 \times 10^{-6} \text{ m}^3/\text{rad}$。

③ 确定电液伺服阀规格。

电液伺服阀流量为

$$q_L = 2\pi n_{max} D_m = 2\pi \times 1000 \times 2.5 \times 10^{-6} \text{ m}^3/\text{min} = 1.58 \times 10^{-2} \text{ m}^3/\text{min}$$

此时，伺服阀压降为

$$p_v = p_s - \frac{T_{Lmax}}{D_m} = \left(7.0 \times 10^6 - \frac{12}{2.5 \times 10^{-6}}\right) \text{ Pa} = 2.2 \times 10^6 \text{ Pa}$$

根据 p_v、q_L 选取电液伺服阀。由图 6 – 34 查得，额定流量（阀压降为 7.0×10^6 Pa 时的输出流量）为 40 L/min 的阀可以满足要求，该阀额定电流为 $I_n = 3.0 \times 10^{-2}$ A

④ 选择速度传感器和积分放大器。

速度传感器在最大转速时输出电压为 10 V，则速度传感器增益为

$$K_{fv} = \frac{10 \times 60}{2\pi \times 1000} \text{ V} \cdot \text{s/rad} = 0.0955 \text{ V} \cdot \text{s/rad} = 9.55 \times 10^{-2} \text{ V} \cdot \text{s/rad}$$

积分放大器增益 K_a 待定。

（3）确定各环节的传递函数。

① 电液伺服阀的传递函数。

供油压力 $p_s = 7.0 \times 10^6$ Pa 时，阀的空载流量为

$$q_{0m} = \frac{4.0 \times 10^{-2}}{60} \text{ m}^3/\text{s} = 0.667 \times 10^{-3} \text{ m}^3/\text{s}$$

电液伺服阀流量增益为

$$K_{sv} = \frac{q_{0m}}{I_n} = \frac{0.667 \times 10^{-3}}{0.03} \text{ m}^3/\text{s} \cdot \text{A} = 2.22 \times 10^{-2} \text{ m}^3/\text{s} \cdot \text{A}$$

由样本查得电液伺服阀固有频率 $\omega_{sv} = 680$ rad/s，阻尼比 $\zeta_{sv} = 0.7$，则电液伺服阀的传

递函数为

$$\frac{Q_0}{\Delta I} = \frac{2.22 \times 10^{-2}}{\dfrac{s^2}{680^2} + \dfrac{2 \times 0.7}{680}s + 1}$$

② 液压马达-负载的传递函数。

取总压缩容积为

$$V_t = 3.5 \times 2\pi D_m = 3.5 \times 2\pi \times 2.5 \times 10^{-6} \text{ m}^3 = 5.5 \times 10^{-5} \text{ m}^3$$

式中：3.5 是考虑无效容积的系数。

根据所选液压马达查得 $J_m = 5 \times 10^{-4}$ kg·m²，则负载总惯量为

$$J_t = J_m + J_L = (5 \times 10^{-4} + 0.03) \text{ kg·m}^2 = 3.05 \times 10^{-2} \text{ kg·m}^2$$

液压固有频率为

$$\omega_h = 2D_m \sqrt{\frac{\beta_e}{V_t J_t}} = 2 \times 2.5 \times 10^{-6} \sqrt{\frac{1.4 \times 10^9}{5.5 \times 10^{-5} \times 3.05 \times 10^{-2}}} \text{ rad/s} = 145 \text{ rad/s}$$

假定 $B_m = 0$，取液压马达泄漏系数 $C_{tm} = 7 \times 10^{-13}$ m³/s·Pa。阀的流量-压力系数应取工作范围内的最小值，因为

$$K_c = \frac{C_d W x_{v0} \sqrt{\dfrac{1}{\rho}(p_s - p_{L0})}}{2(p_s - p_{L0})} = \frac{q_{L0}}{2(p_s - p_{L0})}$$

所以，K_c 最小值发生在 q_{L0} 和 p_{L0} 均为最小值的时候。在空载最低转速时，q_{L0} 和 p_{L0} 最小，此时

$$q_{L0} = 2\pi \times 2.5 \times 10^{-6} \times \frac{50}{60} \text{ m}^3/\text{s} = 1.31 \times 10^{-5} \text{ m}^3/\text{s}$$

考虑摩擦力矩，取 $p_{L0} = 7 \times 10^5$ Pa，则

$$K_{cmin} = \frac{1.31 \times 10^{-5}}{2 \times (7.0 \times 10^6 - 7.0 \times 10^5)} \text{ m}^3/\text{s·Pa} = 1.0 \times 10^{-12} \text{ m}^3/\text{s·Pa}$$

由以上数据得阻尼比为

$$\zeta_h = \frac{K_{ce}}{D_m} \sqrt{\frac{\beta_e J_t}{V_t}} = \frac{1.7 \times 10^{-12}}{2.5 \times 10^{-6}} \sqrt{\frac{1.4 \times 10^9 \times 3.05 \times 10^{-2}}{5.5 \times 10^{-5}}} = 0.6$$

液压马达-负载的传递函数为

$$\frac{\dot{\theta}_m}{Q_0} = \frac{0.4 \times 10^6}{\dfrac{s^2}{145^2} + \dfrac{2 \times 0.6}{145}s + 1}$$

③ 其他环节的传递函数。

忽略速度传感器和积分放大器的动态特性，速度传感器的传递函数为

$$\frac{U_f}{\theta_m} = K_{fv} = 0.0955 \text{ V·s/rad}$$

积分放大器传递函数为

$$\frac{\Delta I}{U_e} = \frac{K_a}{S} \text{ A/V}$$

(4) 根据系统精度要求确定开环增益。

假定该系统为恒速控制系统，则误差主要来自干扰和速度传感器。该系统对输入和干

扰都是 I 型系统,因此对恒定干扰力矩和伺服阀零漂是无差的。

设传感器误差为 0.1%,由此引起的转速误差为

$$\Delta \dot{\theta}_{\mathrm{m}} = 1000 \times 0.001 \ \mathrm{r/min} = 1 \ \mathrm{r/min}$$

设计要求转速误差为 5 r/min,去掉传感器产生的 1 r/min 误差外,还有 4 r/min 的误差是负载力矩变化引起的。设加载时间为 1 s,则加载速度为

$$\dot{T}_{\mathrm{L}} = \frac{12}{1} \ \mathrm{N \cdot m/s} = 12 \ \mathrm{N \cdot m/s}$$

等速负载力矩变化引起的转速误差为

$$\Delta \dot{\theta}_{\mathrm{mL}} = \frac{K_{\mathrm{ce}} \dot{T}_{\mathrm{L}}}{D_{\mathrm{m}}^{2} K_{0}}$$

由此可得满足转速误差的开环增益为

$$K_{0} \geqslant \frac{K_{\mathrm{ce}} \dot{T}_{\mathrm{L}}}{D_{\mathrm{m}}^{\ 2} \Delta \dot{\theta}_{\mathrm{mL}}}$$

转速误差与 K_{ce} 成正比,因此最大误差发生在 K_{ce} 为最大的工作点。因为 $K_{\mathrm{ce}} \approx K_{\mathrm{c}}$,所以:

$$K_{\mathrm{cemax}} \approx K_{\mathrm{cmax}} = \frac{Q_{\mathrm{Lmax}}}{2(p_{\mathrm{s}} - p_{\mathrm{Lmax}})} = \frac{2.5 \times 10^{-6} \times 1000 \times 2\pi}{2 \times (7.0 \times 10^{6} - 4.8 \times 10^{6}) \times 60} \ \mathrm{m^{3}/s \cdot Pa}$$
$$= 5.9 \times 10^{-11} \ \mathrm{m^{3}/s \cdot Pa}$$

开环增益为

$$K_{0} \geqslant \frac{5.9 \times 10^{-12} \times 12 \times 60}{(2.5 \times 10^{-6})^{2} \times 4 \times 2\pi} \ 1/s = 270 \ 1/s$$

取 $K_{0} = 280$,则放大器增益为

$$K_{\mathrm{a}} = \frac{K_{0} D_{\mathrm{m}}}{K_{\mathrm{fv}} K_{\mathrm{sv}}} = \frac{280 \times 2.5 \times 10^{-6}}{0.0955 \times 2.22 \times 10^{-2}} \ \mathrm{A/s \cdot V} = 0.33 \ \mathrm{A/s \cdot V}$$

(5) 绘制系统开环伯德图并检查系统稳定性。

根据图 6-38 和所确的传递函数可画出速度控制系统的方框图,如图 6-39 所示。

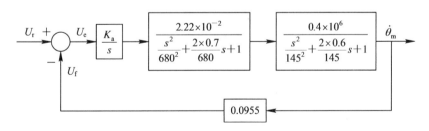

图 6-39　阀控马达速度控制系统的方框图

系统开环传递函数为

$$\frac{U_{\mathrm{f}}}{U_{\mathrm{e}}} = \frac{280}{s\left(\dfrac{s^{2}}{680^{2}} + \dfrac{2 \times 0.7}{680}s + 1\right)\left(\dfrac{s^{2}}{145^{2}} + \dfrac{2 \times 0.6}{145}s + 1\right)}$$

根据上式可画出系统开环伯德图如图 6-40 所示。由图可见,系统幅值裕量为 -4 dB,因此系统不稳定,需加校正装置。

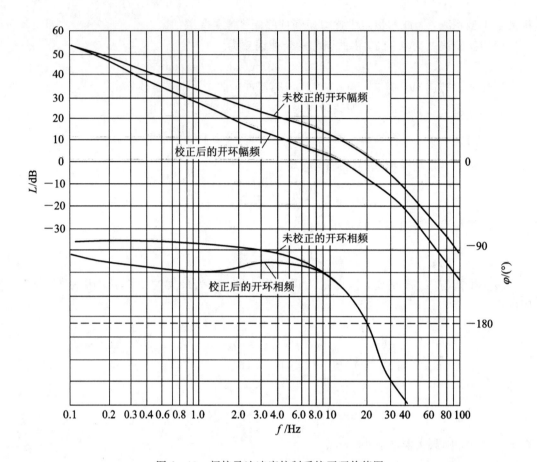

图 6 - 40   阀控马达速度控制系统开环伯德图

(6) 确定校正装置参数。

采用图 6 - 41(a)所示的由电阻和电容组成的校正装置,串联在前向通路的直流部分上。该校正装置的主要作用是通过提高低频段增益,减小系统的稳态误差;或者在保证系统稳态精度的条件下,通过降低系统高频段的增益,以保证系统的稳定性。校正装置的传递函数为

$$G_{\mathrm{c}}(s) = \frac{u_{\mathrm{o}}(s)}{u_{\mathrm{i}}(s)} = \frac{\dfrac{s}{\omega_{\mathrm{rc}}} + 1}{\dfrac{as}{\omega_{\mathrm{rc}}} + 1}$$

式中:ω_{rc}——超前环节的转折频率,$\omega_{\mathrm{rc}} = 1/RC$,$R$、$C$ 分别为电阻和电容;

a——滞后超前比,$a > 1$。

由于 $a > 1$,滞后时间常数大于超前时间常数,则网络具有纯相位滞后。其伯德图如图 6 - 41(b)所示,可以得出该校正装置是一个低通滤波器。利用它的高频衰减特性,可以在保持系统稳定的条件下,提高系统的低频增益,改善系统的稳态性能;或者在保证系统稳态精度的条件下,降低系统的高频增益,以保证系统的稳定性。校正利用的是液压控制系统的高频衰减特性,而不是其相位滞后。在阻尼比较小的液压控制系统中,提高放大系数的限制因素是增益裕量,而不是相位裕量,因此采用该校正是合适的。

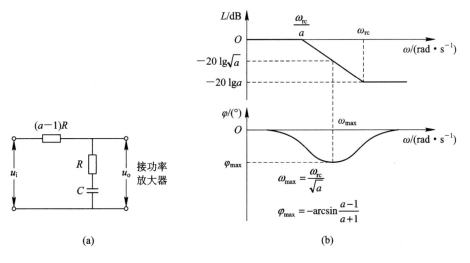

图 6-41　校正装置及其伯德图

采用上述校正装置，将中频段降低 10 dB，则幅值裕量变成 6 dB，相位裕量为 30°，穿越频率 $\omega_c = 15$ Hz。由 20 lg$a$=10，得 $a = 3.16$，取 $\omega_{rc} = 1$ Hz。校正后的开环伯德图参见图 6-40。

利用尼柯尔斯图可画出校正后的系统闭环伯德图，如图 6-42 所示。该图表明，幅频宽 $f_{-3dB} > 20$ Hz，谐振峰 $M_r = 6.5$ dB，虽然比设计要求稍高，但是在设计中选取了最小阻尼比，实际系统的阻尼比将大于此值，所以可以满足设计要求。

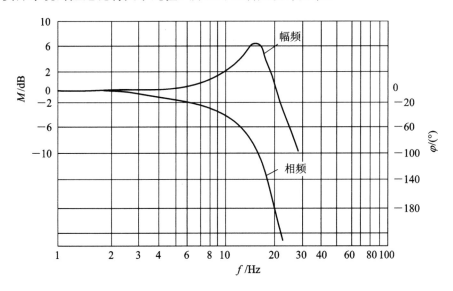

图 6-42　阀控马达速度控制系统闭环伯德图

6.4.3　电液力控制系统设计实例

设计一个结构物疲劳试验机的加载力控制系统，设计要求和参数如下：

结构物刚度：$K_s = 2.55 \times 10^6$ N/m。

结构物质量：$m = 18$ kg。

最大加载力：$F_{max} = 5 \times 10^3$ N。

频宽：$f_{-3\,dB} > 31.8（\omega_b > 200$ rad/s）。

$F_0 = 4000t$ N 时，最大跟踪误差 $e_F < 50$ N。

电液力控制系统设计步骤如下。

（1）绘制力控制系统原理方框图。

力控制系统方框图如图 6-43 所示，系统中采用积分放大器是为了满足跟踪力函数 $F_0 = 4000t$ N 的要求。

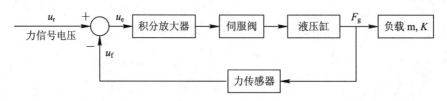

图 6-43　力控制系统原理方框图

（2）绘制负载轨迹图。

取

$$F = F_m \sin\omega t \tag{6-26}$$

则动力机构的力方程为

$$F = F_m \sin\omega t = m\ddot{x}_p + K_s x_p$$

解上式，并令初始条件 $x_p(0) = \dot{x}_p(0) = 0$，则得速度函数为

$$\dot{x}_p = \dot{x}_{pm}(\cos\omega t + \cos\omega_m t) \tag{6-27}$$

式中：

$$\dot{x}_{pm} = \frac{F_m \omega}{K_s - m\omega^2} = \frac{F_m \omega}{m(\omega_m^2 - \omega^2)}, \quad \omega_m = \sqrt{\frac{K_s}{m}}$$

式（6-26）、式（6-27）就是负载轨迹方程。已知 $F_m = 5 \times 10^3$ N，$\omega = \omega_b = 200$ rad/s。在 0 到 F_m 之间给 F 以不同的值，由式（6-26）求出 t，然后再由式（6-27）求出 $\dot{x}_p$，从而求得负载轨迹 $\dot{x}_p = f(F)$，如图 6-44 所示。负载轨迹对称于纵轴，为了使动力元件能同时满足正反两个方向的要求，将第三象限负载轨迹（同第四象限）重合到第一象限，所得到的图形外廓称为重叠轨迹。根据重叠轨迹与动力元件匹配来设计动力元件参数。

（3）根据负载匹配确定动力元件参数。

为了作图方便，使纵坐标比例尺与速度平方成正比，这样动力元件输出特性曲线变成直线。对于定量泵加溢流阀形式的油源，为了使系统耗功最小，在供油压力 p_s 选定后，则应使液压泵输出流量最小。如选择泵流量等于电液伺服阀最大空载流量（忽略溢流阀溢流量），那么就要求电液伺服阀最大空载流量 q_{0m} 最小。在图 6-44 中，作一直线与负载轨迹上的 A、B 两点同时相切，该直线所对应的系统耗功最小。由图得到 $A_p p_s = 1.36 F_m$，选取 $p_s = 1 \times 10^7$ Pa，则可得

$$A_p = \frac{1.36 F_m}{p_s} = \frac{1.36 \times 5 \times 10^3}{1 \times 10^7} \text{m}^2 = 6.8 \times 10^{-4} \text{ m}^2$$

取标准液压缸 $A_p = 6.75 \times 10^{-4}$ m^2。

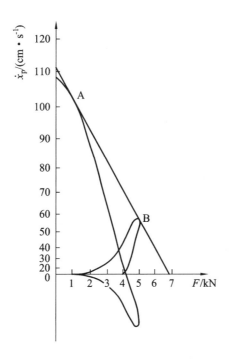

图 6-44　力控制系统的负载轨迹

同样，由图 6-44 所示得到动力元件能给出的最大空载速度为 1.114 m/s，考虑到系统的泄漏等，将电液伺服阀流量增大 30%，则伺服阀最大空载流量为

$$q_{0m} = 1.3 \times 1.114 \times A_p = 1.3 \times 1.114 \times 6.75 \times 10^{-4} \ \text{m}^3/\text{s} = 978 \times 10^{-6} \ \text{m}^3/\text{s}$$

选取最大空载流量为 $1 \times 10^{-3} \ \text{m}^3/\text{s} (60 \ \text{L/min})$ 的电液伺服阀。取伺服阀的流量-压力系数为

$$K_c = 3.5 \times 10^{-11} \ \text{m}^3/\text{s} \cdot \text{Pa}$$

因为 K_c 比较大，所以需选正开口伺服阀。

（4）确定系统元件的传递函数和系统方框图。

① 液压缸传递函数。

忽略液压缸泄漏，则 $K_{ce} = K_c$，取 $\beta_e = 7 \times 10^8$ Pa，$V_t = 1 \times 10^{-5}$ m^3，将已知参数代入式（6-13），可得液压缸传递函数为

$$\frac{F_g}{X_v} = \frac{1.93 \times 10^7 K_q (7.06 \times 10^{-6} s^2 + 1)}{7.2 \times 10^{-10} s^3 + 7.06 \times 10^{-6} s^2 + 5.2 \times 10^{-3} s + 1}$$

或

$$\frac{F_g}{Q_0} = \frac{1.93 \times 10^7 \left(\dfrac{s^2}{376.4^2} + 1 \right)}{\left(\dfrac{s}{376.4} + 1 \right) \left(\dfrac{s}{409.7} + 1 \right) \left(\dfrac{s}{8998.3} + 1 \right)}$$

② 电液伺服阀的传递函数。

电液伺服阀的频率特性由样本查得（见图 6-46）。根据频率特性可求出传递函数，但采用频率法分析，可直接利用电液伺服阀的频率特性绘制系统开环伯德图，而不必估计电液伺服阀的传递函数 $G_{sv}(s)$。假定伺服阀的额定电流为 30 mA，则伺服阀的流量增益为

$$K_{sv} = \frac{Q_{0m}}{I_n} = \frac{1 \times 10^{-3}}{0.03} \ \text{m}^3/\text{s} \cdot \text{A} = 3.33 \times 10^{-2} \text{m}^3/\text{s} \cdot \text{A}$$

③ 力传感器和放大器的传递函数。

力传感器和放大器的传递函数可用其增益 K_{fF} 和 K_a 表示。选取力传感器增益 $K_{fF} = 2 \times 10^{-2} \text{V/N}$，放大器增益 K_a 待定。

将上述确定的传递函数代入方框图 6-43 得系统方框图，如图 6-45 所示。

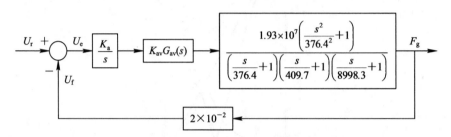

图 6-45　力控制系统方框图

（5）绘制系统开环伯德图，计算稳定性和确定开环增益。

根据系统方框图可以画出系统开环伯德图（见图 6-46）。由图可见，当相位等于 $-180°$ 时，对数幅频均小于零，因此系统是稳定的。当相位裕量 $\gamma = 45°$ 时，系统开环增益为 200 1/s，其对应的闭环伯德图如图 6-47 所示，幅频宽为 230 rad/s，满足设计要求。

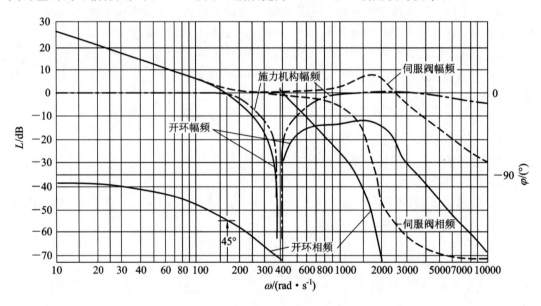

图 6-46　力控制系统开环伯德图

（6）计算系统的跟踪误差。

该系统是 Ⅰ 型系统，跟踪斜坡输入时的稳态误差为

$$e_F = \frac{4000}{200} \ \text{N} = 20 \ \text{N}$$

由以上计算可得，本设计满足系统设计要求。

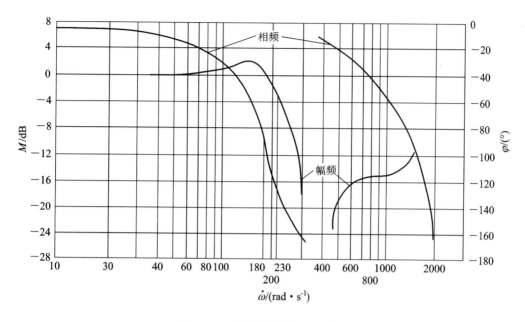

图 6-47　力控制系统闭环伯德图

■■■■ 6.5　本章小结

本章介绍了液压控制系统的构建理念与方式，详细阐述了液压控制系统的分析和设计的思路、方法和步骤，并给出了工程实例。

本章重点及难点是液压控制系统的构建理念，液压控制系统分析的主要思路，液压控制系统稳定性分析的方法，液压控制系统快速性分析的方法，液压控制系统稳态误差分析的方法，液压控制系统设计的一般步骤和方法，阀控式系统的油源设计，泵控系统的设计要点。

■■■ 本章思考题

1. 当设计一个液压控制系统时，在什么情况下，需要进行单独的油源设计？
2. 液压控制系统油源设计的要点有哪些？
3. 液压控制系统与液压动力机构的关系是什么？两者有什么关联？
4. 试分析影响液压控制系统稳态误差的因素有哪些？
5. 试分析一个液压控制系统中"开环增益""穿越频率""系统频宽"三者之间的关系。
6. 在设计阀控式液压控制系统时，如何选定电液伺服阀的规格？
7. 在设计泵控式液压控制系统时，常用的构建方式有哪几种？各有什么优缺点？
8. 在分析力控制系统时，与分析位置控制系统、速度控制系统的方法有何不同？为什么？

第7章 数字液压技术

在传统的液压控制系统中，通常采用电液伺服阀或高性能的电液比例方向阀作为控制元件，以实现高性能的运动控制。这种系统的核心控制元件是圆柱滑阀，它具有良好的可控性和动态性能，但也存在气蚀、功率损耗大、对污染敏感和造价昂贵等问题。此外，为了避免气穴现象，并获得良好的效率，通常需要对滑阀的进、出油口进行单独的节流控制，而采用传统的滑阀结构来实现这个控制目标是比较困难的。开关阀与伺服阀及比例阀相比，具有价格便宜、可靠性高、对污染不敏感、零泄漏等优点。同时，它更容易与计算机连接，易于实现数字化控制。

在数字液压技术越来越引起人们的重视的今天。作为传统液压控制技术的替代方案，采用基于主动控制的高速开关阀等技术方法，可以实现对传统液压控制系统的数字化改造。例如，用高速开关阀替换电液比例阀，在系统中应用包括数字（多腔室）液压缸、数字泵和数字马达等数字液压元件等。数字液压系统具有组件简单、操作性好、可靠性高、易直接编程控制、可显著提升液压系统的效率等优点。

本章介绍数字液压系统的主要控制方式，阐述数字液压控制元件、数字液压执行元件及数字液压泵结构、工作原理及控制方式，最后通过数字液压技术的工程应用实例分析，展现数字液压技术的优越性及其广阔的应用前景。

7.1 数字液压技术概述

7.1.1 数字液压技术的概念

1. 数字液压技术的定义

借助运动离散型的液压元件，可实现液压控制系统中离散型控制信号的输入与离散型流体的输出，与此相关的技术称为数字液压技术，对应的系统称为数字液压系统。在数字液压系统中必须具备一个可实现非连续性运动的电-机转换装置，如步进电机、开关电磁铁等。

数字液压技术与传统液压控制技术的区别在于，数字液压技术中对流量的控制已从传统的节流控制转化为对开关阀的通断时间的控制。即数字液压系统中的流量输出是离散的，而传统液压系统中流量阀的流量输出是连续的，对流量的控制是通过节流口产生的节流作用来实现的。由此可见，数字液压系统可以被认为是一种离散型的控制系统，通过调制的离散数字信号直接控制离散型的流体，实现对液压系统输出参数的主动和智能控制，而离散化控制是数字液压技术区别于传统液压控制技术的本质特征。具有这种技术特征的液压元件被称为数字液压元件。与传统的液压元件类似，数字液压元件也可分为数字液压控制元件(数字液压阀)、数字液压动力元件(数字液压泵)和数字液压执行元件(数字液压缸、数字液压马达)等。多个数字液压元件组合后可构成数字液压系统。

2. 数字液压技术的特点

与传统液压技术相比较,数字液压技术具有以下优点:

(1)数字液压技术可直接采用数字信号进行控制,无需进行 D/A 转换,简化了控制信号的处理过程,同时使系统中各种信号的存储、处理和传输更加便捷,且具有较强的抗干扰能力,提高了系统的鲁棒性。

(2)数字液压技术具备更好的可集成性和可编程性,有助于实现液压控制系统的智能化,同时也扩展了液压控制系统的应用范围及其可维护性。

(3)数字液压系统的性能取决于对数字液压元件的组合状态控制,而不是单一元件的性能。因此,简单可靠的数字液压组件的广泛应用,提高了液压控制系统的鲁棒性和容错性。

(4)数字液压系统避免使用电液比例阀和电液伺服阀这类传统的液压控制元件,有效地提高了液压控制系统的抗污染能力。

(5)采用离散式的控制方式易于实现独立的计量控制。同时,运用开关控制方法,可减少液压控制系统的能量损失,并且提高系统效率。

但是,数字液压技术也存在一些缺点:

(1)数字液压元件的高频次开关会产生噪音,并影响液压系统压力的稳定性。

(2)数字液压元件高速切换的工况使得其耐久性问题更为突出,并且严重地限制了其应用范围。

(3)并行式数字液压系统需配置大量的数字液压元件,这将会导致系统的体积和成本急剧增加。

(4)复杂的、非常规的控制策略也会给数字液压技术的实际工程应用带来挑战。

7.1.2　数字液压系统的控制方式

按数字液压技术的特征及发展情况,目前可应用于数字液压系统的控制方式大致可分为高速开关式数字液压控制、并行式数字液压控制和增量式数字液压控制等。

1. 高速开关式数字液压控制

高速开关式数字液压控制的核心是高速开关元件。为了实现对液压控制系统输出参数的智能控制,要求这些开关元件可以快速地、连续地进行通断切换,实现输出具有不同离散值的液体流量。高速开关式数字液压系统的输出流量在理论上可以是某一范围内的任一值,但由于组件的开关频率所限,故输出的流量本质上仍是离散量。如果开关频率很高或开关量足够精细,则数字液压控制系统中由于离散化所引起的系统流量脉动完全可以满足工程应用的要求。

通常采用脉冲宽度调制(Pulse Width Modulation,PWM)信号来控制高速开关组件,实现系统输出流量与脉冲宽度间的比例控制(见图 7-1)。采用 PWM 脉宽调制信号作为液压数字阀的控制信号时,首先需确定其脉宽时间 t_p,该参数与液压元件的控制参数(如阀的流量参数)有关,同时与给定的调制载波频率相关联。为此,需在确定高速开关数字阀性能参数的基础上，从控制要求出发，确定采样周期 T 与脉宽时间 t_p。

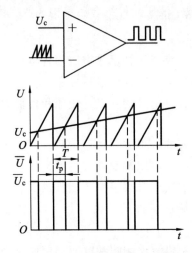

图 7-1　PWM 数字信号调制

在 PWM 脉冲信号的作用下，高速开关电磁铁在接收电压脉宽信号后，产生驱动电流，高速开关阀开始动作。以常闭式高速开关阀为例，其工作过程中可分为：阀芯吸合过程时间 t_{on}、阀芯保持开启工作时间 t_w，以及电磁铁释放后阀芯回位过程时间 t_{off} 等三个时间段。其中，t_{on}、t_{off} 取决于阀的具体设计要求。

在 PWM 脉冲信号作用下，电流、阀位移等变化曲线如图 7-2 所示。从电流曲线可知，关闭的时间相对更长，这是因为电磁铁断电时存在反电动势，同时与阀内匹配的弹簧刚度相关。一般高速开关数字阀的开启时间 t_{on} 与关闭时间 t_{off} 都会由生产制造厂商提供，为此开关阀的极限采样周期 T_{min} 可表示为

$$T_{min} = t_{on} + t_{off} \qquad (7-1)$$

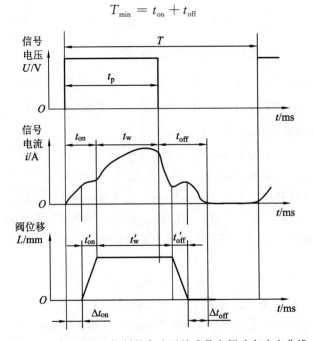

图 7-2　采用 PWM 控制的高速开关式数字阀动态响应曲线

其极限载波频率 $f_{\max}$ 为

$$f_{\max} = \frac{1}{T_{\min}} = \frac{1}{t_{\text{on}} + t_{\text{off}}} \tag{7-2}$$

考虑到 PWM 电路中存在死区，故实际应用中极限采样周期应大于 $T_{\min}$，相应的极限载波频率 $f_{\max}$ 也会小于上述的计算值。

对数字式高速开关阀而言，脉宽时间 t_{p} 为整个采样周期 T 中的工作时间（阀芯保持开启的有效工作时间），它与采样周期 T 之比称为占空比 τ，即

$$\tau = \frac{t_{\text{p}}}{T} \tag{7-3}$$

占空比 τ 表示采样周期内有效输入信号的占用时间比，即在采样周期内输入信号的等效幅值（如平均电压）。故当采用占空比控制高速开关阀的流量时，其输出为平均流量。高速开关阀的流量计算公式与液压换向阀相同，其平均流量 $\overline{q_{\text{v}}}$ 可表示为

$$\overline{q_{\text{v}}} = \tau C_{\text{d}} A \sqrt{\frac{2\Delta P}{\rho}} \tag{7-4}$$

式中：C_{d}——流量系数；

A——数字式高速开关阀的过流面积；

ΔP——阀口两端压差；

ρ——油液密度。

2. 并行式数字液压控制

开关式控制的数字阀具有成本低、可靠性较好的特点，特别适用于低压工况。采用 PWM 信号的高速开关式数字液压控制系统，要求数字式高速开关阀的阀芯可高频连续切换，因此此系统存在噪声大、磨损快的问题；同时液压开关阀的低带宽也限制了高速 PWM 控制方法在数字式液压系统中的应用。另一种更接近比例控制的脉冲编码调制（Pulse Code Modulation，PCM）的并行式多开关阀数字液压控制方式，被称为并行式数字液压控制。通过多个规格大小不同的开关阀并联连接的形式，构成数字流量控制单元（Digital Flow Control Unit，DFCU），实现对液体流量的控制。

图 7-3 所示，四个 DFCU 分别用于控制液压缸的两腔与供油口 P，回油口 T 之间（即 P→A，A→T，P→B 和 B→T 之间）的通断。各个阀分别用 $\text{PA}i$，$\text{AT}i$，$\text{PB}i$，$\text{BT}i$ 表示，其中 i 是阀的编号。为了简化，假设每个 DFCU 具有数量相同的 n 个阀。在此，以 DFCU 中 P→A 控制为例，假设理想阀的流量遵守紊流方程，即

$$Q_{PAi} = Q_{N,\,PAi} u_{PAi} \sqrt[*]{P_{\text{S}} - P_{\text{A}}} \tag{7-5}$$

式中：$\sqrt[*]{\cdot}$ 为带符号平方根 $\text{sgn}(\cdot)\sqrt{|\cdot|}$ 的简写，$Q_{N,\,PAi}$ 是 DFCU 中 P→A 的第 i 个阀的流量系数，u_{PAi} 为阀控制信号，取值为 0 或 1。在此，定义 $n \times 2^{n}$ 的二进制矩阵 $\boldsymbol{B}$：

$$\boldsymbol{B} = \begin{bmatrix} 0 & 1 & 0 & 1 & 0 & 1 & 0 & 1 & & 1 \\ 0 & 0 & 1 & 1 & 0 & 0 & 1 & 1 & \cdots & 1 \\ 0 & 0 & 0 & 0 & 1 & 1 & 1 & 1 & & 1 \\ & & & & \vdots & & & & & \vdots \\ 0 & 0 & 0 & 0 & 0 & 0 & 0 & 0 & \cdots & 1 \end{bmatrix} \tag{7-6}$$

式中：u_{PA} 取 $0，1，2，3，4，5，6，7，\cdots，2^{n}-1$。

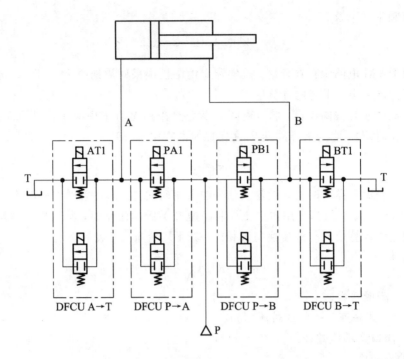

图 7 - 3　采用四个并行数字流量控制单元控制的液压缸

上述矩阵的每一列定义表示的是 DFCU 的一种可能状态，并且 $\boldsymbol{B}$ 的第 i 列等于状态 $i-1$，为 n 位二进制数。整个 DFCU 的流量系数是所有开启阀的流量系数之和，可表示为状态 u_{PA} 的函数，可表示为

$$Q_{N,PA}(u_{PA}) = \boldsymbol{b}_{u_{PA}+1}^{T}\begin{bmatrix} Q_{N,PA1} \\ Q_{N,PA2} \\ \vdots \\ Q_{N,PAn} \end{bmatrix} \qquad (7-7)$$

式中：$\boldsymbol{b}_i$ 是矩阵 $\boldsymbol{B}$ 的第 i 列。

并行数字液压控制技术要求将所有组件并联连接，并且所有组件的复合状态均由调制的离散数字信号控制。不同的复合状态给定了液体不同的离散流量，实现了液压系统流量输出的智能控制。并行数字液压系统具有固定数量的离散输出，而这些离散输出取决于各组件的复合状态，并且组件不需要频繁的开关切换。

3. 增量式数字液压控制

增量式数字液压控制是由脉冲数字调制演变而来的控制方式，以步进电机作为电-机转换器。步进电机的角位移量与输入的脉冲个数严格成正比，而且在时间上与脉冲同步。只要控制脉冲的数量、频率和电机绕组的相序，就可获得所需的转角、速度和方向。因此，这种以脉冲进行控制的信号称为脉数调制数字信号。步进电机是按步进拍数运转的电机，在脉冲信号的基础上，使每个采样周期的步数在前一个采样周期步数的基础上增加或减少一定的步数，从而达到所需的幅值。这种在原有步数的基础上增减步数，以达到控制目的的方法称为增量式数字液压控制（见图 7 - 4）。

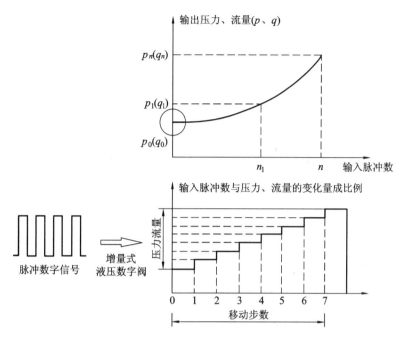

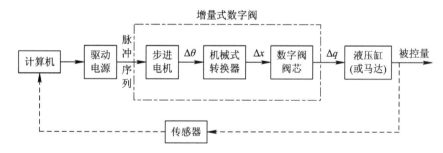

图 7 - 4 脉冲数字信号的增量式数字控制

增量式数字液压控制系统的方框图如图 7 - 5 所示，由计算机发出所需的脉冲序列，经驱动电源放大后驱动步进电机动作。步进电机每得到一个脉冲，便沿着控制信号给定的方向转一步，转动一个固定的步距角。步进电机转动时通过螺纹或凸轮等机构使旋转角度 $\Delta\theta$ 转换成位移量 Δx，从而实现液压阀阀芯的位移，步进电机输出的角位移与脉冲数成正比。

图 7 - 5 增量式数字液压控制系统的方框图

计算机发出的脉冲信号，经过放大环节，驱动步进电机旋转，该环节可视为一个比例环节，其角位移为

$$\theta = \theta_{\mathrm{S}} N \tag{7 - 8}$$

式中：θ——步进电机轴旋转的角位移；

θ_{S}——步距角，当采用三相六拍的通电方式时，步距角取 $1.5°$；

N——步进电机的脉冲数。

当采用螺母旋转带动阀芯移动时，此时借助螺纹连接把步进电机的旋转运动变成阀芯的直线运动，可表示为

$$x_{\mathrm{v}} = \frac{P}{360°}\theta \tag{7 - 9}$$

式中：x_v——阀芯的位移；

　　　P——螺旋副的螺距；

　　　θ——螺母的角位移(步进电机的角位移)。

液体流经薄壁小孔的流量特性方程为

$$Q = C_q W x_v \sqrt{\frac{2}{\rho}\Delta p} \tag{7-10}$$

式中：Q——流量；

　　　C_q——阀口流量系数，由节流口形状及流体性质等因素决定；

　　　A——过流面积；

　　　ρ——液体密度；

　　　Δp——阀进出口压力差。

由式(7-8)~式(7-10)可知，根据步进电机原有的位置和实际步数，可得到数字阀的阀口开度和输出流量，进而实现对液压缸速度或马达转速的控制。

7.2　数字液压控制元件

数字液压控制元件主要是各种数字式液压阀，结合前面数字液压系统的控制方式，数字式液压阀可分为高速开关式数字液压阀、并行式数字液压阀和步进增量式数字液压阀。

7.2.1　高速开关式数字液压阀

开关控制的数字式二位阀原理如图 7-6 所示，借助高频调制的方式来控制其平均流量，通常采用脉冲宽度调制(PWM)方法。理论上，平均流量可取任何值，但是阀的动力学特性限制了其最小流量和最大流量。此外，流量的可控性还与开关频率有关，低频可提高平均流量的可控性，但会增加压力脉动，为此还需要完善系统的设计和增加阻尼装置以抑制压力脉动。

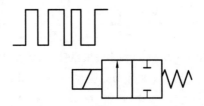

图 7-6　PWM 控制的开关阀

典型高速开关式数字阀的结构组成如图 7-7 所示，其包括阀体 4、回油球阀 5、供油球阀 7 及电磁驱动部分(包括衔铁 1、线圈 2 和极靴 3)，采用 PWM 脉宽调制方式工作。当脉冲信号为低电平时，电磁铁断电，供油球阀 7 在进油压力的作用下向左运动，紧靠在进油阀座密封座面上，使控制油口与回油口连通实现卸荷；当脉冲信号为高电平时，电磁铁通电，衔铁 1 产生电磁推力推动顶杆和分离销 6，使回油球阀 5 向右移动直到紧靠其密封座面上，此时控制油口与供油连通，实现供油。

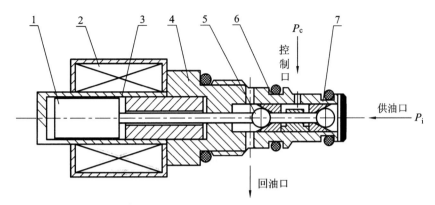

1—衔铁；2—线圈；3—极靴；4—阀体；5—回油球阀；6—分离销　7—供油球阀。

图 7-7　高速开关阀结构组成

高速开关数字阀液压控制系统方框图如图 7-8 所示，计算机根据控制要求发出脉冲信号，经过脉宽调制放大器调制放大，作用于电-机转换器，进而驱动液压阀工作。高速开关式数字阀为图中双点画线框所示。其输入信号为一系列脉冲，故液压阀只有快速切换的通和断两种状态，通过设置开启时长来控制流量或压力。

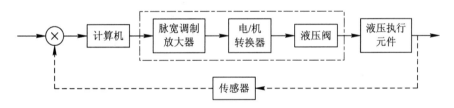

图 7-8　高速开关式数字阀液压控制系统方框图

高速开关式数字阀的主要特点是：结构简单、成本低，对油液污染不敏感，工作可靠，维修方便，阀口压降小、能耗低，元件死区对控制性能影响小，抗干扰能力强，便于与计算机连接，可实现程序控制。由于被控参量的目标值为开关阀开启的平均值，故瞬时流量和压力的脉动较大，从而影响元件和系统的使用寿命和控制精度。为获得高频的开、关动作，电-机转换器和阀的行程都受到了严格限制，故阀的流量小，适合作为数字元件叠加使用。

7.2.2　并行式数字液压阀

并行式数字液压阀采用多个数字阀并联在控制油路里，采用二通阀并联而成的数字阀如图 7-9(a) 所示，其简化图形符号如图 7-9(b) 所示。并行式数字液压阀的流通面积为当时开启的所有阀口的流通面积之和，决定其稳态特性的因素包括并联阀的数量 n 和阀的相对流量，后者又称为阀的编码。二进制编码是最常见的形式，其流量以 1∶2∶4∶8 等比率表示。其他编码方法还包括斐波那契(Fibonacci)(1∶1∶2∶3∶5…)和脉冲数调制(1∶1∶1∶1…)。独立于编码，并行式数字液压阀具有 2^n 个开启组合，这些组合称为此数字阀的状态。每个状态根据二进制编码的不同而具有不同的流通面积。与换向阀的本质区别在于，此类阀不需要任何切换即可保持任一开启值，仅在状态更改时才需要切换。

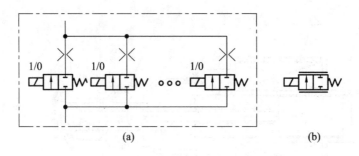

图 7-9   数字流量控制单元(DFCU)及其简化图形符号

　　五位并行式数字阀在不同编码方式下的流量控制曲线如图 7-10 所示,其中横坐标为数字控制量。混合编码能够充分发挥各编码方法的优势,可组合出扩展性更强的流量控制规律。具体做法是将二进制编码和脉冲数编码结合起来,低位采用脉冲数编码,高位采用二进制编码,从而达到扩展性与冗余性的平衡与优化。

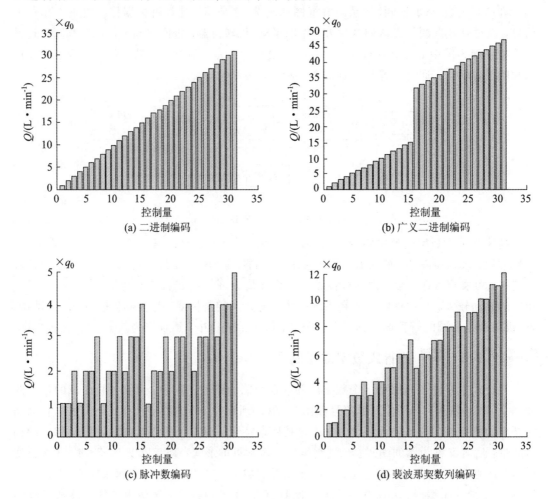

图 7-10   五位并行式数字阀在不同编码方式下的流量控制曲线

　　并行式数字液压阀采用多个小流量增益的数字阀并联而成,既可通过数字阀的开关组合实现近似的连续控制，保证高精度控制，同时可通过增加数字阀的个数以提高流量，这样不但可以增加系统的冗余，极大地提高系统的可靠性，而且能够保持原有的频率特性。每个数字阀可通过数字信号进行单独控制，易于与微传感技术和现代通信技术相结合，可实现元件及系统的可编程控制、交互通信，以及对系统工况进行实时采集和处理；同时具有较高的稳定性和抗干扰能力，比传统的液压控制系统节能性和高效性更加优异。通过网络化的集成，采用几种单功能阀的组合即可实现多种阀的功能和元件归一化，使数字液压控制系统替代传统液压控制系统成为可能。

由于多个数字阀之间存在加工误差、通径差异、电气元件性能的差异等问题，使得每个数字阀的静态、动态特性很难保持完全一致，从而增加了并行式数字阀组流量控制的复杂程度。并行式数字阀组虽然可通过高频离散流量组合实现输出流量的近似连续变化，但是也带来了较大的冲击和振动。此外，快速准确地实现多阀的协同控制、降低高频开关、切换过程中的流量和压力冲击，以及实现流量的线性输出，对控制算法的准确性和高效性也都提出了更高的要求。

▓ 7.2.3 ▓ 步进增量式数字液压阀

步进电机驱动的增量式数字流量阀及其图形符号如图 7-11 所示，包括步进电机、滚珠丝杆、阀芯、阀套、连杆、零位移传感器等。步进电机的转动通过滚珠丝杠转化为轴向位移，带动节流阀阀芯移动，进而控制阀口的开度，实现流量的调节。

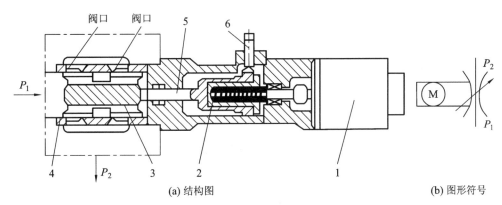

(a) 结构图　　　　　　　　　　　　　(b) 图形符号

1—步进电机；2—滚珠丝杆；3—节流阀阀芯；4—阀套；5—连杆；6—零位移传感器。

图 7-11　步进电机驱动的增量式数字流量阀及其图形符号

该数字阀的阀口调节由可相对运动的阀芯和阀套实现。阀套上有两个通流孔口，左边、右边分别为全周开口、非全周开口形式。阀芯移动时右边的节流口先开启，获得较小的控制流量；随着阀芯的继续移动，左边阀口开启，输出流量增大，故该结构的阀可实现很大的输出流量。连杆的热膨胀可起到温度补偿的作用，可减小因温度变化引起流量的不稳定。零位移传感器检测每个控制周期终了控制阀芯返回零位的情形，保证每个工作周期有相同的起始位置，提高阀的重复精度。

采用步进电机作为电-机转换器及驱动机构的数字阀，其优点包括：

（1）步进电机属于数字式元件，便于与计算机接口连接，简化了阀的结构，也降低了成本。

（2）步进电机没有累计误差，重复性好。当采用细分式驱动电路后，阀可达到很高等级的定位精度。

（3）步进电机的控制滞环很小，故阀的滞环误差也很小。

（4）步进电机的控制信号为脉冲逻辑信号，阀的可靠性和抗干扰能力比相应的电液比例阀和电液伺服阀都好。

（5）增量式数字阀对阀体没有特别的要求，可沿用现有常规阀的阀体。

该类数字阀也存在一定的不足，比如受步进电机惯频和矩频特性的限制，其响应速度比相应的电液比例阀低。

7.3 　数字液压执行元件

数字液压执行元件包括数字液压缸和数字液压马达。根据数字液压控制方式的分类方法，数字液压缸可分为高速开关式数字液压缸、并行式数字液压缸和步进增量式数字液压缸等三类。马达可分为高速开关式液压马达和并行式数字液压马达两类。这里需要特别说明的是，数字液压执行元件实际上是由 7.2 节中的各种数字液压控制元件与特定结构的传统液压执行元件组合在一起形成的，这使得液压执行元件可以接受数字信号的控制。

7.3.1 　数字液压缸

1. 高速开关式数字液压缸

高速开关式数字液压缸由高速开关阀控制进出液压缸的流量，即活塞杆的位移通过 PWM 信号控制高速开关阀的占空比来调节，如图 7-12 所示。高速开关式数字液压缸主要由高速开关阀控制，故其流量特性主要取决于高速开关阀（见 7.1.2 小节中的相关内容）。因为高速开关阀的流量通常较小，故该类数字液压缸难以适应高压、大流量的场合。

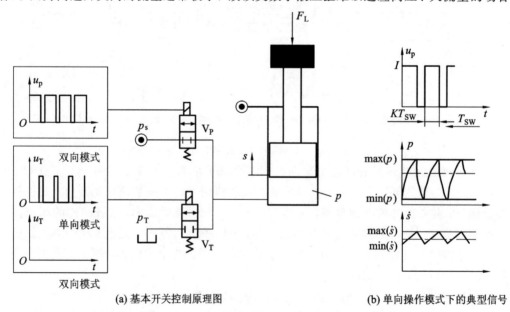

(a) 基本开关控制原理图　　　　　　　(b) 单向操作模式下的典型信号

图 7-12 　高速开关式数字液压缸

图 7-12 所示，在用于举升的单作用数字液压缸的下腔油口处，设置两个高速开关阀。由于高速切换可以显著降低阀的压力和速度的波动，故阀的开关频率是该数字缸的主要性能参数。

假设供油压力恒定，不受进油或开关过程中流量脉动的影响，同时阀出口和液压缸进口间为理想管路，忽略压力损失。

当运行模式为单通道，即只有一个开关阀工作时，在举升工况时，开关阀 V_P 开启；而下降工况时，阀 V_T 则打开。在举升工况且无油液从油箱进入液压缸时，节流控制和开关控制具有相同的效率 η，即

$$\eta = \frac{F_{load}}{P_S A} = \frac{P}{P_S} \tag{7-11}$$

式中：P_S 和 P 分别为系统供油压力和液压缸下腔压力，A 为液压缸活塞面积。

液压缸下腔压力和活塞运行速度由多个参数共同决定。可以通过提高开关频率，减小额定流量，增大液压缸腔室死区体积(当活塞位置 $s=0$ 时)等方式来减小压力波动。考虑到额定流量由系统所需的速度确定，而较高的死区体积会限制系统的刚度，从而降低系统的闭环控制性能，开关频率就成为了改善压力波动唯一可选的参数。

当系统的运行模式为双通道时，即供油压力阀 V_P 和连接油箱的卸荷阀 V_T 交替切换，考虑到切换周期中液压缸下腔压力在系统压力和油箱压力之间不断变化，故压力波动比较大，要求切换频率不能超过系统的固有频率。当开关频率较高时，液压系统需设置具有快速响应和吸振的蓄能器组件。

2. 并行式数字液压缸

并行式数字液压缸由采用数字开关阀控制的多个液压缸并联连接而成，通过开关阀控制进出液压缸腔室的流量，实现活塞杆位移的调节，如图 7-13(a)所示。

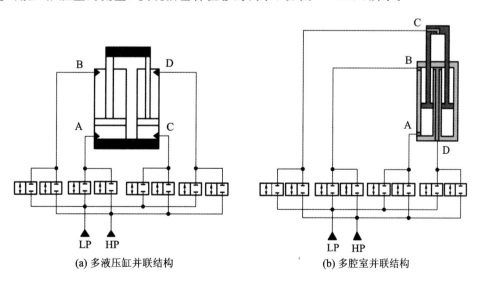

(a) 多液压缸并联结构　　　　　　(b) 多腔室并联结构

图 7-13　并行式数字液压缸(LP——低压油路；HP——高压油路)

采用多腔集成设计的方式可以获得更为紧凑的结构，并行式四腔数字液压缸如图 7-13(b)所示。通过开关阀的不同状态组合，可以提供 16 种离散值的输出力。同时，通过

增加离散供油压力源的个数，可以进一步增加输出力的数量。假设 N 为供油压力源的个数，M 为液压缸腔室的数量，则可实现数量为 N^M 种输出力。与其他并行式数字液压元件类似，不同的开关编码形式可使并行式数字液压缸具有不同的静态、动态特性。

3. 步进增量式数字液压缸

步进增量式数字液压缸的主要结构包括液压缸、液压滑阀、机械反馈机构、步进电机等，如图 7-14 所示。微机或可编程控制器（PLC）发送脉冲序列到驱动器，使步进电机轴旋转并输出相应的角位移，通过数字液压缸内部转换机构将此旋转运动转化为滑阀的直线运动，进而控制阀芯的开口，驱动液压缸伸缩运动，同时可通过内部机械反馈机构对数字液压缸进行闭环控制。数字液压缸活塞杆的位移和运动速度分别与 PLC 发送的数字脉冲数和脉冲频率成正比，运动方向由步进电机的旋转方向控制。

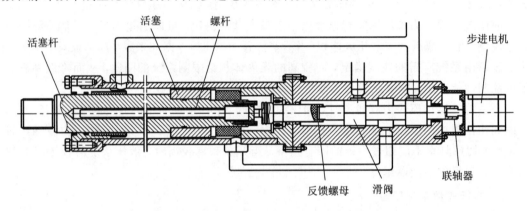

图 7-14　步进增量式数字液压缸结构图

与传统液压缸相比较，步进增量式数字液压缸具有结构紧凑、集成化程度高的特点，可实现液压缸的速度和位置的精确控制，且定位精度高，响应速度快，同时可使液压系统及液压油路大为简化，只需将液压缸进、出油口与液压油源的供、回油路相连即可，更重要的是它摆脱了传统液压系统较为繁琐的调试过程。

7.3.2　数字液压马达

高速开关式数字液压马达工作原理如图 7-15 中所示，通过控制 PWM 信号的占空比调节液压马达的输入流量或压力，进而实现马达输出转速或扭矩的数字化控制。

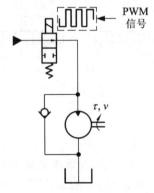

图 7-15　高速开关式数字液压马达

并行式数字马达由多联液压马达并联而成，各个马达由独立的开关阀控制，如图7-16 所示。该数字马达最大扭矩为所有并联马达的扭矩之和，最小扭矩为单个最小排量马达的扭矩，而实际输出的扭矩介于二者之间，取决于开关阀的不同编码模式。

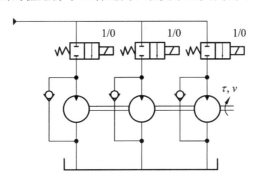

图 7-16　并行式数字液压马达

7.4　数字液压泵

数字液压泵是将机械能转化为液压能的能量转化装置，为液压系统提供可数字化控制压力和流量的工作介质。将传统液压泵与前述的高速开关式、并行式、增量式等数字液压控制方式相结合，就形成了数字液压泵。数字液压泵可分为数字化控制定量泵和数字化控制变量泵两类。

7.4.1　数字化控制定量泵

1. 高速开关式数字液压泵

高速开关式数字液压泵是由电机驱动的定量泵与 PWM 信号控制的高速开关阀并联而成的，如图 7-17 所示。其工作原理：通过 PWM 控制占空比来调节高速开关阀的启闭，数字化控制流经开关阀的分流流量大小，在定量泵供油时，实现输出流量的数字化调节。

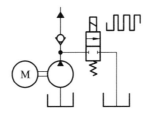

图 7-17　采用高速开关阀调节的数字化定量泵

2. 并行式数字液压泵

多联数字液压泵是另一种形式的数字化控制定量泵，其采用的是并行式数字液压控制方式。通过单电机驱动多联泵，每一联定量泵的输出流量由各自出口处的开关阀独立控制，如图 7-18 所示。该数字液压泵的最大排量等于所有并联定量泵的排量之和，其最小排量为最小规格定量泵的排量，实际输出排量介于二者之间，并取决于开关阀的具体编码模式,故该并行式数字液压泵拥有多达 2^N 种排量,其中 N 为并联的定量泵数。

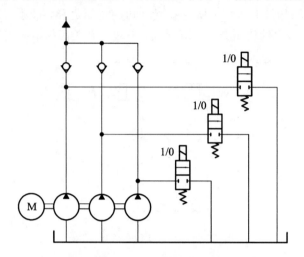

图 7-18　并行式数字定量泵

上述并行式数字液压泵与高速开关式数字液压泵存在本质的不同。并行式数字泵控制开关阀的通断电以实现相应定量泵的全流量或零流量输出,其开关阀的状态改变仅用于调节并联泵的组合形式,无需高速切换,而高速开关式数字液压泵则通过开关阀的高速切换实现定量泵输出流量的调节。

7.4.2　数字化控制变量泵

1. 并行式数字化控制变量泵

并行式数字化控制的柱塞式变量泵由柱塞泵本体、斜盘变量活塞、多联并行式开关阀组和控制器等组成(见图 7-19),其中开关阀组并联在泵出油口和斜盘变量活塞控制腔之间,控制器输出一定的编码形式实现对开关阀组的通断控制。其工作原理为:控制器输出不同编码作为开关阀组的输入信号,控制相应的开关阀通断状态,从而调节进入斜盘变量活塞控制腔的输入流量,使变量活塞杆的伸缩量发生变化,进而控制斜盘倾角的变化以实现柱塞泵排量的数字化控制。根据不同的 0/1 编码组合,该数字液压泵可获得不同的输出压力和流量。当并行式开关阀组为 N 联时,可获得多达 2^N 种排量。需特别说明的是,由于作用在斜盘上的力呈多变性,因此存在作用在斜盘上的力不一定能满足所有排量控制所需驱动力的情况。

2. 增量式数字化控制变量泵

增量式数字变量泵是另一种形式的数字化控制变量泵,其基本组成包括控制器、变量机构(含步进电机、三位三通阀、差动缸)、角度传感器和柱塞泵泵体等,如图 7-20 所示。作为控制器的单片机发出一定的时序脉冲,步进电机操纵三通阀阀芯移动,反馈环节采用数字式角度传感器,以便更好地提高其控制精度。

增量式数字化控制变量泵的工作原理:控制器(单片机)发出时序脉冲,通过放大器驱动步进电机转动,经螺旋副将步进电机的旋转变为直线位移,推动三位三通伺服阀阀芯移动,阀出口的液压油驱动与阀体固连在一起的差动缸活塞移动,改变斜盘的摆角,进而改

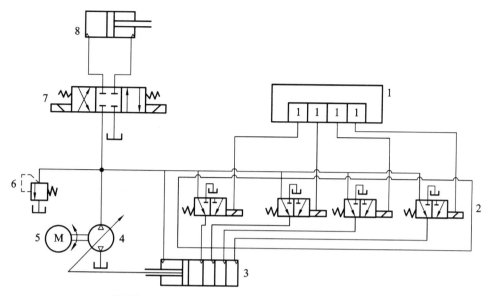

1—控制器；2—多联开关阀组；3—斜盘控制活塞；4—柱塞泵本体；
5—电机；6—溢流阀；7—换向阀；8—液压缸。

图7-19 并行式数字化控制变量泵

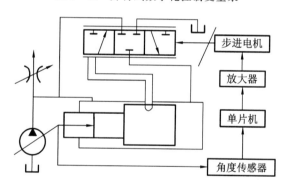

图7-20 增量式数字化控制变量泵

变柱塞泵的排量。与斜盘相连的角度传感器实时检测其倾角大小，并反馈到控制器中与输入的指令信号相比较，经放大后实时调节步进电机转角，以实现闭环控制功能。

7.4.3 数字化配油的径向柱塞泵

传统径向柱塞泵按照配油方式的不同，可分为阀配油、轴配油和专用配油盘配油等。采用阀配油时，泵工作压力高、排量小，且系统的动态响应慢、容积效率低；采用轴配油时，泵的机械加工困难，且配油轴易磨损，进而影响泵的使用寿命；采用配油盘时，需设置专门的配油装置，且配合精度和工艺要求高。相比较而言，数字式配油结构易于加工，并可自适应泵轴转速的变化。

高速开关式数字化配油径向柱塞泵主要由曲轴连杆径向柱塞泵本体、五个两位三通高速开关阀1～5、电子控制器7、绝对位置编码器8等组成(见图7-21)。其中，五个二位三通高速开关阀在油路上分别与液压泵的五个柱塞腔相连，在控制器7的控制下按特定的规

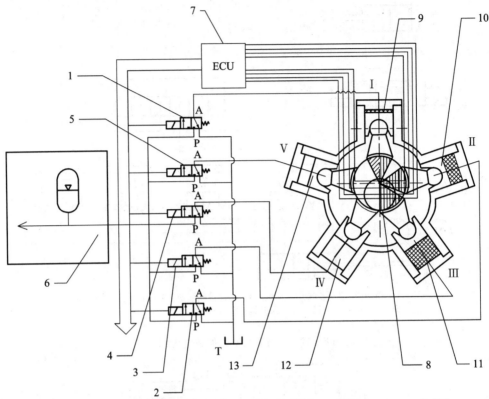

1~5—高速开关阀；6—泵出口；7—控制器；8—绝对位置编码器；9~13—柱塞腔。

图 7-21　高速开关式数字化配油径向柱塞泵结构示意图

律依次实现与五个柱塞腔油路的通断控制，即开关阀断电时使柱塞腔与油箱连接，通电时则与泵出口相连，配合曲轴的转动实现径向柱塞泵各柱塞腔吸、排油的配流过程。

径向柱塞泵工作时，绝对位置编码器 8 实时检测泵轴角度信号及各柱塞间的空间位置关系。根据五个柱塞腔的容积变化特征，经控制器 7 进行处理后，输出相应的控制信号，改变高速开关阀 1~5 的通断状态和占空比，从而使径向柱塞泵能够实现柱塞腔吸、排油状态的切换，进而实现正确的数字化配油顺序。假设活塞腔 I 位于上止点时泵轴转角为 0°，并以逆时针为正方向旋转。当转角小于 36°时，高速开关阀 4 和 5 通电，其他高速开关阀则断电。此时，柱塞腔 IV、V 输出高压油到泵出口，柱塞腔 I、II、III 则从油箱吸油（见图 7-21）。泵轴逆时针旋转时，各转角范围内泵配流状态如表 7-1 所示。

表 7-1　各转角范围泵的配流状态表（逆时针旋转）

泵轴转角范围/(°)		轴逆时针旋转		高速开关阀状态		
		吸油腔	排油腔	通电	断电	柱塞腔状态变化
1	0~36	I、II、III	IV、V	4、5	1、2、3	I 从排油转为吸油
	36~72	I、II	III、IV、V	3、4、5	1、2	III 从吸油转为排油
2	72~108	I、II、V	III、IV	3、4	1、2、5	V 从排油转为吸油
	108~144	I、V	II、III、IV	2、3、4	1、5	II 从吸油转为排油

续表

泵轴转角范围(°)		轴逆时针旋转		高速开关阀状态		
		吸油腔	排油腔	通电	断电	柱塞腔状态变化
3	144～180	Ⅰ、Ⅳ、Ⅴ	Ⅱ、Ⅲ	2、3	1、4、5	Ⅳ从排油转为吸油
	180～216	Ⅳ、Ⅴ	Ⅰ、Ⅱ、Ⅲ	1、2、3	4、5	Ⅰ从吸油转为排油
4	216～252	Ⅲ、Ⅳ、Ⅴ	Ⅰ、Ⅱ	1、2	3、4、5	Ⅲ从排油转为吸油
	252～288	Ⅲ、Ⅳ	Ⅰ、Ⅱ、Ⅴ	1、2、5	3、4	Ⅴ从吸油转为排油
5	288～324	Ⅱ、Ⅲ、Ⅳ	Ⅰ、Ⅴ	1、5	2、3、4	Ⅱ从排油转为吸油
	324～360	Ⅱ、Ⅲ	Ⅰ、Ⅳ、Ⅴ	1、4、5	2、3	Ⅳ从吸油转为排油

根据柱塞泵的结构特点，各柱塞的吸油、排油状态每 36°变化一次，并保持相应状态下的柱塞数为 2～3 个，且呈期性变化，同时每个柱塞腔循环内完成一次吸油、排油。逆时针旋转时，各柱塞腔排油时的相应转角变化范围如表 7-2 所示。

表 7-2　各柱塞腔排油时的相应转角变化范围(逆时针旋转)

柱塞腔	排油时转角范围
Ⅰ	180°～360°
Ⅱ	108°～288°
Ⅲ	36°～216°
Ⅳ	0°～144°和 324°～360°
Ⅴ	0°～72°和 252°～360°

根据上述原理设计的数字液压泵具有结构紧凑、加工制造简单、数字化配油等优点。

7.5　数字液压技术的工程应用实例

数字液压技术自产生以来，就一直是液压领域中一个重要的发展方向，并快速拓展到流体动力与控制的多个工程应用领域。下面给出几个典型的工程应用实例。

7.5.1　数字开关阀在液压冲击器中的应用

液压冲击器是液压凿岩机、液压碎石机、液压冲击锤等特种作业装置的重要执行元件。通过液压能和动间的转换实现对物体的破碎，它常用于路面破碎、墙体拆除、岩石破碎等场合。液压冲击器主要包括配流阀、冲击活塞和蓄能器等部件。配流阀是液压冲击器的重要组成部分，现有冲击器采用配流阀配流的方式，与冲击活塞存在一定的相互影响和制约，且冲击频率在出厂前已设定，不能根据现场施工需求自行调节。

针对液压冲击器的冲击活塞前腔、后腔高压油交替变化的特点，采用了高速开关式数字配流方式，即两个高速开关阀的控制口分别与经特殊设计的液控快速换向阀的阀芯两端控制腔室相连，如图 7-22 所示。充分利用电信号频率准确、稳定、调节方便等优势，实现了液压冲击器输出冲击能和冲击频率的稳定、快速的调节,实现液压冲击器高速的往复运动控制。

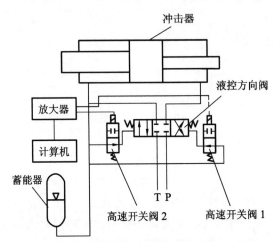

图 7-22 采用数字开关阀的液压冲击器

该液压冲击器的工作过程:信号发生器产生交变的矩形波控制信号通过放大器处理后控制高速开关阀 1、2 的通断,驱动换向阀快速换向配流,进而控制液压冲击器往复高频快速运动。冲击活塞在输入控制信号的作用下实现高速往复运动,进而产生冲击与振动。冲击活塞的工作频率等于控制信号的开关切换频率,调节该频率即可实现冲击能的控制。

采用数字开关阀的液压冲击器具有结构简单、工作可靠、调节便捷、易于实现电液控制的优点,其具有广阔的应用前景。

7.5.2 数字流量阀在找正平台中的应用

数字液压千斤顶是一套基于步进增量式数字流量控制阀的,由数字流量阀、控制器(PLC)、步进电机及驱动器、触摸屏、千斤顶机械结构和位移传感器等组成的闭环控制系统(见图 7-23)。

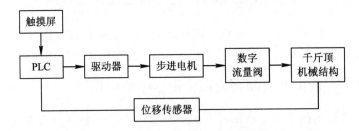

图 7-23 数字液压千斤顶控制原理框图

找正平台由四套数字液压千斤顶在平台的四个角构成四点支撑,可实现大型机械设备在安装时快速找正水平的工作。

找正平台的液压系统包括液压动力源和四个并联的数字液压千斤顶,其系统原理如图 7-24 所示。液压动力源由液压泵、溢流阀和蓄能器等组成,输出恒压的压力油,泵出口加配液控单向阀,用于保压和卸荷。每个数字千斤顶包括数字流量阀、带弹簧复位的液压缸和二位二通开关阀,采用数字流量阀可对顶升高度进行精确控制。

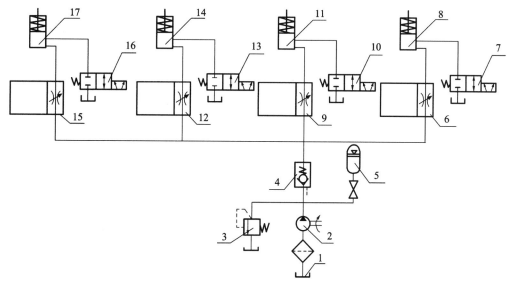

1—油箱；2—油泵；3—溢流阀；4—液控单向阀；5—蓄能器；6、9、12、15—数字流量阀；
7、10、13、16—两位两通电磁阀；8、11、14、17—液压缸。

图 7 - 24　找正平台液压系统原理图

在大型机械设备的安装过程中，四个数字液压千斤顶支撑找正平台的四角位置，通过水平仪观察平台的倾斜方向，进而调整相应方向的千斤顶高度。假定水平仪检测的前右角高度较低，在触摸屏上设置对应数字液压千斤顶需要上升的高度，控制器将该值转化并输出为相应的脉冲序列，步进电机按该脉冲数沿给定方向转动一个对应的步距角，然后通过机械转换器将其转换为轴向位移，控制流量阀的阀口开度，进而获得与脉冲数成比例的输出流量。通过对该流量的精确控制，并依靠位移传感器构成的闭环控制系统，实现数字液压千斤顶到达准确的指定高度（见图 7 - 23）。

数字液压千斤顶的运用，极大地降低了大型机械设备安装时的劳动强度，同样也提高了生产效率。该数字液压千斤顶系统还可用于桥梁拼接、大型钢构件焊接等场合。

7.5.3　数字液压缸在挖掘机中的应用

普通全液压挖掘机在工作时，操作员通过操纵换向阀实现铲斗缸、斗杆缸和动臂缸的协同动作，进而使挖掘机获得各种掘入路线和角度，形成不同的工作面。在挖掘平面或给定造型的曲面边坡时，往往需要高技术水平的操作员集中精力并缓慢挖掘方可完成，因此工作效率很低。另外，挖掘时的掘入路线和角度，对挖掘机的工作效率和液压系统效率的影响都很大。通过数字化改造，将液压挖掘机动臂缸升级为多腔数字液压缸，可实现计算机编程控制挖掘工作，进而完成精确的曲面挖掘，并提升液压系统的工作效率。

挖掘机数字式动臂缸液压系统是由高、中、低三条压力管路，27 个两位两通阀和 1 个四腔室液压缸组成的数字化液压系统，用于驱动挖掘机的动臂运动（见图 7 - 25）。液压油源采用恒定转速电机驱动的定量泵。可提供最高压力分别为 $P_H = 20$ MPa、$P_M = 11$ MPa、$P_L = 2$ MPa 的三条供油回路。最高供油压力 P_H 由右侧第一个溢流阀调定，中压和低压管路的压力 P_M、P_L 分别通过两个减压阀来调定，对应管路的最高压力由安全阀分别确定。所有压力管路上均配置有蓄能器，以抑制各管路中的压力波动。由 27 个并行布置的开关阀

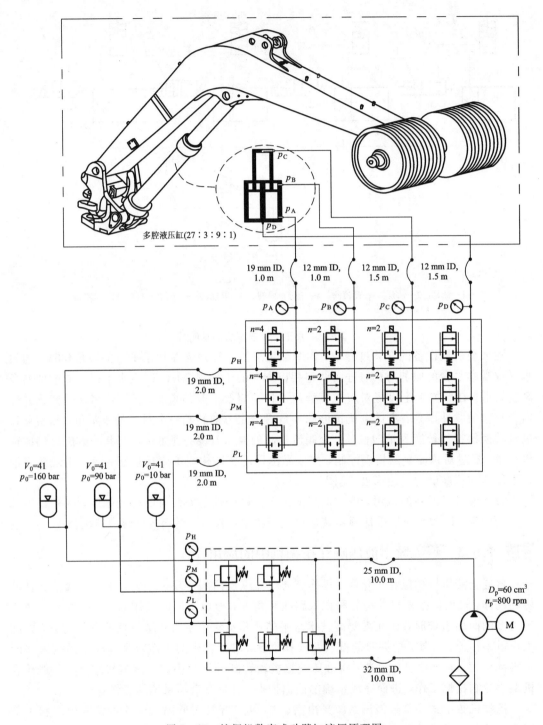

多腔液压缸(27：3：9：1)

19 mm ID, 1.0 m
12 mm ID, 1.0 m
12 mm ID, 1.5 m
12 mm ID, 1.5 m

p_A
p_B
p_C
p_D

$n=4$
$n=2$
$n=2$

p_H
19 mm ID, 2.0 m

$n=4$
$n=2$
$n=2$

p_M
19 mm ID, 2.0 m

$n=4$
$n=2$
$n=2$

p_L
19 mm ID, 2.0 m

$V_0=41$ $p_0=160$ bar
$V_0=41$ $p_0=90$ bar
$V_0=41$ $p_0=10$ bar

p_H
p_M
p_L

25 mm ID, 10.0 m

$D_p=60$ cm^3 $n_p=800$ rpm

M

32 mm ID, 10.0 m

图 7-25 挖掘机数字式动臂缸液压原理图

组成阀组，四腔室液压缸的各个腔室与各个供油管道间通过若干并行布置的开关阀组相连；各供油管路与最大腔室相连的为四个开关阀，与最小腔室相连的为一个开关阀，其他两个腔室相连的分别为两个开关阀。四腔室液压缸由四个不同面积的工作腔组成，设置相应体积比为 27：9：3：1；其中，两个腔室与动臂液压缸大腔相连，另两个腔室与小腔相连。通过三种供油压力与四个腔室的不同组合，数字液压缸可产生 $3^4 = 81$ 种阶梯力的输出，其力谱分布如图 7 - 26 所示，最大驱动力为 129.9 kN，最大回缩力为 2.1 kN。

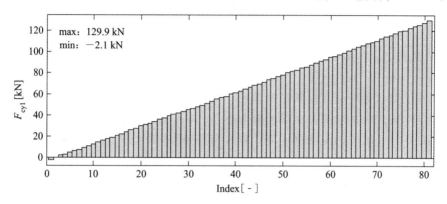

图 7 - 26　数字液压缸输出力谱分布

阀组由控制单元控制并采用 CAN 总线与计算机通信。相应控制算法及控制器程序可直接导入计算机中。阀组控制单元提供用于传感器数据的模拟输入通道。传感器分别用于检测三条压力管路和液压缸四个腔室的压力，进而获得阀组上的压降。液压缸活塞的位置通过位移传感器测量。位置信号经由二阶低通滤波器滤波，求导数后可获得活塞的速度。

通过对期望的掘入路线和掘入角度编制程序，将其导入计算机后对数字液压缸进行控制，进而实现挖掘机自动挖掘，达到提高挖掘效率和节能减噪的效果。

▉ ▉ ▉ ▉ 7.6　本章小结

本章介绍了数字液压技术的概念及其控制特点；详细阐述了数字液压控制元件，数字液压执行元件和数字液压泵的组成方式及工作原理。并给出了数字液压技术的工程应用实例。

本章重点及难点是数字液压技术的概念及其控制特点；数字液压控制元件的构成及其工作原理；数字液压执行元件的构成及其工作原理；数字液压泵的构成及其工作原理。

▉ ▉ ▉ 本章思考题

1. 数字液压技术与传统液压技术相比，其优势在哪些方面？
2. 数字液压系统的控制方式可分为哪几类？并阐述各自的工作原理。
3. 试阐述高速开关式数字液压阀、并行式数字液压阀和步进增量式数字液压阀各自的主要特点。
4. 数字液压执行元件主要包括哪些？
5. 数字化控制定量泵主要分为哪些？各自的工作原理是什么？
6. 试设计一数字液压控制元件与传统液压缸组合后的数字液压执行元件，并说明其工作原理。
7. 试设计采用数字开关阀的液压冲击器的液压原理图，并阐述其工作流程。

参 考 文 献

[1] 王春行. 液压控制系统[M]. 北京：机械工业出版社，2002.

[2] 梅里特 H E. 液压控制系统[M]. 陈燕庆，译. 北京：科学出版社，1976.

[3] 孙文质. 液压控制系统[M]. 北京：国防工业出版社，1985.

[4] 王占林. 近代电气液压伺服控制系统[M]. 北京：北京航空航天大学出版社，2005.

[5] 黎启柏. 电液比例控制与数字控制系统[M]. 北京：机械工业出版社，1997.

[6] 吴根茂，邱敏秀，王庆丰，等. 实用电液比例技术[M]. 杭州：浙江大学出版社，1993.

[7] 杨华勇，王双，张斌，等. 数字液压阀及其阀控系统发展和展望[J]，吉林大学学报（工学版），2016，46(5)：1494-1505.

[8] LINJAMA M. Digital fluid power-state of the art[C]. The 12th Scandinavian International Conference on Eluid Power, Tampere University, Finland，2011：201-221.

[9] ZHANG Q，KONG X，YU B，et al. Review and development trend of digital hydraulic technology[J]. Applied sciences，2020，10(2)：579.

[10] HEIKKILÄ，M. Energy efficient boom actuation using a digital hydraulic power management system[D]. Finland：Tampere university of technology，2016.